이종국 지음

인류문명과 건축

문운당

머리말

이제 세상은 4차 산업으로 대표되는 새로운 시대를 맞아 사회 모든 영역에서 융복합화라는 흐름에 맞추어 건축도 기존의 과학과 기술이라는 틀에서 벗어나 문화와 예술이라는 영역으로 자신의 영역을 확대해 가고 있다.

인간의 시작과 함께한 건축이 그동안의 변화와는 또 다른 시대적 요구에 어떻게 대응하고 우리의 문명사적 결과물들을 보여줄지 기대와 함께 아직 이루어지지 않은 미래에 대한 두려움도 같이 공존 할 수밖에 없다.

인류는 토인비의 역사적 제언이었던 “도전과 응전”을 지속적으로 이어오며 항상 합리적이며 인간적인 해결방안을 우리에게 보여주고 그 가치를 통해 현재의 우리를 일깨어 왔다.

하지만 오직 이런 지혜에만 의존하여 아직 오지 않은 미래를 예단한다는 것은 오만이겠으나 그동안 축척한 지식과 경험을 바탕으로 현재의 우리 자신을 돌아보고 활용한다면 불가능하지 만은 않을 것이다.

현재 이루어지고 있는 건축을 거시적으로 넓혀 본다면 동서양으로 나눌 수 있겠지만 현대건축의 직접적인 시작은 서양건축에 근거를 두고 있으며 그 중에서도 특히 그리스와 로마로부터 시작되었다는 데에는 의문이 없다.

따라서 이 책은 현재 우리의 모습을 있게 한 최초 인류문명과 소위 서구문명의 뿌리라고 할 수 있는 HELLENISM과 HEBRAISM으로 대표되는 그리스와 로마를 통해 그 정신을 구체적이고 본질적으로 이해하고 그 결과물인 건축을 새롭게 바라보며 나아가 현대와의 해석을 통해 미래의 건축에 대한 지향을 제시하고자 한다.

지금까지 건축전문 도서에서 통상적으로 이루어지고 있는 기술적 접근이나 공법적 특성 그리고 양식사적인 배열에 따라 맞추어진 내용의 범위를 벗어나 좀 더 본질적이고 의미론적으로 건축을 바라보고 이해하려는 시도가 이 도서의 궁극적인 목적이다.

일반적으로 건축을 전공하는 사람들이 범할 수밖에 없는 건축물 자체만을 평가하고 바라보는 범위를 원인과 과정 그리고 결과로 연계하여 이해의 폭을 넓히며 과학과 기술로 한정하여 건축을 바라보는 일반인들에게는 문화와 예술 그리고 나아가 종합적인 문명이라는 영역으로까지 확대해 진정한 건축의 본질을 이 책을 통해 느낄 수 있기를 바란다.

목 차

제 1장 세계 4대문명의 발생과 발전

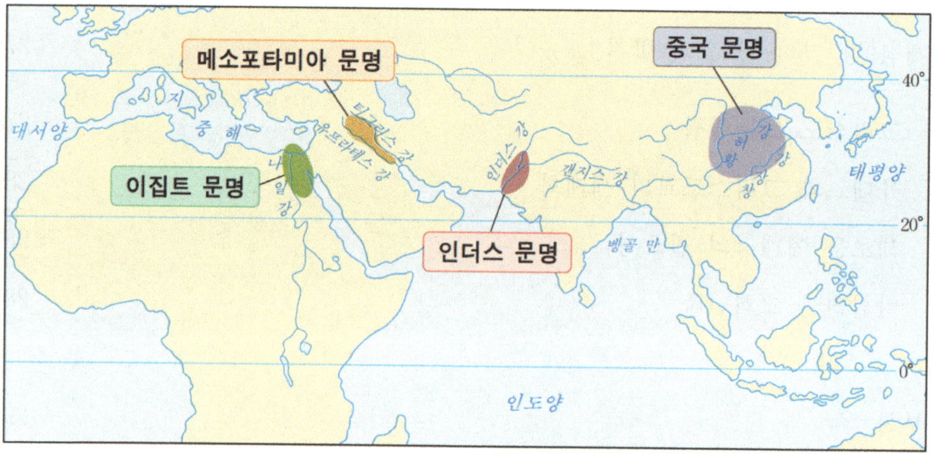

그림 1-1. 세계 4대문명

세계 4대문명이란 이집트 문명, 메소포타미아 문명, 인더스 문명, 황하 문명을 말하는데 이들 문명의 고대 인류역사상 최초로 일어난 문명이라 할 수 있다. 이 문명은 서 아시아의 티그리스·유프라테스 두 강 유역과 나일 강 유역에서 발생하였다. 인류가 직립보행을 시작으로 현재 인간들과 같은 모습과 지능을 가진 후부터를 뜻하며 특히 인간이 한곳에 정착하면서 필요한 것을 만들고 먹기 위해 농업을 시작하며 결과적으로 도시의 발생으로 까지 이어가게 된다.

도시의 발생과 어울러 나름대로의 규칙 즉, 법이라는 테두리가 만들어졌고 신앙을 가졌으며 도시를 이끌어갈 지도자도 생겨나게 되었다. 지금처럼 체계적이고 합리화된 질서는 아니지만 나름대로 삶을 살아감에 있어서 가장 필요한 기본적인 틀이 마련되었다고 볼 수 있다.

4대문명은 공통적으로 농경을 위해 큰 강을 끼고 발생하였으며 그 강을 바탕으로 생활을 영위함에 따라 체계적으로 발전해갔고 기본적인 생활이 이루어진 후에는 더욱 풍족한 생활을 하기 위해 이웃 부족을 침범하는 등 약탈이나 전쟁 등의 침략 행위가 적극적으로 이루어지기 시작했다. 4대 문명의 발생지들의 일반적인 특징은 북반구에 위치하고 있으며. 대부분이 기후가 온화하고 기름진 토지를 지닌 지역들이었다. 지금의 중동 지방은 주로 사막으로 덮여져 있지만, 당시의 기후나 토양은 오늘날과 매우 달랐다. 지금부터 6~7천 년 전에는 중동 지방의 기후는 현재보다도 더 온화했고, 강수량도 많았다. 또한 인도의 인더스 강 유역도 오늘날처럼 대부분의 지역이 사막이 아니라 푸르고 울창한 숲으로 덮여져 있었다. 따라서 농사를 짓기 위해서는 대규모의 수리 사업을 필요로 하게 되었고, 이를 위해서 서로 간에 협력해야만 했다. 이런 상황은 대규모 수리 사업을 감독하고 이것을 이끌만한 강력한 권한을 필요로 하게 되면서 전제주의적 군주도 출현하게 되었다.

문명의 발생지는 신석기시대 농업 혁명을 거치면서 인류의 생산력은 크게 증대하였으며, 그에 비례해 전체 생산량도 늘어나게 되었다. 또한 상대적으로 큰 촌락이 형성되면서 생산을 위한 도구인 바퀴나 쟁기 등이 발명되었으며 가축 또한 길들여 농업의 혁신이 이루어진다. 생산이 증가함에 따라 교역 또한 가속적으로 발전하여 육상 및 해상의 교통도 발달하게 되었다. 독립된 촌락들이 서로의 필요와 침략 등의 행위를 통해 단위가 더 큰 도시를 형성하게 되면서, 제각기 독립된 모습을 갖추게 되었다. 이렇게 독립된 도시국가는 그들만의 기록을 위하여 문자를 사용하기 시작하였고, 마침내 문명의 단계에 들어서게 되었다.

일반적으로 4대 문명이 발생한 도시국가의 중심에는 최고 지배자가 거주하는 왕궁이 있었으며, 국왕은 정치와 더불어 제사장의 기능을 동시에 수행하였다. 왕궁 안팎에는 병사들이 국왕을 호위하였으며, 국왕 주변에는 신하들이 국왕을 보좌함으로 정치행위가 이루어졌음을 알 수 있다. 왕궁 주변 지배층이 거주하는 도시에는 그들이 사용하는 주거와 다양한 시설물들이 배치되어 이들 생활에 편리하게 사용되었다는 것을 알 수 있다.

하지만 이러한 혜택은 한정된 계급에게만 제공되었고, 지배층의 호화로운 생활의 이면에는 대다수 사람들에 대한 가혹한 수탈이 행해졌다. 이들은 소유한 토지의 경작에 노예를 혹사시켰으며, 자신이 지배하고 있는 백성으로부터 막대한 조세와 공물을 거두어들였다. 지배층은 더 많은 노예와 토지를 확보하기 위해 전쟁을 일으켰으며 관리들은 정복지로부터 막대한 공물을 징수하고, 자신의 권위에 도전하는 세력을 처벌하기 위해 법률을 제정하였으며, 저항할 경우 곧바로 군대를 파견하여 무자비하게 진압하였다. 점차 지배자의 권위를 과시하는 사업이 활발해지고, 지배자들은 권력층이 뚜렷하게 나뉜 사회에서 피지배층이 자신의 지배에 순순히 복종 하도록 유도하기 위해 여러 가지 방법을 동원하였다.

그들은 자신의 몸을 장신구로 휘감아 위대해 보이도록 애를 썼으며, 또한 권위를 높이기 위해 자신이 사는 집을 거대하고 웅장하게 만들었으며, 죽은 후에도 살았을 때와 마찬가지로 거대한 무덤에 들어감으로써 지위의 영속성을 보장받으려 하였다. 중국 은나라에서 왕이 죽었을 때 수십 명의 산 사람을 강제로 함께 묻는 순장제가 행해지거나, 이집트에서 거대한 피라미드를 만들어 지배자의 권위를 강화시키려는 등이 이에 속한다.

이처럼 4대문명은 공통적으로 큰 강 유역에 위치한 문명의 발생지와 온난한 기후, 비옥한 토지로 인한 풍부한 자원을 생산, 전제 군주의 출현과 도시의 형성, 문명의 발생, 법률제정, 지배자의 권위를 과시하는 사업 등을 활발히 진행하여 점차 발전하였다. B.C. 3500년경에는 4대문명 중 메소포타미아와 이집트가 먼저 문명화 단계에 들어섰다.

제 2장 메소포타미아 문명

메소포타미아(Mesopotamia)는 고대 그리스어 '$M\varepsilon\sigma o\pi o\tau\alpha\mu i\alpha$'에서 온 말로서 '강들의 사이'라는 뜻을 가지고 있으며, 기원전 4세기 후반 알렉산더 대왕 시대 이래로 역사, 지리학 및 고고학적 명칭으로 사용되기 시작하였다. 지리학상 서아시아의 유프라테스 강과 티그리스 강의 주변 지역(현재의 이라크)을 일컫는다.

그림 2-1. 메소포타미아 문명

유프라테스 강은 길이 2,680킬로미터로 서아시아에서 가장 긴 강이다. 터키 동부고원 에르주룸에서 시작된 이 강은 남으로 내려와 시리아의 알레포 인근에서 동남쪽으로 방향을 틀어 사막을 관통하고 바그다드 방향으로 내려와 남쪽으로 활모양을 그리며 페르시아 만에 도착한다. 티그리스 강은 길이 1,900킬로미터로 터키의 동부 고원 하자르 호수와 이란 가까이 반호수에서 발원해

이라크와 시리아의 국경선을 타고 남쪽으로 내려온다. 바그다드부터는 유프라테스 강을 거울에 비춘 듯 동쪽으로 활모양을 그리며 동쪽의 자그로스 산맥에서 내려오는 수많은 지류들과 만나며 강세를 불려 역시 페르시아만에 도착한다. 강들이 평행선을 이루며 페르시아 만에 가까이 도달할 때쯤 '마쉬' 라는 거대한 갈대 늪지를 만나게 되며 주변지역은 충적 평야로 변하게 된다. 문명이 시작되기 이전부터 이 지역은 상류에서 쓸려 내려온 기름진 흙이 쌓여 풍요로운 잉여 농산물을 생산할 수 있는 기반을 조성해 주었고, 이미 기원전 2400년 전부터 이곳의 도시들은 인공수로를 만들어 농사에 이용하였다.

두 강의 서쪽으로는 지중해와의 사이에 사막이 형성되어 있고 오른쪽으로는 중앙아시아로 넘어가는 자그로스 산맥이 병풍처럼 가로막고 있다. 하지만 지중해 주변의 풍부한 자원과 자그로스 산맥의 자원, 주변 유목민족의 이동은 메소포타미아 지역을 고립된 지역으로 놔두지 않고 강과 사막의 오아시스 도시들을 거쳐 활발한 문명의 성장 촉진요소로 작용하였다. 하기에 메소포타미아 문명은 하나의 문명이 아니라, 여러 개의 문명이 교차되며 발달하였고 복잡한 정치사가 계속되었다. 인류 최초의 문명인 수메르 문명이 처음으로 시작된 곳이기도 하다.

수메르인의 도시국가 (B.C 4000 ~ B.C. 2004)

셈어를 사용하는 유목민족이 먼저 아카드(지금의 바그다드) 인근의 지역을 차지했으며 B.C. 4000년경 북방으로부터 침입한 수메르인은 남메소포타미아 지역(수메리아)에 정착하여 농업에 종사하였다. B.C. 3,100년경부터 성립한 우르, 라가슈, 우루크, 움마 등 10여 개의 부유하고 인구가 많은 도시 국가들이 B.C. 2400년경까지 안정과 번영을 누렸다.

수메르인은 이곳에서 금속으로 만든 도구와 무기를 사용하였고 계산을 하거나 행정을 문서로 알리기 위해 인류 최초의 설형문자도 창안하였다. 도시는 인구가 밀집된 성 안의 중심지와 계곡을 둘러싼 주변 농업 지역 등 두 부분으로 구성되어 있었다. 당시 최대 인구를 가졌던 도시 국가 우르는 귀족과 성직자, 평민, 노예의 세 계급으로 나누어진 사회였다.

왕은 신의 대리자로서 도시 중심에 있는 신전 겸 궁전에 거주하며 생산과 징세 등을 기록하고 전체 주민을 지배하였다. 왕의 지위는 확고했으며 세습되었다. 왕을 보좌하기 위해 사제, 군인, 전문관리 등이 있었으며 그 밑으로는 농업, 상업, 수공업에 종사한 평민들이 있었다. 각 도시들은 앞다투어 인근 지역을 정복하여 지역 주민을 노예로 지배하였다.

그림 2-2. 출토된 수메르 그림

수메르인들은 자연현상에 의지하는 간절한 마음을 지역별 특성에 적합한 신을 만들어 그들에게 무사를 기원하였다. 수메르 도시사회가 형성될 무렵인 기원전 4000년경 유프라테스 강 하류지역에 자리 잡았던 도시 우르는 '하늘 신'을 수호신으로 삼았고, 이 하늘 신 '안(An)'에게 봉헌된 것이 지구라트(Ziggurat)이다.

이 지구라트는 햇볕에 건조한 벽돌로 지어졌으며 표면은 역청으로 처리한 구운 벽돌로 덮여있다. 15m 높이의 거대한 단 위에 다시 두 단을 놓았는데 가장 위의 단은 신전을 위한 기단이었을 것으로 보인다. 마치 경사로처럼 보이는 100개의 단을 가진 세 개의 계단은 네 귀퉁이에 탑을 가진 출입문에서 만나며 여기에서 다시 하나의 계단이 올라가 신전으로 연결된다. 이러한 의식용 길은 각진 나선형을 닮았다. 이 같은 '꺾은 축' 진입 방식은 이집트 신전의 직선 축 진입 방식과 대조를 이룬다. 지구라트의 주된 형태 요소는 점으로서 이집트 건축을 지배하는 직선이 아니다. 평면은 정사각형에 기초한 중앙집중식 배치로 되어 있다. 또한 이집트 건축보다 수직축을 더 강조한다. 이러한 경향은 중앙집중식 배치 방식에 어느 정도 내재한다. 주도나 구성 방식은 순차적으로 정점으로 이끄는 배치이다. 이집트의 계단식 피라미드와 수메르의 지구라트는 형태적으로는 비슷하다.

그림 2-3. 우르의 지구라트 (Ziggurat of Ur, BC 2200-2100) 복원도

수직축과 결합한 중앙집중식 배치는 안정감과 질서감을 주며, 도시국가에 대한 개인의 소속감을 나타낸다. 지구라트의 정점에서 절정을 이루는 신전은 신 중심의 사회구조를 나타내며 신에 대한 의존, 그리고 신과 그의 지상 대리인에 대한 존경을 전달한다. 나선형 경사로와 계단으로 힘들여 올라가게 한 것은 인간의 영혼이 신성한 깨달음을 경험하기 전에 준비해야 할 엄격한 요구들을 의미한다. 지구라트가 이루는 탑의 모습은 자신을 초월하려는 인간의 영원한 열망을 담고 있다. 지구라트는 또한 신이 산꼭대기나 높은 장소에 산다는 고대의 믿음을 나타낸다. 수메르는 평지에 있어 신의 거처로서 인공적인 산을 만들었다.

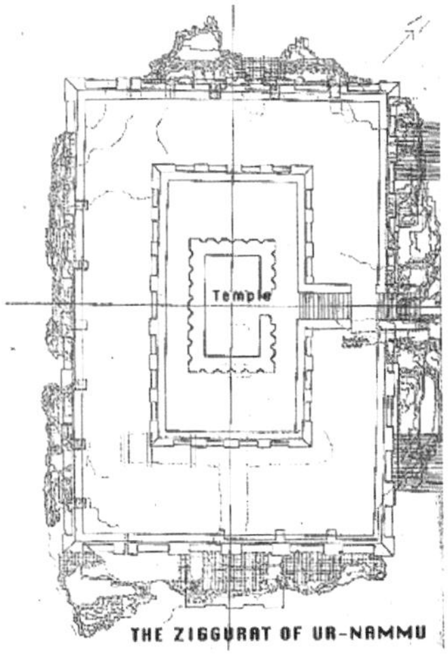

그림 2-4. 지구라트의 중앙집중식 배치

반면 바닷물과 섞이는 삼각주 지역의 연못과 늪이 많은 곳에 위치했던 도시 에리두는 '지하수신' 을 도시 수호신으로 삼아 도시의 상징적인 곳에 신전을 짓고 정기적으로 제사를 지냈다. 북쪽 산기슭에 위치했던 도시 키쉬에서는 이미 선사시대부터 '모신과 '출산여신을 숭배했다. 그 외 매우 오래된 여러 작은 도시들에서도 그들이 지켜온 수호신을 예배하는 제단이 있었다. 이처럼 수메르 신들의 특징은 도시마다 도시를 지키는 수호신이 있다는 점이다. 자연히 큰 도시의 신이 신들 중에 높은 신이 되고, 그 신을 보좌하는 시종 신들과 많은 직종의 수호신들이 작은 신이 되었다.

도시들 사이에 교류가 활발해지면서 한 도시에 그곳 수호신의 신전 말고도 다른 도시 신의 신전도 지었으며, 통치자들은 다른 도시에 세워진 자기 도시 신의 신전으로 순례를 가기도 했다.

수메르의 신관에서 가장 독특한 개념은 신들 중에 제일 큰 일곱 신이 있는데 그들이 세상의 운명을 결정하며 그들에게 서열이 있다는 것이다. 이 일곱 큰 신들의 모임에서 세상의 운명이 결정되었다. 일곱이라는 숫자의 의미가 경제적·정치적·종교적인 개념으로 발전된 것은, 기원전 30~28세기에 정치적으로 중요한 수메르의 여섯 도시국가의 통치자들과 그 수호신들이 니푸르의 엔릴을 중심으로 공동체를 형성하고 유지할 때였다. 기원전 2500년경에 이미 연맹체의 통치자에게 '사방(四方)의 왕' 이라는 칭호를 기록한 토판이 있다. 시대의 변화에 따라 도시의 흥망이 이어지고, 그때마다 신들의 서열은 변화했으며, 도시 간의 싸움과 멸망을 신들의 싸움에 의한 결과로 표현하기도 하였다. 왕권을 표현하기 위해 신들의 아들(길가메쉬 왕 등)임을 내세우기도 하였고, 도시의 권력자들은 자신들의 통치행위를 신들의 계시로 설명하였다.

수메르의 도시들은 충적평야를 다스리기 위하여 소규모의 운하를 파기 시작했는데, 기원전 2900년경부터 약 500여 년간 지속된 수메르 초기왕조 시대에 이미 메소포타미아 지역에 크고 작은 많은 도시국가들이 성장하였다.

여러 도시의 통치자들은, 두 강사이의 땅을 경작하기 위해 수로를 만들고, 매년 홍수로 수로 밑에 퇴적된 침적토를 파내거나 동쪽 산맥지역에서 수시로 침략하는 산적들에 대항하기 위해 모임을 가졌다. 이를 위해 도시마다 권력자가 등장하고 도시 상호간 연합을 했으며, 우르나 우르 같은 가장 강력한 도시들이 연맹체를 주도하였다.

기원전 2335년경 셈족의 '아카드' 에게 메소포타미아의 지배권을 빼앗겼으나 후기에 왕위 다툼으로 내정이 혼란스러웠던 아카드 왕조는 기원전 2150년경, 메소포타미아 동쪽 편 자그로스 산맥에서 구티족의 침략으로 멸망하고 말았다. 그 후 약 40년 뒤 남 메소포타미아 유프라테스 강 하류에 위치한 도시국가 우르(우르 3왕조)를 중심으로 수메르 도시국가 연맹체가 다시 형성되었으며, 모든 국정문서는 다시 수메르어로 기록되었다. 약 100년간 지속된 우르 3왕조(기원전 2112~2004)는 수메르 문화의 전성기가 되었다.

아카드 제국 (B.C 2400 ~ B.C. 2200)

그림 2-5. 사르곤 1세의 청동 두상

셈족은 아라비아 반도와 시리아 사막에서 메소포타미아로 이동해 들어온 민족이다. 그들은 같은 언어를 사용했는데 아카드, 아모르, 가나안, 아람(지금의 시리아), 히브리, 아랍이 여기에 속하며 B.C. 2400년경 이중 아카드 민족이 수메르 북쪽에 침입하여 도시국가를 건설하였다.

처음으로 아카드 제국의 기틀을 세운 지배자는 사르곤 1세(B.C 2370-2315)였다. 그는 수메르 도시국가들을 복속시켰을 뿐만 아니라 멀리 아시리아와 시리아에 이르기까지 지배영역을 확장했으며, 수메르인의 문화와 경제를 대부분 계승하여 마침내 메소포타미아를 통일하였다. 그는 말년에 아카드 옆에 바빌론이라는 신도시를 건설하였고 이 신도시는 아카드 제국이 멸망한 후에도 계속발전하여 함무라비 왕 때에 이르러서는 바빌로니아 왕국의 수도가 되었다. 사르곤 1세가 수립한 아카드 제국은 후계자들에 의해 B.C. 2200년까지 지속되었다.

그림 2-6. 아카드 제국의 최대영토

고바빌로니아 왕국 (B.C 1830 ~ 1700)

B.C. 22세기 중반 아카드 제국이 붕괴되자 다시 수메르인들이 메소포타미아를 장악하였고 B.C. 1830년경엔 이란에서 침입한 엘람 민족에 의해 정복되었다. 엘람 민족은 델타 지대를 철저히 파괴했으며 우르(Ur)를 소각하고 많은 주민을 죽였다. 거의 같은 시기에 셈어족에 속한 아모르 민족이 아라비아 사막으로부터 메소포타미아로 침입하여 바빌로니아를 세웠으며 바빌로니아 역시 수메르 문화를 그대로 계승하였다.

B.C. 18세기 전반 바빌로니아는 함무라비(B.C 1792-1750)에 이르러 전성기를 맞이하였다. 그는 각지를 정복하여 페르시아 만에서 지중해에 달하는 지역의 여러 민족들을 정치적으로 결속시키는데 성공하였다.

가장 힘든 상대는 남부의 대국, 라르사였다. 라르사는 남쪽에서 북으로 치고 올라갔고, 바빌론은 중부를 장악하고 남쪽까지 세력을 뻗치려 했다. 그런데 동쪽에서 이란계의 엘람이 공격해 오면서 두 나라는 손을 잡고 엘람에 맞섰다. 그리고 마침내 엘람을 무찌른 뒤, 함무라비는 여세를 몰아 라르사로 진격한다. 라르사 왕 림신을 사로잡음으로써 함무라비는 메소포타미아의 최강자로 자리매김했다. 이제 북부로 눈을 돌린 그는 샤마시아다드 사후 다시 독립한 마리를 먼저 무너뜨렸고, 다음에는 아시리아의 항복을 받아냈다. 기원전 1751년, 수바르투라는 작은 나라를 정복하는 것으로 통일대업은 끝났다. 메소포타미아는 함무라비 왕 아래 다시금 하나의 나라가 된 것이다.

함무라비는 사르곤의 전철을 밟지 않으려 다짐했다. 그는 통일제국을 유지하려면 힘도 중요하지만 제도의 정비와 사상적 통일이 필수적이라 생각했다. 그래서 사르곤 시대에는 여러 도시들의 자치권이 폭넓게 인정되었지만, 재정권과 사법권을 빼앗아 중앙에 귀속시켰다. 공평한 세금과 병역 제도 마련에도 힘을 기울였다. 또 한편으로 언어의 통일도 꾀하여 아카드어를 국어로 삼고, 종교적으로도 바빌론의 지방신이던 마르두크의 위상을 높여 수메르의 엔릴, 아시리아의 아슈르와 동일화, '벨-마르두크'라는 이름으로 메소포타미아 전체의 최고신으로서 숭배를 받도록 했다.

그림 2-7. 함무라비법전(좌)과 본문(우)

하지만 넓은 제국에서 발생하는 법률문제는 무수한데, 그것을 모두 바빌론의 왕이 처리할 수는 없는 일이었다. 따라서 각지에 지방법정을 세워 왕을 대리하여 판결을 할 사법관을 파견했다. 그리고 그 기준으로, 제국 어디서나 왕이 직접 재판하는 것과 같게 해줄 법전이 필요하다고 여겼다. 이에 '함무라비법전'이 만들어진다.

함무라비 법전보다 오래된 법전은 앞으로도 또 발굴될 가능성이 있다. 하지만 그래도 이 법전이 중요한 까닭은 이것이 이전 법전들과는 다른 메소포타미아 통일제국의 법전이며, 이전 법전들의 정신을 계승하면서도 새로운 정신을 추가했기 때문이다.

함무라비 법전이라고 하면 흔히 "눈에는 눈, 이에는 이"라는 '동해(同害)보복 원칙'을 떠올린다. 그런데 조문을 잘 들여다보면 반드시 가해자에게 같은 손해가 가해지는 건 아니다. 가령 자유민이 다른 자유민의 눈을 멀게 했으면 그의 눈을 뽑는 처벌을 내리지만, 한 단계 낮은 평민이 피해자라면 벌금만 내면 된다. 노예를 그렇게 했다면 벌금 액수가 줄어든다(그리고 벌금을 받는 상대는 그 노예의 주인이다). 낮은 신분의 사람이 높은 신분의 사람을 해쳤다면 반대로 처벌이 갈수록 엄중해진다. 즉 사람의 신분에 따라 처벌이 불공평하다. 아울러 우리가 보기에는 지나칠 만큼 처벌이 엄중하다. 총 246조

(36개 조는 훼손되어 읽을 수가 없다) 중에서 32개 조가 사형을 규정하며, 그 외에도 손을 자르거나 귀를 도려내는 등 잔혹한 벌칙이 많다.

하지만 당시로서는 이 법전은 '정의' 라고 할 만했다. 그때까지는 신분보다 권력이나 재산에 따라 법이 들쑥날쑥 해지는 일이 보통이었다. 가령 권력자의 노예가 자유민을 때렸어도 그 자유민은 어떻게 해볼 수가 없었다. 그러나 함무라비 법전은 그가 누구의 노예이든 자유민을 때렸으면 중벌을 받아야 한다고 못박았다. 반대로 권력자가 피해를 입었을 때 가해자에게 무제한적인 보복을 가하는 일도 막았다.

신분제 자체가 현대인의 눈으로는 불공평한 체제이지만, 당시에는 실제 권력이나 부와 관계없이 신분에 따른 원칙과 상식이 통할 수 있다면 충분히 공평하고, 정의로운 일이었다. 강력한 처벌이 많은 까닭은 범인을 교도소에 가두고 교화한다는 개념이 없던 당시로서는 실질적인 처벌 방법이 신체형과 벌금형에 그쳤고, 엄격한 처벌을 해야 범죄가 예방된다고 보았기 때문이다. 그래도 그 이전의 법전들에 비하면 함무라비 법전은 많이 너그러운 편이었다. 또 고아나 과부, 노인 등 사회적 약자에 대한 보호규정을 많이 마련하고 있는 점도 특징이다. 그래서 함무라비는 이 법전이 태양신이자 정의의 신인 샤마시의 도움으로 이루어진 것이라고 자신 있게 내세울 수 있었다.

함무라비의 통일 왕조도 그의 죽음 이후로는 오래 버티지 못했는데, 통치체제의 잘못보다는 이민족의 침입 때문이었다. 이란고원에서 넘어온 카사이트족은 동북부를 점령하고 독립 왕국을 세웠으며, 남부에서도 수메르가 독립했다. 그리고 B.C. 1600년경에는 히타이트족의 침입에 바빌론이 함락되고, 제국이 멸망해 버린다. 이후 메소포타미아는 여러 민족과 나라가 뒤섞인 항쟁을 거쳐, B.C. 1350년경부터 힘을 기르기 시작한 아시리아에 의해 통일된다. 함무라비의 통일제국은 이처럼 사라졌으나, 그의 유산은 오래 남았다. 이후의 여러 왕조는 그가 이룩한 체제를 모방했으며, 함무라비 법전을 그대로 적용해 쓰기도 했다.

메소포타미아의 사회와 경제

메소포타미아의 사회계급은 귀족 · 평민 · 노예의 3계급으로 구성되어 있었고 계급 간의 관계 및 각 계급의 권리와 책임은 자세하게 법으로 규정되었다. 지배층 귀족은 관리와 군인이 되었으며 농토의 상당 부분을 차지해서 노예를 통해 경작하였다. 평민은 자유 신분으로 땅을 소유하고 매매할 수 있었다.

노예는 대부분 외국인이거나 전쟁 포로 출신이었으나 일부는 범법자거나 채무 노예였다. 채무 노예는 3년이 지난 후에는 법에 따라 해방되었으나 다른 노예들은 소유자가 마음대로 처분하였다. 노예는 낙인이 찍혀 동물과 같은 취급을 받았다. 그럼에도 일부 노예는 장사를 할 수도 있었고 자유 신분을 살 수도 있었다.

메소포타미아 사회는 남성중심의 사회였다. 심지어 남자는 부채를 갚기 위해서는 여자와 아이들을 노예로 팔 수 있었다. 결혼한 여자에게 간통죄는 죽음을 의미하였다. 남자는 간통 현장을 목격하지 않았다 하더라도 여자를 간통으로 고발할 수 있었다. 여자는 자신의 혐의를 벗기 위해 강물에 투신해야 했다. (함무라비 법전 5조)

메소포타미아에서는 청동기를 사용하고 바퀴 달린 보습으로 밭갈이하는 등 농업 기술이 발달하였다. 비옥하고 관개된 밭의 생산성은 크게 향상되었다. 농토는 귀족 계급이 소유하는 대규모 농장이며 소작인이나 노예들이 경작하였다.

다른 지역과의 교역도 활발하게 이루어졌다. 메소포타미아는 당시 국제무역의 대중심지로서 인도와 시리아에서 목재, 아라비아에서 향신료, 페르시아에서 금속과 석재, 이집트에서 황금 등을 수입했으며, 이런 활발한 교역으로 화폐가 일찍부터 유통되었다.

종교는 자연 현상을 숭상하는 다신교가 성행하였다. 본래 수메르인이 다신교를 숭상하기 시작했는데 여기에 아카드인과 바빌로니아인이 더 많은 신들을 추가하였다. 여러 남녀 주신과 수많은 잡신이 숭배되었고 신들은 위계가 정해져 있었다.

그림 2-8. 의식을 행하는 달의 신 하샤메르와 우르 3왕조의 우르남무

'신인동형설' 은 메소포타미아에서 시작되었다. 신은 인간과 같은 모습을 하지만 사람과 달리 강하고 영원히 죽지 않으며 그 외에 신과 인간은 전혀 다르지 않았다. 이러한 신들은 대개는 각 지방이나 도시의 보호 신이었다. 지방 신이나 도시 신은 그 지방이나 도시가 정치적 패권을 장악하게 되면 전국적인 신으로 승격되었다.

예를 들면 바빌론의 신 마르두크는 통일 후 바빌로니아의 국가 신으로 승상되었다. 농사를 업으로 삼는 사람들이 마음을 끈 신은 다산과 풍요의 여신이었다. 이 신은 수메르인의 이나나(Inana) 여신이며 후에 셈 민족은 '이슈타르(Ishtar)' 라 불렀다. 메소포타미아 종교는 현세 중심적이었다. 그들의 내세는 비참한 암흑 세계여서 죽은 후에는 행복한 삶이 있다고는 생각하지 않았다.

메소포타미아의 문자와 교육

그림 2-9. 설형문자

수메르인은 인류 사상 최초로 문자를 고안한 사람들이었다. B.C. 3000년경 신들에게 바칠 가축과 곡물을 기록하기 위해 그림으로 된 문자(그림 문자)를 만들었다. 그 후 그림 문자를 바탕으로 약 350자의 쐐기 모양의 글씨(설형문자)를 완성하여 널리 사용하였다. 그들은 이 문자를 진흙판에 새겨 햇볕에 말리거나 불에 구워 단단하게 만들었다. 수메르인의 설형문자는 후에 아카드인과 바빌로니아인에 의해 채택되었다. 설형 문자는 매우 복잡한 체계를 가지고 있었기 때문에 전문적인 서기가 있어야 하였고 그들조차도 여러 해가 걸려서야 비로소 설형 문자를 완전히 익힐 수 있었다.

B.C. 2500년경 글쓰기 학교들이 수메르 전역에 많이 세워졌다. 대부분 학생들은 부유층 자제들이었고, 교육은 엄격했다. 당시 고급관리가 되는 지름길은 신전 부속의 서기(書記)학교에서 점토판에 설형문자를 배우는 일이었다. 이후로도 수메르 학교 제도는 메소포타미아 교육의 기준이 되었다.

이러한 교육과 함께 문학작품도 습득되었는데 그 중 하나가 인류가 소유한 가장 오랜 이야기의 하나인 '길가메쉬 서사시(Epic of Gilgamesh)' 이다. "수메르 왕 명부"에 따르면 길가메시(수메르어 이름은 빌가메시 Bil-ga-mèš)는 기원전 28세기경 우루크를 126년 동안 지배한 왕이었다고 한다. 이 기록에서 이때 이미 길가메시의 일생이 신비스럽게 꾸며진 것을 알 수 있다.

그림 2-10. 길가메시 서사시 판본

우루크의 지배자 길가메쉬는 지상에서 가장 강력한 왕으로 3분의 2는 신, 3분의 1은 인간인 초인(超人)이다. 그러나 백성들이 그의 압제에 불만을 터뜨리자 천신(天神) 아누(Anu)(수메르어로는 안)와 모신(母神) 아루루(Aruru)는 길가메쉬의 힘을 낮추기 위해 엔키두라는 힘센 야만인을 만든다. 길가메쉬와 엔키두가 싸우고 예상외로 길가메쉬가 이기자 둘은 친구가 된다. 둘은 삼나무 숲의 괴물 파수꾼 훔바바를 정벌하는 모험에 떠나 그를 죽이고 우루크에 돌아온다. 길가메쉬가 여신 이슈타르(Ishtar)(수메르어로는 이나나)의 유혹을 뿌리치자 이슈타르는 아버지인 아누에게 길가메시를 징벌하기 위해 하늘의 황소를 내릴 것을 요청한다. 길가메쉬와 엔키두는 하늘의 황소를 죽인다. 신들은 엔키두가 훔바바와 하늘의 황소를 죽인 데 대해 분노하고 엔키두를 죽인다. 친구의 죽음으로 충격을 받은 길가메쉬는 영생의 비밀을 듣기 위해 죽지 않는 유일한 인간인 우트나피시팀과 그의 아내를 찾아 나선다. 고생 끝에 우트나피시팀을 만나 대홍수에 대해 전해 듣고 영원히 살 수 있는 기회를 두 번 얻지만 모두 실패하고 우루크에 돌아온다는 내용이다. 이러한 수메르인의 문학은 천년 후 히브리인의 구약성서에 영향을 끼친 것으로 보인다.

제 3장 소아시아 고대문명

B.C. 2000년경 인도-유럽어족에 속한 민족들이 흑해 및 카스피 해의 북쪽으로부터 서남쪽으로 이동하여 중앙 유럽·지중해 및 에게해 일대로 퍼져나갔다. 그들의 문화 수준은 메소포타미아보다 낮았지만 우세한 무력을 앞세워 B.C. 1750년경에는 고대 동방 지역을 휩쓸었다. 그 중에서도 카시트 민족, 히타이트 민족, 미탄니 민족이 고대 동방의 역사에서 중요한 역할을 하였다.

히타이트 (B.C. 18세기 경 ~ B.C. 1180)

B.C. 2000년경 소아시아에서 가장 두드러진 세력은 히타이트 민족이었다. 히타이트는 B.C. 1907년 수도 하투샤쉬(Hattuşaş) 유적지에서 금석문이 발견되면서 비로소 그 역사가 밝혀지게 되었다.

히타이트(기원전 18세기경 ~ 기원전 1180년 또는 기원전 8세기) 또는 히타이트 제국은 고대 근동의 청동기 시대(B.C. 3300 ~ B.C. 1200) 중 기원전 18세기경에 아나톨리아 북중부의 하투샤를 중심으로 형성된 왕국으로, 히타이트어는 인도-유럽어족에 속한다. 히타이트 제국은 기원전 14세기경에 최절정기에 들어섰는데, 당시에 아나톨리아의 대부분, 시리아 북서부(레반트의 북부), 남쪽으로는 리타니 강의 하구(지금의 레바논)까지, 동쪽으로는 메소포타미아 북부까지 장악하였다. 히타이트인은 소아시아의 지배를 강화하여 미탄니를 속국으로 하고, 북시리아를 세력 아래에 흡수, 이집트 다음가는 대국이 되었다. 히타이트의 군대는 전쟁시에 전차를 잘 사용했던 것으로 유명하다. 기원전 1180년 이후에 히타이트 제국은 분열되어 여러 독립된 도시국가로 나뉘었으며, B.C. 1180년경 에게해 쪽에서 쳐들어오는 해상민족에게 완전히 붕괴되었다. 기원전 8세기까지 존속하였다. 이 도시 국가들을 신히타이트(Neo-Hittite) 도시국가라고 한다.

그림 3-1. 이집트 벽화에 새겨진 히타이트 전차

아시리아 (B.C 3000년경 ~ B.C. 612)

아시리아인들은 아라비아 메사 산 부근에서 살던 종족이었는데, 주위 토질의 사막화가 심화되자 기원전 2500년경 이동을 시작하여 아슈르 지역에 도착하였다. 아슈르 지역은 기원전 4000년 이전부터 수메르인들이 마을을 이루고 있었으나, 아시리아인들의 세력이 강해지면서 마을의 주도권이 바뀌었다.

기원전 2300년경 아시리아인들은 같은 셈족인 아카드인들이 메소포타미아를 통일하자 아카드의 지배 아래에 있었으며, 기원전 2100년경 아카드에 이어 메소포타미아를 통일한 우르 3왕조의 지배를 받았다. 우르가 멸망 한 후 아슈르는 남으로는 바빌론 부근, 북으로는 시리아의 도시국가 마리까지 영토를 확장하였으나, 곧 이어 나타난 함무라비 왕에 패하여 바빌로니아의 지배하에 들어간다. 그 후 카시트 왕국이 바빌론을 차지하고 바빌론 제 3왕조를 열었을 때, 아슈르는 바빌론 왕과 혼인관계를 맺으며 시리아의 히타이트 및 이집트와 친교를 맺는 한편, 기원전 1360년경 키르쿡의 미타니 분국(分國)을 점령하여 세력 확장을 시작했다.

그림 3-2. 아시리아 제국 최대영토

제87대 왕 티글라트 필레세르(Tiglath Pileser, 기원전 1157 - 1077년)에 이르러 아슈르는 북쪽으로 아르메니아, 서쪽으로는 지중해 연안의 모든 도시들과 남쪽의 바빌론을 정복하여 명실 공히 아시리아 제국으로의 면모를 갖추며 강국으로 성장했다. 그러나 그의 죽음과 함께 국세도 위축되어 다시 대부분의 정복지를 잃게 되었다. 제 101대 왕 아슈르나시르팔 2세(Assurnasirpal

Ⅱ, 재위 기원전 885-858년)는 국력을 강화하고 비좁은 아슈르를 떠나서 티그리스 강을 따라 북쪽으로 90킬로미터 거리에 있는 칼루(Kalhu, 현재의 님루드)로 왕도를 옮겼다.

기원전 722년 즉위한 사르곤 2세(Sargon II)는 사마리아(Sarmaria)를 침공하여 이스라엘을 속주(屬州)로 삼았다. 이어 시리아·이집트·에티오피아·아라비아 등을 공격하고, 바빌로니아를 굴복시키는 등 화려한 군사적 활동을 하여 수도를 아수르(Assur)·니네베(Nineveh)로 옮겼고 새 수도 코르사바드(khorsabad)를 건설하였다. 코르사바드의 사르곤 2세 성채는 면적이 약 25에이커(101,171.411㎡)정도이며, 이백 개가 넘는 마당과 방들이 있다. 궁전은 가로 세로 각각 1마일 가량 되는 도시 내에 자리 잡고 있으며, 15m 정도 높은 둔덕 위에 서 있다. 넓이가 약 28㎡인 사각형의 중정 뒤편으로 왕의 거처가 자리하는데, 이곳은 왕이 외국 사신을 맞는 알현실도 포함한다.

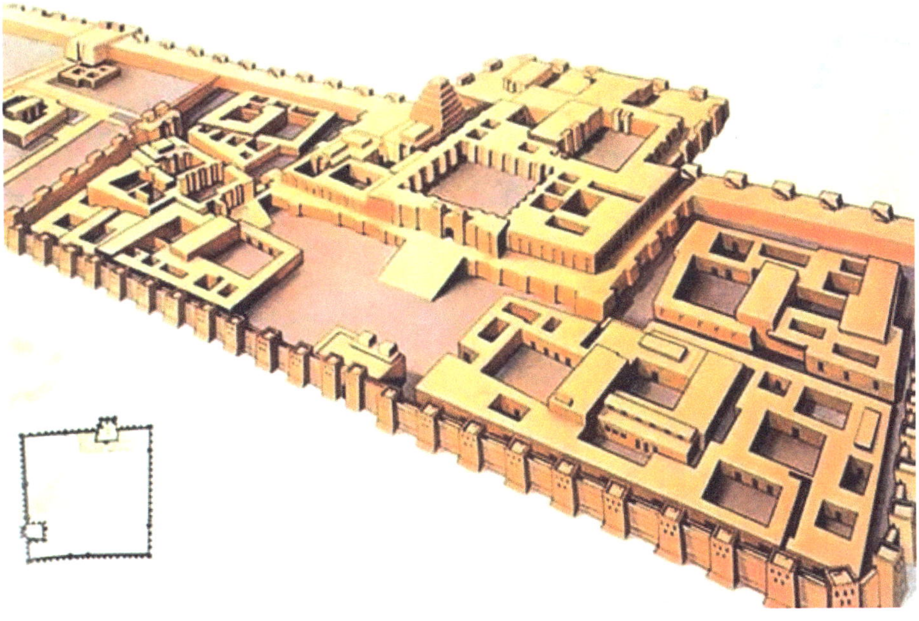

그림 3-3. 사르곤 2세 궁전 복원도

그림 3-3. 사르곤 2세 궁전의 문

방문객은 의전용 중정에서 높이가 4m에 달하는 거대한 수호신상 사이에 자리한 중앙 입구를 거쳐 들어간다. 궁전은 여러 중정들, 알현실, 의전실, 후궁, 서비스 구역, 근위실 등으로 이루어지며, 필수적인 신전과 지구라트가 덧붙어 있다. 지구라트의 단은 일곱 개로 추정되는데, 그 중 네 개의 단만이 남아 있다.

이 궁전의 배치는 보이드(void)와 솔리드(solid)가 이루는 여러 개의 핵, 곧 점으로 구성된다. 보이드는 옥외 중정으로 나타나며, 솔리드는 신전과 함께 있는 지구라트 등으로 나타난다. 따라서 이것은 다핵식 배치로서 두 개의 큰 중정과 지구라트가 세 개의 주된 중심을 이룬다. 그중 정사각형의 중정은 왕의 처소를 시각적으로 예비하는 역할을 하며, 직사각형의 중정은 알현실을 포함한 왕의 공식 업무지역을 시각적으로 예비하는 역할을 한다.

사르곤 2세의 궁전은 완성되지 못했지만, 모든 것을 정복할 수 있다는 '위대한 왕'의 자신감을 야심적인 평면에서 찾아볼 수 있다. 궁전을 도시의 지면보다 높게 들어 올린 것은 왕이 신과 백성 사이에 선다는 생각을 전달한다. 출입구에 거대한 조각상을 둔 의전용 중정, 과도한 스케일의 알현실, 왕의 공적은 그린 거대한 그림들은 방문객 스스로 왕의 경외로운 권세에 비해 작고 보잘것 없음을 느끼게 한다. 사르곤 2세는 그의 도시와 궁전이 자신의 영광을 나타낸다고 생각했다. 한 비문에는 "내 손으로 정복한 사람들로 이 도시를 건설했노라" 라고 쓰여 있으며, 다른 곳에는 "세계의 왕 사르곤이 이 도시를 건설했노라" 라고 쓰여 있다. 제국의 넘치는 힘과 찬란함을 나타내려는 것이 아시리아 궁전 건축의 주된 의도였던 것으로 보인다.

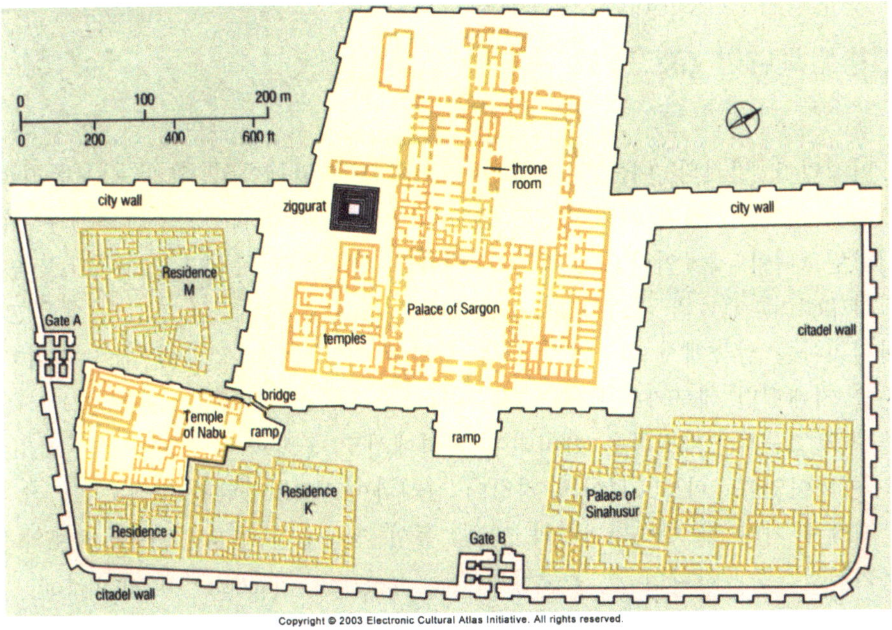

그림 3-5. 사르곤 2세 궁전 배치도

그러나 아시리아의 지배는 오래가지 않았다. 무거운 세금과 지나친 무단 통치는 이민족의 반발을 샀고 부단한 전쟁으로 자원이 고갈되었다. 결국 B.C. 7세기 말부터 각지에서 반란이 일어나 마침내 B.C. 612년 아시리아의 수도 니네베가 메디아·칼데아·스키티아의 연합군의 공격에 함락되고 아시리아는 멸망하고 말았다. 그 후 고대 동방에서는 칼데아·메디아·이집트·리디아 등 네 나라가 서로 대립하였으나 칼데아인이 세운 신바빌로니아가 수도 바빌론을 중심으로 제일 강한 나라가 되었다.

아시리아는 바빌론과 수메르 문명을 정복지역으로 널리 전파했다는 점에서 그 문화사적 의의가 있다. 역대 왕들은 아수르, 니네베와 같은 도시들을 대대적으로 건축하였다. 아시리아의 종교는 수메르 문화를 바탕으로 초기의 메소포타미아를 계승하였다.

신바빌로니아 (B.C. 612 ~ B.C. 539)

아시리아 말기의 내분을 틈타 바빌론에서는 칼데아의 왕자 나보폴라사르(Nabopolassar, 재위 기원전 626~605)가 독립을 선언하고 기원전 625년, 후에 신바빌로니아 제국이라고 불리는 칼데아의 왕국을 건국한다. 그리고 북쪽 메다아(Media) 제국의 키악사레스(Cyaxares, 기원전 625~585) 왕과 동맹을 맺고 아시리아를 남북에서 협공하여 멸망(기원전 612)시킨다. 그 후 남쪽에서 바빌론을 지배했던 네부카드네자르 2세(Nebuchadnezzar II, B.C. 605-562)가 질서를 회복했는데, 바빌론은 아시리아 치하에서도 문화적 중요성을 상실하지 않은 지역이었다. 바빌로니아의 영광이 잠시나마 다시 빛났던 사실은 그 건축적 유적에서 가장 잘 나타난다. 약 200년 동안 지속된 바빌론은 고대 세계의 7대 불가사의 중 하나인 '공중정원(The hanging garden of babylon, BC 605-562)' 으로 유명하다. '공중정원'이라는 명칭은 계단식 발코니 위에 식물을 심어놓은 모습이 마치 공중에 매달려 있는 것처럼 보였기 때문에 그런 이름이 붙여졌다고 한다. 공중정원은 메디아 왕국에서 바빌론으로 시집온 사랑하는 왕비 아미티스를 위해 네부카드네자르 2세가 만든 것이라고 한다. 바빌로니아와 연합해서 아시리아를 멸망시켰던 메디아는 바빌로니아의 동맹국으로, 두 나라는 서로를 신뢰한다는 증표로 왕족끼리 혼인 관계를 맺었다. 메디아 왕국은 산과 나무가 많아 자연 환경이 좋은 나라였지만 바빌론은 평탄한데다 비도 잘 오지 않는, 자연의 혜택과는 거리가 먼 나라였다. 그래서 네부카드네자르 2세는 고향의 산과 푸른 나무를 그리워하는 아미티스의 마음을 달래주기 위해 공중정원을 만들기로 결심했다는 것이다. 하지만 실제로 공중정원이 어떤 목적으로 만들어졌는지는 확실치 않다. 사실 바빌론에서 출토된 점토판에는 공중정원에 관한 언급이 거의 없다. 그나마 공중정원에 대한 기록이 있는 점토판에는 정원에 심어져 있던 식물의 리스트 정도만 기록되어 있을 뿐이다. 그리고 리스트에 올라 있는 거의 대부분의 식물이 식용이나 약용이어서 일부 학자들은 공중정원이 식물원으로 사용되었을 것으로 추정하기도 한다. 그러나 바빌론에서 출토된 점토판이 아직까지 모두 해독되지 않았기 때문에 그 용도에 대해서는 정확하게 파악하기 힘든 상태다.

그림 3-6. 공중정원의 상상도

네부카드네자르 2세는 화려한 궁전에 지구라트(성경에서의 바벨탑)를 건설했으며, 요새 같은 도시 성벽에 여덟 개의 기념적인 아치형 문을 세웠다. 그 중 하나가 이슈타르(Ishtar) 여신에게 봉헌한 문으로서, 이 문으로 향하는 의식용 도로 양편에는 밝은 색 오지벽돌로 만든 60개의 사자상이 위풍당당하게 도열해 있었다. 문의 표면은 유광 오지벽돌로 덮었으며, 이슈타르 여신에게 바치는 짐승들을 뛰어난 솜씨로 부조했다. 유약은 전체적으로 진한 청색 바탕에 황갈색과 적색을 대비 색으로 사용했다. 이슈타르 문은 20세기 초에 발굴되었는데, 베를린에 있는 '독일 국립 미술관'에 없어진 부분들을 보충해서 복원해 놓았다. 이곳은 고대 메소포타미아의 장려한 조적조 건축이 가졌던 스케일과 찬란함을 접할 수 있는 세계에서 유일한 장소이다. 양쪽에 톱니 모양의 탑을 가진 이슈타르 문은 앞선 바빌로니아와 아시리아의 건축에서도 찾아볼 수 있는 문의 형식과 일치한다. 훨씬 이전부터 이러한 형식의 문에 오지타일을 사용했지만 이슈타르 문과는 달리 벽돌의 표면, 나아가 그림을 넣은 벽돌의 표면 조차도 부조를 하지 않아 평평하다. 이슈타르 문의 표면에는 두가지 형상, 곧 마르투크(Marduk)의 용과 아다드(Adad)의 호아소의 옆모습이 교대로 나타난다. 이러한 방식은 메소포타미아의 형식성을 가장 잘 드러내고 있다. 보가즈코이와 코르사바드의 건축적 조각에서 얻은 교훈을 바탕으로 평평한 표면 위에 완벽한 구성을 이루어냈다. 이러한 표면 장식은 그 디자인과 색채와 내구성에 있어서 건축 역사상 가장 뛰어난 것에 속한다. 바빌로니아의 유약은 불투명하고 딱딱하다. 모든 벽돌 들은 따로따로 성형하고 유약을 칠한 것으로 보인다. 이런 제작기법으로 인해, 강건한 모습의 동물들은 아시리아의 사냥 부조보다 더욱 양식적으로 처리되었다.

그림 3-7. 이슈타르 문(Ishtar Gate)의 복원도

그림 3-8. 이슈타르 문에 새겨진 동물 부조

B.C. 601년 네부카드네자르 2세는 유다왕국을 공격하여 예루살렘을 함락시키고, B.C. 597년 유대인을 바빌론에 포로로 데려갔다. 이것이 첫번째 '바빌론 유수' 이며 두 번째는 B.C. 586년에 예루살렘은 함락되어 완전히 파괴되고 당시의 왕 제데키아(시드키야)는 제리코(예리고)에서 붙잡혀 맹인이 되었으며, 대부분의 주민이 바빌론으로 끌려갔다. 세 번째는 B.C. 582년, 유다의 모든 고대도시가 파괴되고 주민도 포로가 되었다. 잡혀간 유대인은 지구라트 건설에 동원되었다.

네부카드네자르 2세 왕은 함무라비시대의 재현을 목표로 부흥에 노력하였으므로 바빌론은 번영을 되찾아 고대 세계의 중심으로서 면모를 일신하게 되었다. 그러나 후대의 왕들은 적극성이 없었으며 사제계급(司祭階級)이 정치에 간섭하였으므로 독신자(篤信者)인 왕 나보니도스(Nabonidos, B.C. 556-539) 때에 페르시아의 키루스 대왕이 거느리는 군대가 바빌론에 입성하여 B.C. 539년 신바빌로니아 왕국은 멸망하였다.

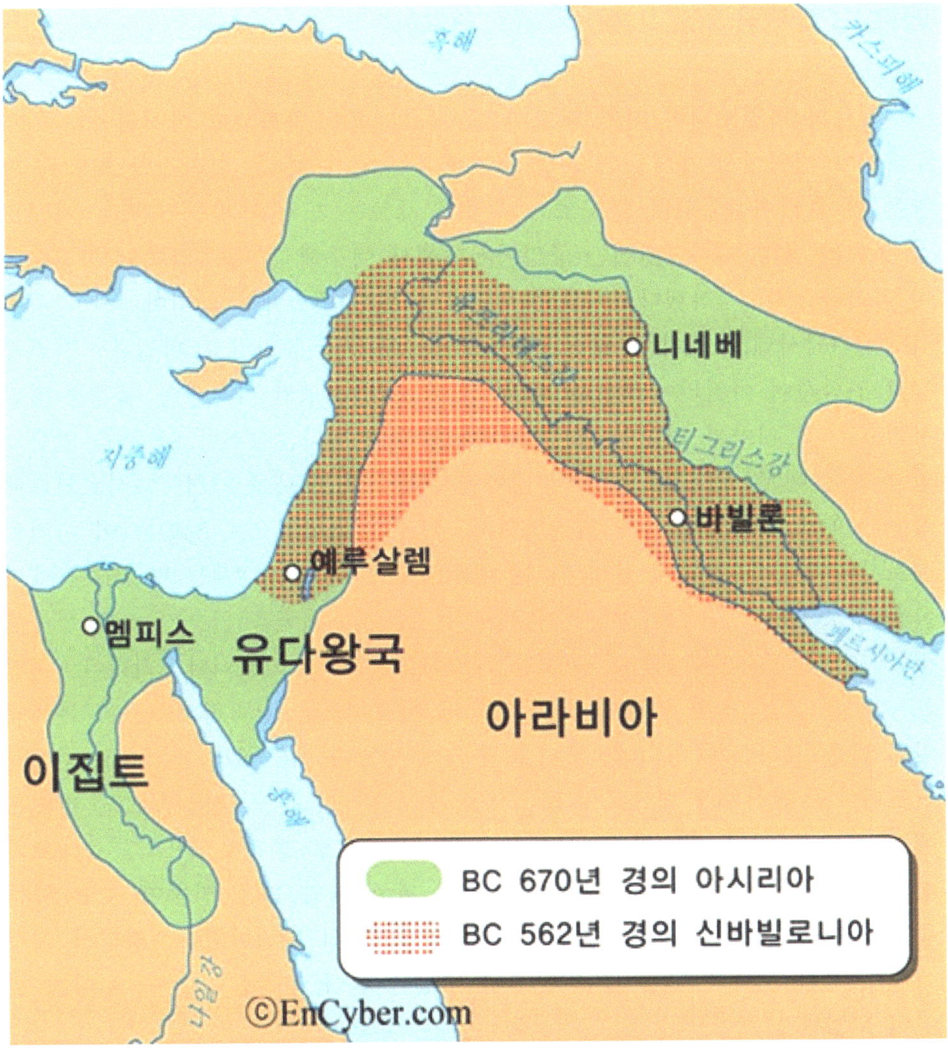

그림 3-9. 신바빌로니아의 최대영토

페르시아 제국 (B.C. 700 ~ B.C. 330)

수메르와 바빌로니아 지역의 고대 도시들의 힘이 약화되고 아시리아가 메소포타미아 지역에서 세력을 떨치던 시기에 이오니아인들은 그리스의 척박한 환경을 벗어나 아나톨리아 반도로 이주하여 새로운 도시를 만들어가고, 자그로스 산맥의 북쪽 이란고원에는 중앙아시아에서 이주해 온 유목민족인 아리아족이 자리를 잡기 시작했다. 이들 유목민족의 부족 연합체인 메디아에서 기원전 615년 키악사레스(재위 기원전 625~585)는 부족을 통일하고 바빌론, 사카족 등과 연합하여 아시리아의 수도 니네베를 공격함으로써 아시리아 제국을 멸망시키고, 페르시아의 전신인 메디아 왕조를 열게 된다. 그러나 이 부족 연합체인 메디아 왕조는 자그로스 산맥 남쪽에서 등장한 새로운 세력, 파사르가다에족(아케메네스가家)에 의해 멸망하였고, 키루스(기원전 590~530)는 이 시기에 페르시아 역사의 전면에 서게 된다. 왕위에 오른 키루스 2세는 BC 550년 메디아의 수도 에크바타나를 점령하여 새로이 페르시아제국을 일으키는 데 성공하였다. 이 신흥국가에 대하여 동맹을 체결하고 대항한 카르디아, 리디아, 이집트 가운데 그는 우선 리디아를 쳐서 수도 사르디스를 함락하고, 소아시아 연안의 많은 그리스계(系) 식민도시를 수중에 넣었다(B.C. 545). 그리고 군대를 카르디아로 진격하게 함으로써 B.C. 538 수도 바빌론을 무혈점령하고, 바빌론에 유폐되어 있던 이스라엘인을 해방시켜 본국으로 돌려보냈으며, 유대교의 신앙과 제례의식도 허가하였다. 이와같이 제국 내의 많은 민족이 갖고 있는 종교나 관습에 전혀 간섭하지 않은 것은 이 왕조의 방침이었다. 따라서 이것이 페르시아 문화가 다른 많은 문화의 영향을 받아 복잡한 양상을 보이는 원인이 되었다.

캄비세스 2세에 이어 페르시아 제국의 제3대 왕으로 등극한 다리우스 1세(Darius I, 재위 기원전 522-486)는 재위 제 7년(기원전 515)부터 그의 아들 크세르크세스 1세(Xerxes I, 재위 기원전 485-465)의 치세에 완공된 페르세폴리스(Persepolis) 아파다나(Apadana) 궁전의 설계 및 공사를 시작했다.

견고한 요새로 만든 이 궁전은 평원을 내려다보는 넓은 대지 위에 서 있다.

'아파다나(Apadana)' 라고도 부르는 다리우스 왕의 궁전과 알현실은 세 개의 열주 현관(Portico)을 가지며 서쪽에 자리 잡고 있다. 크레스크세스 왕은 자신의 궁전은 남서쪽에 세웠는데, L자 모양의 '하렘(Harem)' 지역을 통해 100개의 기둥을 갖는 알현실과 연결시켰다. 이 알현실은 양변 70m의 정사각형에 11.3m의 높이를 가지며, 정면을 제외한 세면은 이중벽으로 만들었다. 두 알현실 사이에 자리한 삼중 탑문(tripylon)은 접견실이나 궁전의 사적인 영역에 대한 근위실로 사용했다. 다리우스 왕의 알현실은 양변 76m의 정사각형으로서, 12.2m 높이의 기둥 36개로 목조천장을 지지하는데, 이 기둥들 중 몇 개는 아직도 남아있다.

그림 3-10. 페르세폴리스 유적지

그림 3-11. 페르세폴리스 궁전 알현실의 복원도

들어 올린 대지 위에 수많은 방과 홀과 중정을 조합하는 전체적인 배치 방식은 아시리아의 영향을 받았다. 홀이나 방을 기둥으로 가득 채우는 방식은 이집트에서 받은 영향이다. 주초와 주두 부분의 세부 장식 역시 이집트에서 영향을 받은 것이지만, 홈이 파인 기둥은 소아시아 지방의 이오니아식 그리스 건축에서 유래한다.

페르세폴리스 궁전은 코르사바드 궁전만큼 일관성을 지니고 있지 못한데, 여러 건축가의 손을 거치면서 계속 증축되었기 때문이기도 하다. 인상적인 내부 공간을 가진 두 개의 거대한 알현실은 궁전의 절정을 이룬다. 나중에 지은 크세르크세스 왕의 알현실에서 기둥의 수가 늘어난 것은 '후기 양식'으로 발전하는 과정에서 전형적으로 나타나는 현상으로 후기 고딕에서 수직적 요소가 증가하는 것과 비슷하다. 지배적인 형태 요소는 기둥과 의식용 조각상으로 표출되는 반복되는 수직선이다. 이들의 시각적 효과가 건축가들에게 가장 중요한 사항이었다. 기둥들은 통상적인 기념적 건축과는 달리 의식용의 통로를 이루지 않고 단지 중심 공간을 균일하게 채울 뿐이다.

거대한 알현실은 넓은 내부 공간을 통해 페르시아 제국의 광대함과 영광을 전달한다. 그러나 전체적인 인상은 오히려 인간적이며, 민주적인 성격까지 띈다. 이 궁전은 방문객을 위압하거나 스스로 보잘 것 없는 존재라고 느끼게 하려는 의도는 없다. 편안한 느낌을 주는 다소 느슨하고 비형식적인 배치 역시 같은 특징을 나타낸다. 실제 궁전의 크기는 거대한 알현실에 비해 작은 편인데, 이는 공적인 의식 기능에 대한 관심과 강조를 나타낸다.

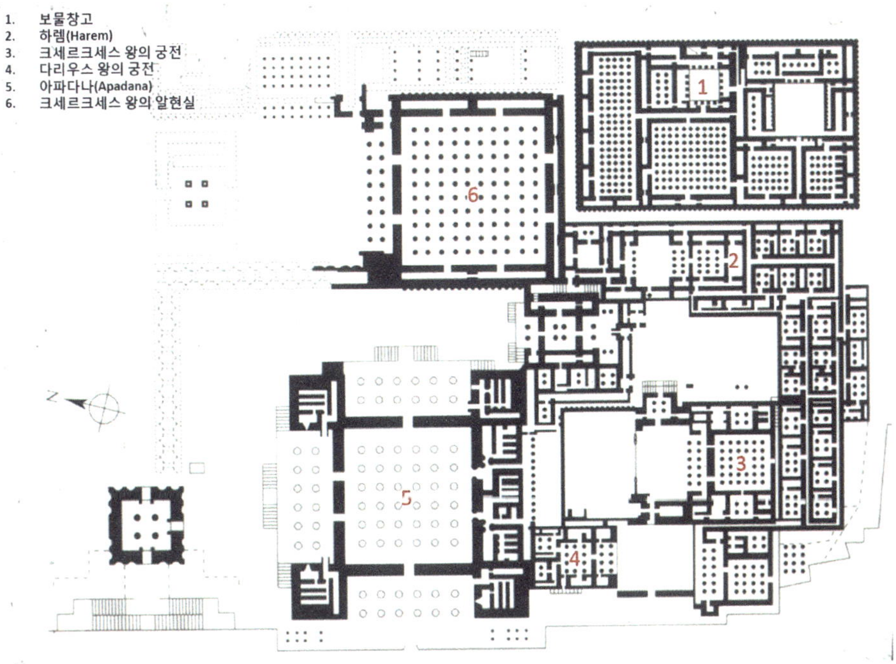

그림 3-12. 페르세폴리스 궁전 평면도

다리우스 1세(B.C. 521~B.C. 486) 때에는 적극적으로 정복사업을 벌여 마케도니아와 트라키아를 정복했다. 이런 페르시아 제국이 쇠퇴기에 접어든 것은 기원전 5세기 말, 그리스 원정을 시도했다가 실패하면서부터이다. 일명 '페르시아 전쟁'으로 불리는 대(對) 그리스 전쟁은 동·서양이 맞붙은 최초의 전쟁으로 알려져 있다. 페르시아의 다리우스 1세는 중앙집권을 강화하면서 제국의 체제를 정비하였다. 그는 페르시아를 번영시킨 훌륭한 군주였으나, 국내 체제가 정비되자 밖으로 눈을 돌려 그리스 정벌에 나섰다.

그의 첫 출정은 이오니아 지방에서 일어난 그리스인들의 반란을 진압하고 페르시아 제국의 지배를 회복하는 것으로 간단히 끝났으나 이오니아의 반란을 원조한 아테네를 비롯한 그리스의 도시국가를 응징하고자 다시 2차 원정에 나서면서 본격적인 페르시아 전쟁이 시작되었다.

기원전 490년, 아테네를 중심으로 한 그리스 연합군은 마라톤 평원에서 페르시아 군을 격퇴하여 압도적인 승리를 거둔다. 이때 그리스 병사 한 명이 전령 역할을 자청하여 마라톤에서 아테네까지 42 킬로미터가 넘는 거리를 쉴 새 없이 달려가 전투의 결과를 초조히 기다리던 아테네 시민들에게 "우리가 이겼다"는 한 마디를 전하고 숨이 끊어졌다는 이야기가 있는데, 그 병사를 기념하기 위해 마라톤 경주가 시작되었다.

그림 3-13. 3차에 걸친 페르시아 전쟁

다리우스 1세는 퇴각한 후에 그리스 재침공을 준비하다가 사망하였으나 그 무렵 페르시아는 최대의 판세를 보이고 있었다. 다리우스의 뒤를 이은 크세르크세스 1세는 다시 대군을 이끌고 그리스로 향했다. 그러나 살라미스 해전에서 해군이 그리스 연합군에게 다시금 크게 격파당하여 크세르크세스 1세는 본국으로 퇴각할 수밖에 없었다. 그리스는 남아 있는 페르시아의 육·해군을 그리스 영토에서 몰아내어 페르시아 전쟁을 마무리했으며 페르시아는 내분까지 겹쳐 점차 쇠퇴기에 접어들게 된다. 그리스의 페르시아전쟁에서의 승리는 고대 그리스를 발전시키고 서구 문명이 확대된 계기가 되었으므로 살라미스 해전은 인류사에 매우 중요한 전투로 평가되고 있다.

역사가들은 이 페르시아 전쟁을 오리엔트식(페르시아)의 전제군주제와 서양(그리스)의 자유 민주정이 대립하여 자유가 승리를 얻은 '자유의 전쟁'으로 보기도 한다. 어쨌든 이로써 페르시아의 세력이 약화되고 그리스 국가들이 세력을 얻게 된 것은 당연한 일이다.

이후 그리스 세계의 주도권은 아테네와 스파르타를 거쳐 마케도니아로 넘어가게 된다. 마케도니아의 알렉산더 대왕은 그리스 세계를 통일하고, 세계 대제국의 건설을 목표로 원정에 나서 다시 페르시아와 부닥친다.

기원전 334년, 다리우스 3세가 다스리던 페르시아는 그리스 세계를 통일한 마케도니아의 알렉산더 대왕의 공격에 무너진다. 다리우스 3세가 알렉산더에게 거듭 패하고 도피하다가 신하에게 암살당함으로써 페르시아 제국은 역사 속에서 막을 내리고, 알렉산더 대왕은 페르시아 주요 도시인 바빌론, 수사, 페르세폴리스 등 아케메네스 왕조 페르시아의 전체 영역과 그리스 본토를 포함한 대제국을 건설한다. 이로써 유럽 역사의 중심이 고대 동방에서 서쪽의 그리스로 옮겨가게 되었다. 아케메네스 왕조가 멸망한 이후 알렉산드로스 대왕의 정복으로 인해 헬레니즘 문명에 의한 페르시아 통치가 지속되다가 B.C. 250 파르티아 제국이 들어서면서, 페르시아 제국의 명맥을 이었다. 그 후 사산왕조 페르시아, 사파비 왕조, 팔레비 왕조(1925~1979) 등에서 페르시아 제국의 명맥을 이었다.

그림 3-14. B.C. 500년경 페르시아 제국의 영토

히브리 민족과 유대교

셈어족에 속하는 히브리 민족은 유목민으로 대체로 함무라비 왕때인 B.C. 1800년경부터 메소포타미아 남쪽에서 팔레스티나 지방에 이르기까지 각지를 떠돌아 다녔다. 이집트로 간 히브리 민족은 B.C. 13세기 후반 람세스 2세의 지배를 벗어나 모세의 영도 아래 시나이 사막을 거쳐 가나안에 정착하였다. 그 후 히브리 부족들은 사울왕이 기초를 닦아 놓은 통일 국가를 약 1세기 간 유지하였다. 이어 B.C. 1000년 다비드 왕에 이르러 팔레스티나 지방을 장악한 뒤 예루살렘에 수도를 정하고 중앙 집권적인 신정 정치를 펼쳤다.

솔로몬(B.C 970-933)왕에 이르러는 이른바 '솔로몬의 영화'를 누리게 되었다. 그러나 솔로몬 사후 각 부존 간의 반복으로 B.C. 933년 두 개의 왕국으로 분열되었는데 북부 10 부족은 이스라엘 왕국을 세우고, 남부 2 부족은 유대왕국을 세웠다. 그러다가 이스라엘 왕국은 B.C. 722년 아시리아에 의해 멸망했고, 유대 왕국은 신바빌로니아의 네부카드네자르 2세의 공격을 받아 B.C. 586년 멸망하였다. 그 후 B.C. 588년 페르시아의 키루스 2세가 신바빌로니아를 멸망시켰을 때 비로소 히브리인을 해방되었다. 그러나 히브리 민족은 그 후에도 정치적 독립을 회복하지 못하고 세계 각 지역에 흩어지게 되어 이른바 '민족 이산(Diaspora)' 가 시작되었다.

유대교의 발전에서 가장 중요한 인물은 모세였다. 모세의 영도 아래 이집트를 탈출한 히브리인은 그를 예언자로 삼아 야훼(Yahweh)만을 숭배하고 야훼의 십계명에 따르기로 맹세했다. 이 모든 역사를 입증하는 구약성서는 여러 필자들이 역사적 전설 · 민속 · 법령 · 도덕적 교훈 · 예언들을 여러 세대에 걸쳐 편찬한 책이다.

그림 3-15. 히브리 민족을 탈출시키는 모세

이처럼 유대교는 B.C. 6세기 중반 이후 확립되었다. 처음에 야훼는 히브리의 신에 불과했으나 시간이 지남에 따라 유일신이며 보편신이라고 간주되었다. 그러나 히브리 민족은 선민사상에 따라 유대교를 다른 민족에게도 전파해야 한다는 의무감을 갖지는 않았다. 따라서 유대교는 고대 동방에서 널리 전파되거나 영향을 미치지 못하였다.

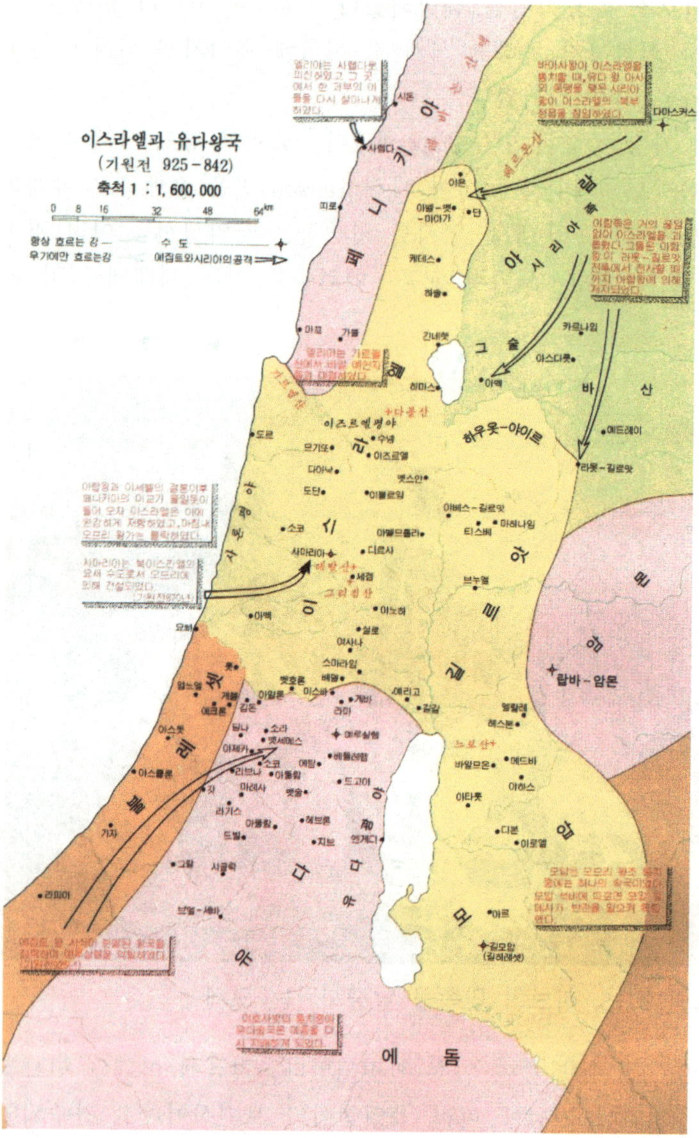

그림 3-16. 이스엘과 유다왕국

페니키아 (B.C. 1200 ~ B.C. 6세기 초)

B.C. 1200년경 페니키아인은 본래 이집트의 영향력 아래 있었으며, B.C. 1500년 경까지 이집트 파라오 투트모스 3세의 통치를 받았다. 그러나 B.C. 14세기에 들어 히타이트와 아모리인(Amorites)이 이집트를 공격하면서 페니키아는 정치적 혼란기를 거쳐 독자적인 해양 세력으로 성장했다. B.C. 1250년경에 이미 페니키아는 동 지중해연안과 에게해 연안을 장악했으며, 티레, 시돈, 트리폴리, 아라두스, 비블로스 등의 도시국가들이 크게 발전했다.

B.C. 12세기에 이르러 이집트의 영향력이 매우 약해지면서, 페니키아는 지중해에서 가장 강력한 세력으로 부상했으며, 스스로 식민지를 개척하기 시작했다. 이 가운데 북아프리카 지중해 연안에 세운 카르타고는 B.C. 800년 페니키아 본국이 멸망한 후에도 오랫동안 상업과 무역을 바탕으로 지중해 문명권의 중심이 되었다.

페니키아인은 이집트, 바빌로니아 및 크레타 문자를 기초로 하여 만든 독특한 표음 문자를 사용하였다. 이 문자는 후에 그리스를 거쳐 로마 문자로 발전되어 오늘날 유럽 대부분 국가의 문자인 알파벳이 되었다.

그림 3-17. 페니키아 알파벳

B.C. 9세기에 이르러 아시리아 세력이 팽창하면서 페니키아의 독립성은 점차 축소되었으며, 기원전 538년에 이르러서는 페르시아의 지배를 받게 되었다. B.C. 4세기 무렵 그리스가 성장하자 페니키아는 B.C. 350년에 시돈이 공격을 받는 것을 시작으로 그리스의 속주가 되었다. 특히 티레는 B.C. 333년 ~

332년에 알렉산더 대왕의 직접 통치를 받았으며, B.C. 64년 페니키아 전역이 로마의 시리아 속주로 편입되기 전까지 계속해서 그리스의 통치하에 있었다.

그림 3-18. 비블로스(Byblos)의 페니키아 유적

제 4장 이집트 문명

세계 4대 문명 발상지 중의 하나인 고대 이집트는 최초의 민족국가였다. 고대 이집트 중심부를 따라 흐르는 나일(Nile)강은 깊은 계곡으로 이루어졌으며, 주위에는 사막이 있어 외적의 침입에 훌륭한 장애물이 되어 주었다. 이러한 지리적 조건과 자연환경 덕분에 이집트 문명은 고대문명 중 가장 오랫동안 지속될 수 있었다.

선사시대 이집트인들은 B.C.4000년 이전 중대한 기후 변화를 느끼기 시작했다. 사막에서 모래가 날아왔고, 건조한 기후가 시작되었다. 기본적인 농업 기술을 갖고 있던 사람들은 범람지대의 질 좋은 토양을 활용하기 위해 강쪽으로 내려왔다. 나일강을 중심으로 이집트인 대부분은 농경 생활을 하였고, 나일강은 이집트인들에게 풍요로움을 주었을 뿐 아니라 자비로운 신이 였다. 그래서 그리스의 역사가 헤로도토스(Herodotus)는 이집트를 "나일강의 선물" 이라고 말했는데, 이는 나일강의 정기적 범람이 이집트인들의 정치, 사회, 종교, 학문, 예술 등 전 분야에 막강한 영향을 미쳤기 때문이었다. 이러한 고대 이집트는 나일강을 중심으로 화려한 문명의 꽃을 피웠으며 인류 최초의 문명이 이곳에서 시작되었다.

고대 파라오 왕조는 30개 왕조가 흥망을 거듭하였으며 통상 고왕조 시기, 중왕조 시기 및 신왕조 시기의 3기로 시대 구분한다. 고왕조 시기는 B.C. 3100년부터 B.C. 2040년까지 약 1000년간이며 10개의 왕조(제 1왕조~제 10왕조)가 변천하는 기간 중 약 40명의 왕이 통치하였다. 중왕조 시기는 B.C. 2040년부터 B.C. 1567년까지 약 500년간이며 7개의 왕조(제 11왕조~제 17왕조)가 변천하는 기간 중 약 30명의 왕이 통치하였다. 신왕조 및 후기 왕조는 B.C. 1567년부터 B.C. 332년까지 약 1200년간이며 13개의 왕조(제 18왕조~제 30왕조)가 변천하는 기간 중 약 80명의 왕이 통치하였다.

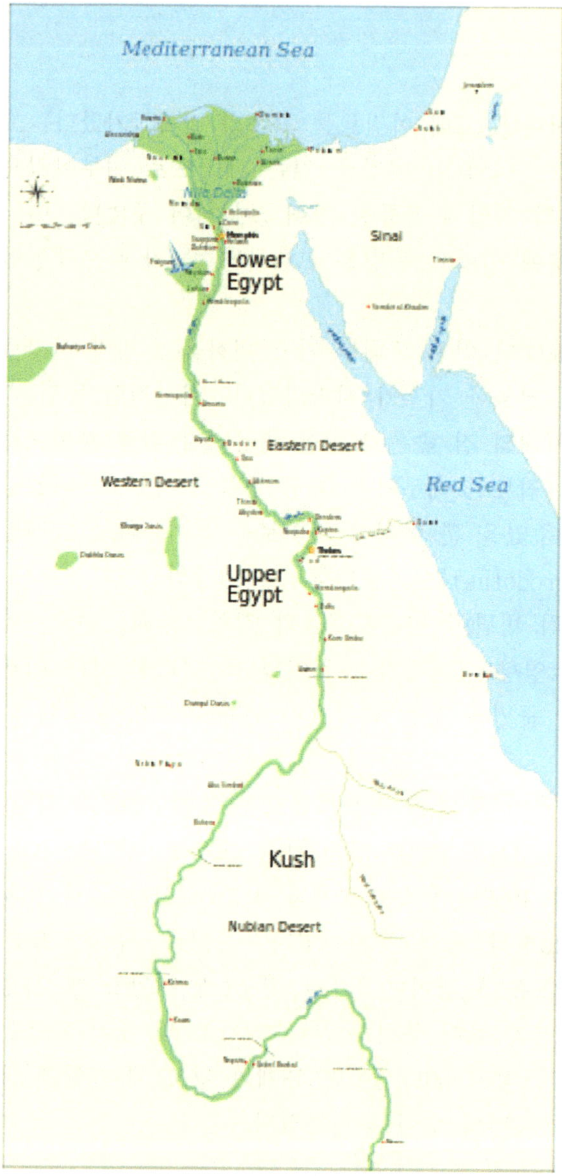

그림 4-1. 고대 이집트

정치. 사회적 배경

고대 이집트 문명의 가장 대표적인 특징 중 하나는 한 사람에 의해 국가를 다스리는 군주제 국가를 이루었다는 점이다. 이러한 이유로 이집트 왕은 '커다란 집' 이라는 뜻의 파라오(Pharaoh)라는 칭호를 사용하기 시작했다.

고대 이집트 군주는 고대 세계 그 어디에서도 볼 수 없는 강력한 권위를 가졌고, 이집트인들에게 파라오는 신과 같은 능력을 가진 존재로 받아들여졌다. 이러한 사회 분위기 속에서 대부분이 농민이었던 이집트인들은 파라오에게 헌신했다. 엄청난 규모의 공공사업에 노동력을 제공했고, 귀족 계급과 행정관리, 종교기구를 지탱하는데 필요한 농산물 또한 바쳐야 했다. 그러므로 이집트의 정치 시스템은 땅의 활용에 기초했다. 고대 농업 경제에서 땅은 왕의 재정 수입에서 가장 중요한 부분을 차지했다. 그 외에 왕국에서 생산된 부를 공동으로 관리하며, 왕의 권력의 파트너인 사제 계급과 행정 관리들이 부의 징수를 관장했다. 행정관리들이 지배하는 이집트인들은 대부분이 농민이며 이집트 사회는 왕국의 일을 하는 교육받은 계층과 그렇지 않은 계층으로 크게 구분 되어 졌다. 이집트에는 사원과 왕궁, 즉 종교적인 힘과 정치적인 힘 사이에 갈등이 생길 수 없었다. 이집트 왕은 처음 등장했을 때부터 누구와도 비교할 수 없는 절대적인 인물이었기 때문이다. 이집트의 왕인 파라오는 신 그 자체였다.

그러나 초기 이집트는 나일강을 중심으로 B.C. 4000~3000년 사이 두 개의 왕국이 세워졌는데 하나는 나일강 상류의 상 이집트(남부 이집트)였고, 다른 하나는 나일강 하류의 하 이집트(북부 이집트)였다. 이집트 초기에는 농민들이 모이는 시장에서 도시가 시작되었고, 여러 작은 도시들이 합쳐지면서 각각의 지방이 형성되었으며 일찍부터 정치적 통합이 이루어졌다.

그러나 이 시기의 도시 생활은 작은 규모에 불과했다. 두 왕국이던 이집트는 B.C. 3200년경 상 이집트(남부 이집트)의 위대한 왕 메네스가 하 이집트(북부 이집트)를 정복했고, 그 결과 이집트는 나일 강 상류에 위치한 아부심벨(Abu Simbel)까지 길이가 약1000km에 이르는 두 왕국을 통일시켰다.

고대 이집트 왕조는 약 3000년이라는 세월동안 존재했고 실로 대단한 역사가 아닐 수 없었다. 그러나 이집트 문명의 최고 절정기는 약 B.C. 1000년경에 끝이 나고 이집트 역사는 대략 다섯 시기로 구분된다. 우선 크게 세 시기로 구분하여 각각 고왕국(B.C. 3000 ~ 2130), 중왕국(B.C. 2130 ~ 1580), 신왕국(B.C. 1580 ~ A.D. 322) 시대로 불린다. 그리고 이 각각의 시대 사이에 제 1중간기와 제 2중간기가 있고, 그 안에 수 많은 왕조들이 존재한다. 학자들마다 견해가 달라 많은 논란이 있어 이집트 연대를 구분하는 것이 쉽지는 않다. 그러나 대체로 B.C. 1000년을 기준으로 하여 다섯 시기로 구분하는 이 방법은 고대 이집트를 이해하는데 어려움이 없을 것이다.

종교. 문화적 배경

고대 이집트하면 종교를 빼놓을 수 없듯이 우리가 이집트의 종교에 관해 가장 쉽게 접하는 것도 오늘날 박물관에 보관된 미라와 무덤에서 나온 유물들이다. 이집트인들은 영혼이 있다고 믿었고 죽은 후에도 행복한 삶을 살 수 있다고 확신했다. 그래서 이집트인들은 미라를 만들었고 그들이 현세에서 사용했던 생활용품을 함께 넣어 매장하였으며 묘실의 벽에 그림을 그렸고, 그로인해 이집트에는 놀랄만한 종교적 유물이 남겨졌다.

당시의 종교는 삶과 구분되어 있는 것이 아니라 삶의 일부분이었고, 이집트인들에게 죽음은 끝이 아니라 영원한 삶을 의미했다. 강력한 파라오의 통치 아래 이집트는 안정된 틀 속에서 우수한 문화를 발달시켰다. 이러한 이유로 이집트인들은 믿을 수 없을 정도의 지적 수준과 기술, 전통을 가지게 되었다. 그들은 종이의 재료로 쓰였던 식물인 파피루스(papyrus)로 배를 만들었고, 현무암 같은 단단한 재료를 다룰 줄 알았으며 구리를 이용해 일상에서 쓰는 작은 물건들을 만들어냈다.

그밖에 건축, 수레 제작과 선박 건조, 석관과 매장풍습, 유리와 달력, 시계의 발명, 상형문자, 천문학, 의술 등 이집트인들이 인류에게 남겨준 유산은 너무나 방대하여 열거할 수 없을 정도이다. 이집트 사람들이 이루어낸 문화업적들은 페니키아인, 시리아인, 유대인, 크레타인, 그리스인, 로마인들의 손을 거쳐 전 세계로 전파됐다.

초기왕조, 고왕국 시대(B.C. 3100 ~ B.C. 2040, 제 1~제 6왕조)

나일강 변에서의 생활이 안정되고 인구가 차츰 불어나자 곳곳에서 씨족 중심의 촌락이 생겨났다. 그러다 관개농업으로 발전하였고, 토목공사의 규모가 날로 커짐에 따라 자연적으로 여러 촌락을 합친 큰 부락이 형성되었다. 넓은 토지와 풍족해진 수확물을 지키기 위해서는 다시 또 더 큰 규모의 공동체가 필요하게 되었으며 이와 함께 단결과 통제도 필요하게 되었다.

기원전 3500년경 유력한 부족을 중심으로 원초적 국가 형태라고 할 수 있는 연합체가 만들어진다. 이 원초적 국가에서는 외적 침략을 막기 위해 군대와 군비를 갖추었으며, 국가를 대표하는 자는 지도자로서의 책무가 커짐에 따라 권력을 갖게 되었고, 왕에 해당하는 권위도 가지게 되었다.

이러한 부족 연합체는 결국 작은 왕국이 되었으며, 이런 여러 소왕국은 저마다 수호신을 내세웠다. 그런데 이 소왕국들은 메소포타미아 지역과는 달리 도시 중심국가가 아니라 전형적인 국가였다. 소왕국은 이집트에 통일왕국이 탄생되기 이전의 마지막 단계에서 형성되었으며, 이들은 기후와 관습 등이 유사한 북부의 하(下)이집트 연합과 남부의 상(上)이집트 연합, 크게 2개로 나뉘었다.

상 이집트는 좁고 긴 나일강 계곡에 위치했으며, 기온은 높고 습도는 낮았다. 그곳은 비를 전혀 기대할 수 없는 대륙성기후 지역이었다. 교통은 오로지 남북을 관류하는 나일강에만 의존했다. 외부와의 접촉이 쉽지 않았던 이들은 농경을 생업으로 삼았으며 그만큼 보수적인 기운이 강했다.

하 이집트는 남북의 최대 거리가 약 200km, 동서로는 220km나 되는 광대한 평지를 차지하고 있었다. 온난다습한 지중해성 기후지대로, 지중해와 홍해 같은 바다에 접해 있으며 약간의 비도 내렸다. 그뿐만 아니라 운하와 수로가 종횡으로 뻗어있는 나일 삼각주를 중심으로 넓게 펼쳐진 초원에는 정원과 농지, 포도원이 있었으며, 양과 염소 등이 방목되었다. 따라서 하 이집트는 상 이집트에 비해 물자가 풍부했고 외부와의 접촉이 수월했던 만큼 보다 국제적이었다.

고대 이집트 역사에서 상 이집트의 지배권은 중심지인 테베와 그 주변 지역에 몰려 사는 테베 인들이 쥐고 있었다. 그러나 하 이집트에서는 권력의 중심은 한 도시에서 다른 도시로 계속 옮겨졌는데, 타니스, 부바스티스, 사이스, 멘데스, 세벤니토스, 알렉산드리아 등이 주요 도시였다. 이것은 농경 중심의 상 이집트가 통합이 잘되고 안정된 사회였던 데 반해, 하 이집트의 도시 중심의 지배 우위권은 쉽게 깨지고 변했다는 것을 의미한다. 이런 정치적 배경과 자연환경은 이집트가 최초로 통일왕국을 이룰때에도 영향을 미쳤다. 남부 지역에서 야망을 가진 한 왕자가 상 이집트 전역을 그의 지배하에 통합시키고, 뒤이어 북부 지방의 통치자들을 점차 굴복시켜 어느 경쟁 세력보다 월등한 무력을 확보한 뒤에 마침내 통일국가를 세웠던 것 이다.

이집트를 통일한 최초의 왕은 메네스이다. 그가 호루스왕 나르메르였는지는 아직 논란의 여지가 있지만 대다수가 동일 인물로 말하고 있으며, 많은 학자들은 그를 스콜피온과 나르메르가 혼합된 완전히 전설적인 인물로 간주하고 있다. 나르메르는 통일 제1왕조와 제2왕조의 왕들이 묘지 안에 최초로 기념묘를 세운 통치자로 알려져 있다. 즉, 그가 왕위에 있을 때 이집트에서는 하나의 통일왕조가 성립된 듯하며, 스콜피온은 나르메르 이전에 통일의 대업을 완성단계까지 끌고 간 인물로 추측된다.

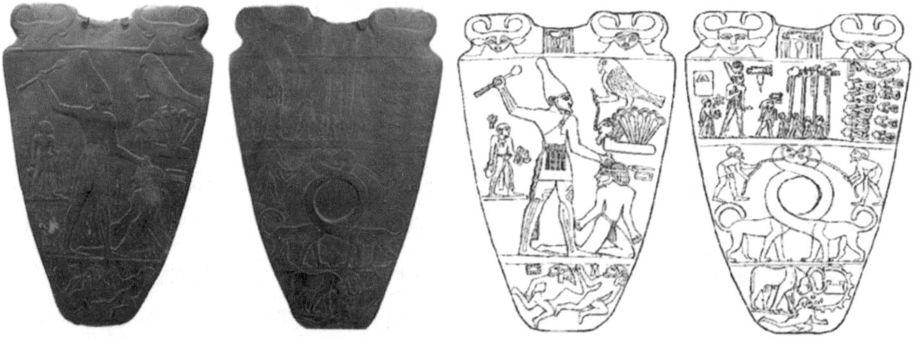

그림 4-2. 이집트를 최초로 통일한 메네스(나르메르) 왕

메네스 왕이 누구였든지 간에 두 영토의 통합은 창조주가 우주를 만든 것과 맞먹을 정도로 이집트 역사상 가장 중요한 사건, 즉 '최초의 시간'으로 여겨지고 있었다. 이런 사실에 대한 증거는 얼마든지 많다. 그는 상 이집트와 하 이집트의 국경을 이루며, 전략적 요충지였던 델타의 하단에 수도를 정하고 이름을 멤피스라고 명명했다. 멤피스는 '백색의 벽'이라는 뜻으로, 그곳은 죽음과 소생의 비밀을 관장하는 오시리스 신이 묻힌 곳이었다.

그 지역은 멤피스인들에게 풍부한 식량을 영원히 제공해줄 수 있는 비옥한 땅이었다. 사람들은 의학과 결혼, 농업의 여신인 이시스 여신이 오시리스 신을 위해 울 때, 그 눈물이 나일강물 속으로 떨어져 수위가 최초로 높아진다고 믿었는데, 강수량의 증가로 강변에는 양질의 진흙이 충적되었고, 그 덕분에 나일강 주변의 농촌과 농지를 나라 전체의 곳간으로 만들어주었다. 따라서 통일왕국의 최초의 수도였던 멤피스는 언제나 풍요와 이익을 가져다주는 곳이었다.

그림 4-3. 왼쪽부터 백색 왕관(상 이집트), 적색 왕관(하 이집트), 이중 왕관(통일왕국)

메네스는 상 이집트의 백색 왕관과 하 이집트의 적색 왕관을 합친 이중 왕관을 사용했으며, 파라오라고 불리었다. 메네스의 아들이 멤피스의 궁전 하나를 세우면서 '위해한 거처' 라는 뜻의 페르-아라는 이름을 붙였는데, 파라오는 이 '페르-아' 라는 궁전의 이름에서 파생되었다고 한다.

메네스는 위대한 행정가였다. 그는 나라를 '노메스' 라 불리는 여러 지방들로 나누었다. 노메스는 지리와 경제, 종교적인 행정단위이다. 노메스의 책임자를 노마르크라 부르는데, 그들은 담당하는 지방에서 숭배하는 신을 모시는 고위 사제를 겸했다. 메네스는 또한 군사의 최고 지휘자이자 위대한 재판관이었다. 구전되는 법전에 따라 법을 집행했을 뿐만 아니라 강력한 중앙권력을 만들어 국가적인 사업을 추진했다. 노마르크들 역시 왕인 파라오을 보필하고, 대 기술자들이 설계한 프로젝트를 각 지역에서 실행했다.

메네스는 이집트 전역에 제방을 세우고 운하를 팠다. 패어진 곳을 메우고 충적토로 쌓인 언덕은 평지로 만들었으며, 강에 산재한 섬들을 경작했다. 메네스가 죽은 후 첫 두 왕조는 그의 작업을 계속 추진했고, 제 2왕조 말엽 이집트는 완전히 체계가 잡힌 부유한 통일 왕국이 되었다.

조세르(Joser)의 계단식 피라미드 (B.C. 2650)

고대 이집트에서 통일 왕궁의 성립은 파라오 왕권의 급속한 확대를 유발시

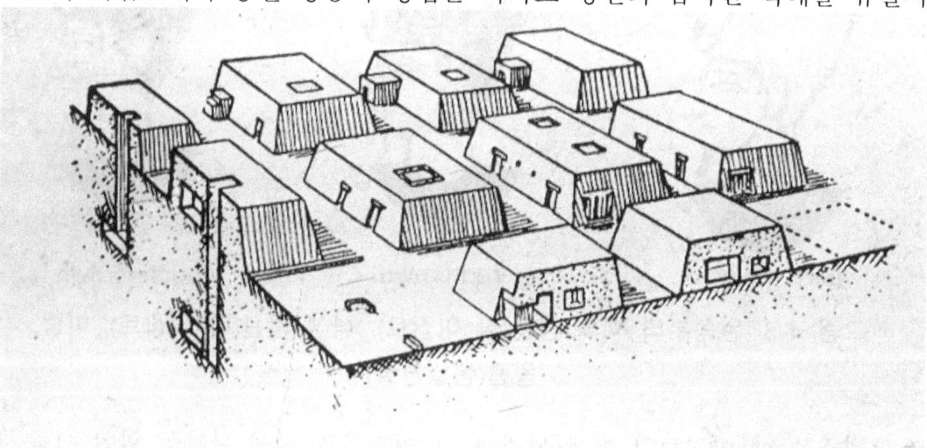

그림 4-4. 이집트의 분묘건축 중 하나인 마스타바(Mastaba)

켰다. 그에 따라 당시 파라오의 권위를 나타내는 왕묘 건설에도 현저한 변화가 일어났다. 직육면체 형대의 마스터바(mastaba)라고 불리는 왕묘가 생겨난 것이다. 그것은 대개 석벽돌로 만들어졌으며, 규모는 큰 것의 경우 가로 7.8m에 세로는 5.4m에 이른다. 그런데 제 3왕조에 들어서면서 이집트는 국가의 틀과 제도가 재정비되고 고왕국 시대(기원전 2700~기원전 2270)를 열게 되는데, 이 고왕국 시대는 제6왕조까지 약 500년간 지속된다. 역사가들은 이 고왕국 이전 시대를 상고시대(기원전 3200~기원전 2700)라고 부른다.

그림 4-5. 마스터바의 단면

벤치(bench)에 해당하는 아랍어 단어인 마스타바(mastaba)는 벽돌이나 돌로 된 직사각형 구조물로서 밋밋하거나 단이 진 경사면을 갖는다. 이 구조물은 외부와 수직 통로로 연결되는 지하 묘실 위에 세워진다. 상부 구조물은 길이가 20~50m, 폭이 15~37m에 달한다. 건조 벽돌의 크기는 23x12x7cm이다. 연결 통로를 가진 지하 묘실 외에도 상부 구조물 속에는 '카(Ka)'에게 지날 때 사용하는 가짜 문이 달린 재실과 죽은 사람의 상을 보관하는 방인 '세르답(serdab)'을 두었다. 마스타바의 단순한 입체 형태는 영원함과 안전에 대한 이집트인의 열망과 다음 삶에 대한 관심을 나타낸다.

이 고왕국 시대 초기부터 중앙정권이 크게 안정되어 어떤 지방 세력도 파라오의 권위에 절대 복종하게 되었다. 파라오의 권위가 높아진 만큼 왕묘의 건설에도 획기적인 변화를 가져와, 이전의 파라오묘 와는 비교가 안 될 정도로 대규모의 석재 피라미드 무덤이 생겨났다. 전왕들의 묘에 비해 새 묘역의 규모는 무려 60배에 달할 정도였다.

피라미드식 무덤은 조세르 왕 때 시작되었다. 계단식 피라미드라고 불리는 조세르의 피라미드는 수도인 멤피스 교외 사카라에 위치해 있으며, 전왕들의 묘 형식인 마스터바(mastaba)를 여섯 단에 걸쳐서 차례로 쌓은 것과 같은 형상을 하고 있다. 그러나 멀리서 쳐다보면 네모뿔로 된 피라미드 형상을 하고 있어 계단식 피라미드라고 불렸던 것이다.

그림 4-6. 조세르 왕의 계단식 피라미드

계단식 피라미드의 규모는 동서로 121m, 남북으로 109m, 높이가 60m나 되는데, 지금까지 4,650년 동안 같은 자리에서 거대한 위용을 자랑하고 있다. 최초의 피라미드라는 점 때문에 오늘날까지 고대 이집트인들이 남긴 문화유산들 중에서 가장 소중한 가치를 지닌 것으로 꼽히고 있다. 그러나 기술적으로는 부분적인 성공을 거두었지만 기능적으로는 실패한 이 피라미드는 형태로서는 성공작이다. 왜냐하면 그때나 지금이나 이 형태는 중요한 의미를 전달하기 때문이다. 이 피라미드의 형태는 순수한 매스와 수직성을 통해 왕의 권력과 지고함을 전달한다. 일반화하자면 이 형태는 불변성, 연속성, 나아가 영원성을 전달한다. 이 연속성의 의미는 나일강의 쉬지 않는 흐름에서 영감을 받은 것으로 보인다. 연속성과 불변성은 모든 사람들이 예찬하는 보편적인 의미이며 가치이다. 따라서 조세르 왕의 복합 건물군이 갖는 가장 중요한 의미는 연속성으로서, 최초로 성공적인 건축적 표현을 만들어냈다.

이 계단식 피라미드 건설의 주역은 묘의 주인인 파라오 조세르가 아니라 그의 신하이며 재상이였던 임호테프(Imhotep)였다. 위대한 건축가로서의 임호테프의 경력은 돌항아리를 다듬는 법을 배운 장인에서부터 시작되었다. 재능이 뛰어났던 그는 궁전의 행정가로 변신했고, 승진을 거듭하여 막중한 국사를 다루는 최고위직에까지 오른다. 파라오의 대법관과 국새상서, 헬리오폴리스의 태양신 라의 대사제를 거쳐 재상이 되었던 것이다. 한편으로는 당시까지 이집트가 낳은 최고의 건축가였으며, 위대한 예언자요 의사였고, 천문학자였으며 주술사이기도 했다. 그는 고매한 지식과 인격을 바탕으로 지혜로운 책들을 많이 썼고 모든 과학과 기술을 몸소 실천했다. 고대 이집드 문화의 선구자로서 당대에 이미 그의 이름과 지위는 왕의 반열로 예우되었고, 죽어서는 왕이 아님에도 불구하고 유일하게 신의 대접을 받았다. 그는 후일 수많은 전설과 신화의 주인공이 되었는데, 전실에는 멤피스의 신 프디의 이들로 되어 있고, 신화에 따르면 그는 건축의 신이자 서기들을 지켜주는 지혜의 신이었다. 또 그는 의술의 신이기도 했는데, 후일 그리스인들은 그를 그들의 의신 아스클레피오스와 동일시했다.

조세르는 50세 때에 이상한 꿈을 꾸었는데, 그 꿈속에서의 체험을 무척 경이롭게 여겼다. "나는 신이 파라오에게 주는 제2의 영원한 생명을 얻고자 높은 산꼭대기에 올라 혼자 기도하고 있었다. 그러자 하늘에서 눈부시게 빛나는 긴 계단이 내려왔다. 나는 단숨에 그 계단을 뛰어 올라가려고 했다." 그는 이 꿈을 계기로 그의 영혼이 돌아와서 영원히 쉴, 그의 육체가 안장될 주거 공간을 계단식 피라미드 형태로 건축할 것을 재상 임호테프에게 명했다고 한다.

임호테프가 이룩한 계단식 피라미드와 묘역의 형태는 이전의 사고를 완전히 뛰어넘는 걸작품이었다. 그는 수도 멤피스에 있는 묘와 남쪽에 있던 기념묘를 합쳐 사카라에 복합묘지를 만들었고, 그 둘레에는 400년 전 메네스가 왕궁 근처에 건립했던 백색의 벽을 본떠 건축한 벽으로 둘러쌓았다. 그것은 완전히 죽은 자를 위한 한 도시였다. 이 죽은 자를 위한 도시 사카라는 파라오가 내세에 위대한 신으로 부활하였다는, 한 편의 기적적인 연극을 상연하기 위한 하나의 거대한 무대 세트 같았다.

과거에 진흙벽돌로 건축하던 방식을 버리고 석회암을 석재로 이용해 묘와 신전을 지었으며, 묘실 건축에는 멀리 아스완에서 배로 실어온 분홍색의 화강암을 썼다. 지하 묘소에는 4만 점에 가까운 도자기와 술잔, 석기 접시들이 가득 들어갔다. 영원히 닳지 않는 재료, 돌로 만들어진 주술용 식기류는 당시에는 아주 귀한 것이었다.

이것들을 만드는 데에는 설화석고, 혈암, 섬록암, 화강암, 석영 등이 사용되었다. 그리고 물건마다 만든 사람의 이름, 중책을 수행한 인물들의 직함과 직위, 조세르의 전임자였던 파라오의 이름과 함께 소생한 자들이 접시와 술잔과 사발들을 어떻게 사용하며, 그들의 소생의 제전은 어떻게 진행되는가에 관해 새겨져 있다.

기자 피라미드의 시대 (기원전 2550~기원전 2450)

조세르의 뒤를 이은 파라오들은 계속해서 피라미드를 건설했다. 그러나 임호테프와 같이 뛰어난 건축가가 없어서인지 그중에 많은 것이 미완성으로 그쳤거나 또는 공사가 조잡해 세월의 흐름과 함께 단순한 돌무지로 변해버렸다. 그러다가 제 3왕조의 마지막 왕인 후니(기원전 2575년경)가 계단식 피라미드를 완성한 후에, 그 계단을 메워 나가는 방식을 사용함으로써 오늘날 우리에게 알려진 형태의 피라미드를 처음으로 만들게 된다.

뒤를 이은 제 4왕조의 첫 왕인 스토페루는, 다슈르에 반쯤 완성되다 말았지만, 큰 피라미드 위에 작은 피라미드를 얹은 모습의 과도기 형태의 벤트 피라미드(Bent Pyramid)를 걸립했다. 그러다가 다슈르에서 북쪽으로 약 1.5km 떨어진 곳에 자신이 묻힐 피라미드를 세웠는데, 그래도 이러한 피라미드들은 피라미드 건설의 서막에 지나지 않았고, 그의 아들 쿠푸 왕의 등극과 함께 드디어 피라미드 시대는 본격적으로 궤도에 오르게 된다.

그림 4-7. 벤트 피라미드(Bent Pyramid)

쿠푸는 현재 카이로 교외에 있는 기지에 대피라미드를 세운 주인공이다. 오늘날 우리가 인류 문화유산 최대의 불가사의로 꼽는 바로 그 피라미드이다. 폭은 233m 이며 면적은 12.5에이커에 이른다. 또한 높이는 144m, 총 201층의 거대한 바위벽돌을 쌓아 만들었는데, 제일 아래층의 벽돌 1개의 높이가 1.5m로 가장 높고, 점점 올라갈수록 작아져서 제일 꼭대기에 쌓인 벽돌의 높이는 53cm이다. 이 피라미드를 세우는 데 총 260만 개의 돌이 사용되었고, 그 무게는 700만 톤에 이른다. 이 바위벽돌들은 주위의 돌산에서 잘라, 피라미드가 세워질 장소로 옮긴 뒤에 차곡차곡 쌓였다.

이 피라미드의 각 면은 방위의 네 방향에 맞추어져 있으며, 장중하고 단순한 매스는 평평한 주위 경관을 압도한다. 쿠푸(Khufu, 그리스어로 Cheops) 왕 피라미드의 단면도는 내부 배치를 잘 보여준다. 피라미드에는 위로 오르는 대회랑과 왕의 묘실이 있다. 환기공은 피라미드 면과 거의 수직을 이루면서 이 묘실로 연결된다. 묘실 상부에는 하중을 덜기 위해 빈 석실들을 몇 개 층 쌓

그림 4-8. 기자(Gizgh)의 피라미드와 스핑크스

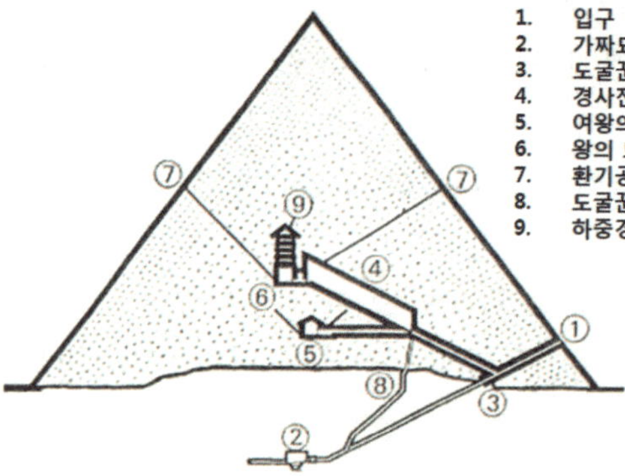

그림 4-9. 쿠푸왕의 피라미드 단면도

아올렸다. 그럼에도 불구하고 묘실 천장에 있는 보 하나는 심각하게 균열이 가 있다. 이 묘실의 크기는 10.40 x 5.20m이며, 대회랑의 높이는 8.50m이다. 이 묘실이 피라미드의 수직 축선상에 놓이지 않은 이유에 대해서는 많은 추측들이 있다.

T형의 카프레(Khafre)왕계곡 신전은 수직 지지부재 위에 수평 보나 인방을 위에 얹는 구조인 가구식 구조로 세웠다. 기둥과 인방은 모두 붉은 화강석으로 된 거대한 직사각형 석재로서 비례가 잘 맞으며, 솜씨 있게 절단되고 연마되었으며, 장식이 배제됨으로써 완벽한 추상화로 이루

어졌다. 바닥은 설화석고(alabaster)판석을 덮었으며 이 신전의 유일한 장식물인 좌상들이 벽을 따라 배열되어 있다. 내부는 위쪽에서 비스듬하게 들어오는 빛으로 채광이 된다. 이집트인은 아치와 볼트를 구축하는 기술을 알고는 있었지만, 기념적 규모의 구조물에는 사용하지 않았다.

그렇다면 고대 이집트인들은 이와 같이 거대한 돌을 어떻게 쌓아 올렸을까? 당시는 아직 철기 또는 청동기가 본격적으로 발명되지 않은 때였다. 그러나 제 2왕조 때부터 석재 건축일을 해온 고대 이집트 석공들은 가히 최고의 경

지라고 할 만한 석재기술을 갖추고 있었다. 그들은 돌로 만든 망치와 돌보다 부드러운 구리로 만든 정과 톱을 사용하였다. 먼저 사용할 돌의 눈을 유심히 주목한 다음에 돌망치로 돌 눈의 방향에 구멍을 깊게 팠다. 구멍이 파이면 그곳에 단단한 나무로 쐐기를 박았다. 그런 다음 위에서 가만히 물을 부으면 나무가 팽창하면서 그 힘에 의해 돌 눈이 쪼개져 나왔다.

석재는 풍부했다. 대부분의 석재는 기자 부근에서 구했고, 피라미드의 겉을 장식할 아름다운 석회암은 나일강가에서 구해 배로 실어왔다. 또 현실에 쓰일 화강암은 남쪽의 아스완에서 배로 실어왔다. 실어온 돌을 아름답게 깎고 다듬는 데는 구리톱이 사용되었다. 구리톱으로 돌을 자르면 톱날은 쉽게 못 쓰게 되고 만다. 그래서 그들은 자르는 부분에 수정가루와 특수한 모래를 바르고 물을 뿌려가면서 잘랐다. 이렇게 가공된 돌을 사막 위에 그냥 쌓아 올리면 무너지기 때문에 사막보다 높은 암석지대를 평평하게 만들어 피라미드를 건설할 수 있는 기반을 마련했다. 가로 세로가 각각 230m 이상이나 되는 암석지대를 평평하게 만드는 것은 결코 쉬운 일이 아니었다. 만약 밑바닥이 평평하지 않으면 돌을 쌓아 올려도 무너져 버릴 것이 뻔했기 때문이다. 암석지대를 평평하게 만들기 위해 석공들은 피라미드를 4각으로 에워싼 입구(口)자 모양의 수로를 어망의 눈처럼 가로와 세로로 파 이곳에 물을 부었다. 수면을 기준으로 암석을 평평하게 깎는 것이다. 현대의 기술로 이 수평면을 측량해보면 남동쪽의 모퉁이와 북서쪽 모퉁이의 오차는 불과 20cm이며, 방위의 오차는 2~5도에 지나지 않는다고 한다.

그리스의 역사가 헤로도투스(Herodotos, B.C. 484 - 425)는 피라미드를 건

그림 4-10. 기자(Gizgh)의 피라미드 복원도

설하는 데 10만 명의 노예들과 40년의 세월이 필요했다고 쓰고 있다. 그러나 그것은 사실이 아니다. 현대의 고고학자들은 피라미드의 건설에 동원된 노동사 수는 약 4,000명 정도이며, 그들의 신분도 노예가 아니라 공공사업에 징발된 자유인으로 추정하고 있다.

고고학자들은 피라미드가 다음과 같은 방법으로 쌓였다고 주장한다. 먼저 피라미드 위쪽에 돌을 쌓아 올리기 위해 피라미드의 네 변을 따라 벽돌과 돌로 비탈길을 닦았다. 비탈길은 모두 피라미드 네 변에서 시작해 각각 꼭대기까지 이어져 있었다. 그중에 3개의 비탈길은 돌을 운반하는 데 사용되었으며 나머지 하나는 일을 마친 사람들이 내려가는 길이었다. 노동자들은 20명씩 한

조를 이루어 무거운 돌을 끌어올렸다. 그러나 수 톤이나 되는 돌도, 통나무 2개를 나란히 깔고 삼나무 열매기름을 부어가며 수레에 실어 끌면 많은 힘이 들지 않았다. 이것은 지금도 정원석을 옮길 때 곧잘 쓰이는 방법이다.

이집트인들은 나일강만으로 살아갈 수 없었기 때문에 외적으로부터 그들을 보호하고 이끌어줄 지도자로서의 파라오가 필요했다. 이집트 전역은 '파라오의 토지' 였고 이집트 농민은 '파라오의 백성' 이었다. '나일강의 선물' 이라고 일컬어지는 기름진 토지도 저수지와 관개용수가 없으면 많은 수확량을 기대할 수 없었다. 해마다 사막의 모래에 묻힌 저수지와 운하를 수리해 새 운하를 만드는 일은 파라오 휘하에 직속된 토지관리부서의 일이었다. 또한 이집트는 사막으로 둘러싸여 있기 때문에 생활에 필요한 금, 은, 동, 나무, 보석 등을 외국에서 수입할 수밖에 없었다. 무역로의 안전을 위해 대상과 상선들은 군대의 보호를 받아야 했다. 군대는 파라오가 임명한 장군이 지휘했다. 이집트가 시나이반도에 매장된 구리광산을 독점할 수 있었던 것도 파라오의 군대 덕분이었다. 한마디로 말해 파라오는 이집트 번영의 근간이며 기초였다.

현재 이집트에 남아 있는 피라미드의 수는 약 80개 정도다. 이것은 고대 이집트 왕국 5천년 역사에 기록된 파라오들의 숫자에 비해 결코 적은 숫자가 아니다. 왜냐하면 피라미드가 한창 만들어진 시대는 500년간의 고왕국 시대에 불과하기 때문이다. 피라미드 건설은 대역사였다. 가장 규모가 큰 쿠푸 왕의 피라미드가 만들어지고 나서 60년 후에 즉위한 파라오조차 피라미드 건설은 단념하고 옛날의 마스타바식의 무덤으로 만족해야 했다. 피라미드 건설과 유지가 국가 경제에 너무나 큰 부담이 되었기 때문이다.

고왕국시대 농부들의 생활

선사시대의 이집트인들은 지중해 민족에 속했다. 지중해 인들은 길쭉한 두상과 달갈형의 섬세한 얼굴을 가진 호리호리한 민족이었다. 머리카락은 검고 물결 모양으로 굽이쳤지만 몸에는 별로 털이 나지 않았다. 이들은 일찍이 팔레스타인 지역에서 아나톨리아와 셈의 혈통이 섞인 후예들이 이주해오면서 넓적한 두상을 가진 종족으로 바뀌어 역사시대 이집트인의 형상을 창출하였다. 즉, 털이 없이 미끈하고, 중간 정도의 키에 큼직한 두개골, 강한 뼈에 손목과 발목이 특히 굵은 특징을 가지게 된 것이다.

이런 체형의 이집트인들은 대부분 농사를 짓고 사는 농부들이었다. 동시에 그들은 토지에 애착을 갖고 사는 자유민이었으며, 항시 나일 계곡을 떠나서는 불행해진다고 생각했다. 그들은 이집트만이 갖고 있는 독특한 환경에 알맞은 영농법을 터득했고, 토지를 경작한다기보다 마치 자식처럼 돌보고 키우며 살아갔다.

당시의 이집트 농부는 어려서부터 경작에 관련된 지식을 관찰과 경험, 조상들의 가르침을 통해 배웠고, 그렇게 터득한 경작법을 다시 그들의 자손들에게 전했다. 그들은 동시대의 다른 지역의 어떤 농부보다 토지를 잘 이용했다. 토지의 질과 수확능력을 잘 파악하였으며, 관개 방법과 씨를 뿌리고 수확하는 시기가 정확했고, 추수와 관련된 아주 유용한 비밀을 잘 알고 있었다. 토지를 마치 몸의 일부분처럼 여기고 생활했던 것이다.

그들은 나일 강의 범람기인 7월부터 10월까지는 농사를 짓지 못하고, 11월부터 농사를 준비해 6월까지 수확을 거두었다. 수확물은 감독관에 의해 일일이 검사를 받은 다음에 서기가 그 내용을 모두 기록했고, 문서로 인정된 것만이 매매될 수 있었다. 따라서 모든 수확물은 농부가 허가 없이, 불법적으로 처리하지 못하도록 엄격하게 감시되었다. 그리고 7월부터 10월까지의 농한기에는 여러 가지 국가적 역사에 농부들이 동원되었다. 비록 그 노동이 의식주를 보장하고, 노예에게 부과되는 것 같은 강제 노역은 아니었지만, 그들에게 한여름의 노역은 쉽지 않았을 것이다.

그래도 고대 이집트 농부들은 동시대의 다른 문명세계의 사람들보다 풍족하고 건강한 생활을 누렸다. 파라오의 강력한 통솔로 인해 외적의 침입이 없었고, 주요 도시에는 장이 들어섬으로써 필요한 물품들은 물물교환을 통해 구할 수가 있었다. 그들은 또한 노예와 같이 사고 팔리거나 저당 잡히는 일이 없었으며, 법의 기준을 벗어나 무조건 복종을 강요받는 등의 비인격적인 대우를 받는 경우도 드물었다.

그러나 그들은 오늘날의 기준으로 볼 때 류머티즘이나 수인성 질병에 쉽게 노출되었으며, 페스트와 같은 전염병에는 속수무책이었다. 그리고 납세액이 부족할 때는 세금 징수관에게 호된 체벌을 받았고, 질병과 해충에 의해 수확물을 허무하게 망치거나 악독한 탐관오리에게 착취당하는 경우가 많았다. 이와 같은 손실을 막기 위해 농부들은 무한정의 노력을 기울여야 했으며, 만일 몸이 아프거나 술에 취해 일을 하지 못하면 그동안은 처자식들이 고생을 감수하기 마련이었다. 그들의 평균 수명은 30세를 넘지 못했으며, 당시 농부가 대다수였던 이집트의 인구는 100만을 훨씬 밑돈 것으로 추정되고 있다.

그림 4-11. 고대 이집트인의 농사

국가의 엘리트, 서기와 귀족들

이집트는 중앙집권적인 국가를 유지하기 위해 관료계급이 필요했으며 그중에서 서기의 역할이 매우 중요했다. 고대 이집트에는 서기를 양성하기 위한 학교가 관청이나 신전에 많이 세워졌는데, 거기에서는 귀족의 자제들이 모여 문자를 읽고 쓰는 것을 배웠다. 그러나 여자나 가난한 집의 아이들은 학교에 가기 어려웠다. 아이들은 열 살 무렵에 학교에 들어갔으나 대부분은 고작 몇 년을 배우는 것이 전부였다. 그러나 재능이 있는 학생들은 성인이 될 때까지

학업을 계속할 수 있었다.

이집트의 상형문자는 중요 문자가 700자 정도였으나 보다 세분화되면서 약 3,000여 자에 이르렀는데, 이것을 일일이 기억하고 능숙하게 조합하여 읽고 쓸 수 있기까지는 상당한 교육과 훈련이 필요했다. 또한 학교에서는 산수나 측량술, 부기 등 전문적인 분야도 익히고 배워야 했으며, 신화나 이야기, 교훈 같은 것도 되풀이해서 읽고 외웠다.

학교의 교육방식은 읽기와 쓰기를 통한 암기 위주였다. 따라서 학생들은 많은 시간을 투자해 소리 내어 글을 읽었다. 그리고 받아쓰기와 베껴 쓰기를 반복했는데, 처음에는 필기체인 신관문자(히에라틱hieratic)로 쓰다가 나중에는 정자인 상형문자(히에로글리프hierogrlyph)로 썼다. 학생이 게으름을 피우면 선생은 가차없이 회초리를 들고 엄하게 체벌을 가했으며, 아주 둔하거나 게으른 아이는 감금되기도 했다.

"남자아이의 귀는 등에 있다. 등을 때리지 않으면 듣지 않는다!" 라는 말을 선생은 수없이 되풀이했다. 또한 학생들은 유혹에 빠지거나 게으름을 피우지 않기 위해 도덕적으로 늘 엄한 자세를 요구받았다. 이와 같이 엄격한 교육체제를 통해 학생들은 문예의 대가가 되고 지성인으로 자라났다.

배움의 길은 험하고 어려웠지만 일단 서기가 된 자들에게는 사회적으로 특별한 대우가 기다리고 있었다. 노동은 물론 세금을 낼 필요가 없었으며, 많은 사람이 우러러보고 두려워할 만큼 강력한 권위를 지닌 사회계층을 형성했던 것이다. 일단 서기가 되면 그들은 관청의 각 부서에 배치되어 공무를 담당하였고, 자신의 능력을 길러 후일 고급 관리나 신관이 될 수도 있었다.

또한 글을 읽고 쓸 줄 아는 능력 하나만 가지고 왕족 못지않은 위세를 부릴 수도 있었다. 특히 자신을 신(神)이라고 생각하는 파라오가 읽기와 쓰기, 산수 등을 배우려 하지 않을 때에는 이들 계급의 위력이 더욱 대단해졌다. 그것은 당시 학교의 선생이 학생들에게 서기가 될 것을 권하면서 했던 다음과 같은 말 속에 잘 나타나 있다.

"생각해 보아라. 서기는 사람들의 재산을 파악해 세금을 매기고, 세금을 정하는 것도 걷는 것도 다 서기의 일이다. 그뿐만 아니라 모든 중요한 일은 서기의 뜻대로 하게 되니 그 직업이 얼마나 좋으냐! 항상 배불리 먹고 만족스럽게 산다. 서기가 되거라 그러면 너희의 손은 부드러워지고 좋은 옷을 입을 수 있으며 사람들의 칭송을 받게 된다. 또 궁정 사람들도 너희에게 청탁을 하러 올 것이다. 왜 공부하느냐, 바로 서기가 되기 위해서다!"

그런가 하면 파피루스 문서 중에 두아케티라고 하는 사람이 자신의 아들 페피를 관리의 자제들이 다니는 학교에 입학시키려고, 도시로 가는 도중에 아들에게 다음과 같이 충고하는 장면이 있다.

"노예로 끌려간 자들을 보아라. 나는 채찍으로 두들겨 맞는 사람들을 수없이 본 적이 있다. 이제부터 너는 마음을 책에 쏟아야 한다. 이 세상에 책보다 더 나은 것은 없다. 나는 네가 어머니보다 책을 더 좋아하고 그 귀중함을 눈앞에 떠오르게 만들 것이다. 서기는 어떤 작업보다 위대하다. 서기 외에 주인이 되는 작업이 없다. 이렇게 말하는 것은 서기가 곧 주인이기 때문이다.!"

이렇듯 고대 이집트 사회에서 서기가 된다는 것은 장래가 보장되고 엘리트 중의 엘리트가 되는 길이었기 때문에, 본인뿐만 아니라 주위의 가족들도 서기가 되기를 간절히 바랐다.

정치적으로 안정되고 경제적으로도 풍요로웠던 고 왕국시대의 이집트는 대체로 활력 있고 자신감이 넘치는 문화를 창출해내고 향유했다. 지금 전해지고 있는 문화유산들을 보면 당시 이집트 국가사회의 여러 면모와 기풍을 얼마든지 엿볼 수 있다. 조각품이나 그림 속에 있는 귀족층의 차분한 얼굴 모습에서 의구심은 찾아볼 수 없고 매사에 자신감이 차 있다. 많은 기록을 보더라도 지배계층은 통치와 생활 양면에서 양호하고, 그들의 신념에 결코 흔들림이 없었다고 말하고 있다.

무엇보다 귀족들은 겸손하고 정직하며, 깊이 생각하고 인내하는 데에 가치관을 두었다. 그들은 사람을 사귀는 데 신중하고 욕심을 내지 않았으며, 시기하지 아니하며, 난폭하지 않고, 연장자나 연소자에게나 똑같이 존경하는 마음을 가져야 했다. 또한 그들은 엄격하면서도 공명정대해야 했고, 모든 일에 자비로움을 잃지 말아야 했다.

이러한 공인으로서의 자세와 윤리관은 고왕국시대 귀족들에게 이상적인 상이었다. 파라오를 보필하는 궁정의 사람들, 또는 제한적이긴 해도 신성한 지배권을 부여받은 고위 관리들은 모두 다 교육받은 지식인 계층이었으며, 이들이 곧 국가조직을 움직였다. 이들은 특권을 누리면서도 결코 사치스럽고 방종한 귀족계급으로 남아 있지 않고, 건축가나 기술자, 작가, 신학자, 행정가를 비롯해 모두 당대의 지적 활동과 문화 창달의 주역으로 활동했다.

기울어지는 파라오의 권세와 고왕국의 종말

고왕국 제5왕조에 들어서면서 파라오의 권위는 서서히 약해지기 시작했다. 파라오 왕실은 헬리오폴리스의 사제단의 권위를 무시할 수 없었다. 이때부터 피라미드의 규모는 대폭 축소되었지만 태양신전은 갈수록 규모가 커졌다.

이렇게 된 데에는 아주 오래전부터 까닭이 있었다. 이집트가 중앙집권적 통치 조직을 유지하기 위해서는 고관대작들의 노력과 봉사가 절대적으로 필요했다. 그런데 시대가 흐름에 따라 고관대작들은 자신들의 권한과 영역을 점점 확대해나갔고, 나중에는 그들의 지위를 자식에게 물려주기 시작했다. 지방의 총독이나 지사도 마찬가지였다. 그 결과 이집트 전 지역에는 고관대작이나 주지사가 임의로 지배하는 사유지가 자꾸 늘어났다. 그들은 자신의 토지를 운영하기 위해 경작농민 이외에 목동, 어부, 목수, 정원사, 가구공, 염직공, 금은세공인, 도공, 석공, 조각가, 빵 제조인, 맥주 제조인, 서기, 경비원 등을 둘 정도가 되었다.

한편 왕들은 즉위할 때마다 비경제적인 피라미드와 신전을 건설했으며 그 시설을 유지하기 위해 많은 막대한 재정과 인원을 소모해야만 했다. 더욱이 파라오는 관례에 따라 정기적으로 신전에 토지를 기진寄進해야 했는데, 이 때문에 세원이 자꾸 감소되었다.

이런 상황은 개선되지 않고 시간이 흐를수록 더욱 악화되어 제6왕조에 들어와서는 소생할 수 없을 정도로 쇠약해졌다. 중앙정부는 극도의 재정난에 허덕이게 되었고, 파라오 자신의 지위조차 불안정해지면서 끊임없는 음모 속에서 생명까지 위협받았다. 파라오는 추락한 위신을 회복하고 국가재정을 확보하기 위해 여러 차례 원정을 시도하고, 또 유력한 제후와 혼인함으로써 대세를 돌리려고 노력했으나 별 효과가 없었다.

제 6왕조의 마지막 왕 페피 2세는 기원전 2246년부터 기원전 2152년까지 약 90여 년 동안 이집트를 지배했다. 페피 2세의 재위기간은 이처럼 길었으나 그의 죽음과 함께 고왕국은 제6왕조를 마지막으로 종말을 고하게 된다.

많은 이집트 학자들은 파라오가 가졌던 절대권력이 제5왕조 때부터 뚜렷하게 쇠약해지면서, 아울러 세습계급의 대두로 왕국의 분열과 함께 고왕국이 멸망한 것으로 생각했다. 그러나 최근의 연구에 의하면 고왕국이 그토록 갑작스럽게 붕괴한 것은 그보다 당시 아프리카와 근동지방을 휩쓸었던 기후의 변화가 결정적인 원인이었다고 한다. 기상의 변화로 아비시니아 고원에 내린 몬순 강우가 저지대인 나일 지역을 급습하여 이집트의 관개농업을 엉망으로 만들어 버렸던 것이다.

오늘날 봄철에 2,3일씩 불어대는 모래바람 캄신과 같은 바람이 남쪽에서 이집트로 몰아치면서, 태양은 그 모래바람에 가리어 빛을 잃었고, 경작지는 모래로 뒤덮여 쓸모없게 되어버렸다. 그리다 결국 나일 강이 메마르게 되고, 사람들이 걸어서 강을 건널 수 있는 상황이 되자 강의 수량을 조정한다고 믿었던 파라오의 권위는 땅에 떨어지고 말았다. 이로써 파라오 체제가 무너지고 이집트는 수많은 봉건국가로 쪼개지면서 서로가 살기 위해 쟁투를 벌였다. 기근에 의해 시작된 정치적 혼란은 거의 70년 정도 계속되었는데, 다음의 기록을 보면 당시의 혼란상을 얼마든지 미루어 짐작할 수 있다.

"보아라, 이전에 없던 일이 벌어지고 있다. 파라오는 악한 무리들에게 축출당하고, 악한 무리들은 묻힌 파라오를 관에서 꺼내 내팽개치고 있다. 그들은 숨겨진 재산을 파헤치고 있다. 보아라, 정치를 알지 못하는 무리들이 나라를 빼앗았다. 그들은 이집트의 평화를 지키는 왕의 권위를 거역하고 있다. 도시는 순식간에 쓸모없는 산으로 변해버렸다."

"지난날 의복을 가졌던 자가 지금은 넝마를 걸치고, 의복을 가지지 않았던 자가 고급스런 아마포(亞麻布)를 입었다. 가난한 자는 부자가 되고 부자는 무일푼이 되었다. 빵을 갖지 않았던 자가 이제는 곡창을 갖고, 창고 안에는 남들의 재산이 들어차 있다."

"어떤 이는 그의 아들을 적으로 본다…. 여기저기에서 이방인이 이집트 인이 된다…. 아, 여자들은 말라비틀어져 아이를 낳을 만한 사람이 한 사람도 없다…. 아, 실로 수많은 사자死者들이 나일 강에 수장되었다…. 아, 실로 피의 강이로다!"

"사막은 전국토로 확대되고 주(州)는 파괴되었으며, 외적이 쳐들어왔다. 어느 곳에도 이집트 인은 없다. 마음 있는 이는 나라 안에 일어난 일을 슬퍼한다. 이민족이 이집트 인 행세를 하며 판을 친다. 델타의 초원은 머지않은 시일 내에 사라져버릴 것이다."

이상 기후와 봉건 제후의 출현, 민중의 반란으로 엉망이 되어버린 이집트는 쉽게 정치적 안정을 되찾지 못했다. 7~10왕조시대에는 명목상 왕조가 있었지만, 실질적으로는 각지의 봉건 제후들이 요새화한 도시에 자리잡고서 서로가 쟁투를 일삼았다. 이런 혼란 속에서 한때 중부 이집트의 헤라클레오폴리스를 다스리던 제후가 두각을 나타냈다. 그러나 상 이집트의 테베를 지배하던 제후가 헤라클레오폴리스를 누르고 마침내 이집트를 다시 통일하게 된다.

중왕국 시대 (B.C 2040 ~ B.C 1758, 제11~제12왕조)

이집트의 중왕국시대는 제11~제12왕조(BC 2040~BC 1758)시대를 말한다. 고왕국이 몰락하며 시작된 제 1중간기에 이집트 전역에서 여러 지방세력들이 등장했으며, 이 중 하나가 상이집트의 테베(Thebes)를 중심으로 하는 안테프 1세(Antef I : BC 2134~2118 재위)였다. 안테프 1세를 시작으로 하는 제 11왕조는 상·하 이집트를 모두 통합하고자 했으며, 북부의 헤라클리오폴리스(Heraclopolis)를 중심으로 형성되었던 제 9, 10왕조와 대립했다.

약 50여 년의 대립 끝에 제 11왕조의 4번째 왕 멘투호텝 2세(Mentuhotep II : 2061~2010 재위)때인 2040년에 이르러 상· 하 이집트가 다시 통합되었으며, 이집트 중왕국 시대가 시작되었다. 이후 테베는 약 1,000년 동안 이집트의 정치 ·종교의 중심지로서 번영하였다.

멘투호텝 2세는 또한 장기간 방치되었던 누비아에 원정하여 콥토스에서 와디 함마마트에 이르는 도로를 정비하고 시나이 반도와 푼트 지방에의 발판을 마련하였다. 그는 테베의 서쪽 교외 델 엘 부하리의 벼랑에 붙은 새로운 양식의 장제전(葬祭殿)을 건설하였다. 그러나 그의 후계자들은 통일을 유지할 힘이 없어 이집트는 한때 혼란에 빠지게 되며, 11왕조의 마지막 파라오 멘투호텝 4세(Mentuhptep Ⅳ : BC 1998~1991 재위)때에 이르러 왕위는 재상으로 있었던 아메넘헤트 1세(Amenemhat I : BC 1991~1962 재위)에게 넘어갔다.

아메넘헤트 1세는 제 12왕조를 열었으며, 중왕국은 번영의 극점에 이른다. 특히 부친 아메님헤트 1세의 불인정한 정권을 보조하기 위해 공동섭정자로 나섰던 세소스트리스 1세(Sesostris I : BC1971~1926 재위)가 이집트를 지배하기 시작하면서 중왕국은 주변 지역들을 지배하며 강국으로 군림하기 시작했다. 세소스트리스 1세는 제3폭포까지 군대를 파견하여 금광을 개발하였다. 그러나 지방의 세력은 여전히 강했으므로 노모스의 세력을 장악하고 참된 의미에서 국토통일을 완성한 것은 세소스트리스 3세(Sesostris Ⅲ:BC 1878~1842 재위)의 시대에 이르러서였다. 그는 북상하는 니그로를 토벌하여 누비아를 지배하였고 각처에 성채(城砦)를 설치하고, 팔레스티나에 원정하였다. 이 시대의 교역은 시리아 ·크레타에까지 미쳤다. 다음의 아메넴헤트 3세는 국내의 정치에만 힘썼는데, 특히 댐과 관개용수로를 만들었고, 파이윰 지방을 개척하여 경지의 증대에 성공하였다.

제12왕조의 왕들은 파이윰의 북동에 있는 리셰트로 도읍을 옮겼기 때문에 리셰트 ·하와라 등지에 피라미드나 신전이 조영되었다. 이 시대는 민중이 귀족에 대신하여 힘을 얻어 관리에 등용되었고 농노에서 자유민으로 되는 길도

열리는 등 이집트의 역사 가운데서 비교적 민중의 힘이 인정되었던 시대였다. 이러한 경향은 신앙상에도 나타나 사후의 세계는 왕이나 귀족들의 독점물이 아니고, 민중들도 미라가 되어 공동묘지에 매장됨으로써 영원한 생명이 약속되었다.

종교 ·문학면에서도 피라미드 텍스트에 대신하여 관(棺)의 주위에 표시된 코핀 텍스트는 일반인을 위한 것이기도 하였다. 또한 중왕국시대는 일반 문학(산문)이 가장 발달한 시대이기도 하다. 세계 최고(最古)의 모험기행이라고 할 수 있는 《시누에의 이야기》는 이집트문학의 최고 걸작으로 꼽히며 그 밖에 푼트 교역을 취급한 《난파선 이야기》와 사회적 관심을 나타낸 《능변의 농부 이야기》 등이 있다. 이것은 시대를 반영하고 서사(書寫) 재료로서 파피루스의 두루마리가 사용되었고, 서체도 쓰기 쉬운 행서체로 옮겨갔기 때문이었을 것이다. 그 밖에 파피루스는 《기하학서》(린도 파피루스) 《외과서》(에드윈스미스 파피루스) 《치병(治病)의 서》(에베루스 파피루스) 등 학술적인 것에까지 미치고 있다.

투트모세 1세의 왕가의 계곡

이집트에서의 도굴의 역사는 파라오의 역사와 거의 같을 정도로 오래되었다. 파라오들은 대대로 내세가 있음을 믿었고, 내세에 영생하기 위해 자신의 유해를 지키는 일에 엄청난 시간과 재화를 투자했다. 피라미드의 내부구조는 매우 복잡해지고 미로와 함정, 가짜 문들이 만들어졌으며, 묘실의 두터운 돌문도 굳게 봉인되었다. 도굴 혐의로 붙잡힌 자는 발바닥과 손등의 피부가 찢어져 피가 철철 흐를 정도로 고문을 당했으며, 대부분 자신의 죄를 자백한 뒤에 사형에 처해졌다.

그러나 도굴꾼에게는 그러한 방법조처를 뛰어넘는 대담함과 지혜가 있었다. 그래서 조세르 왕의 계단식 피라미드의 묘실 밑바닥에는 시신의 한쪽발만 남아 있었을 뿐이고 쿠프 왕의 미라는 흔적마저 남아 있지 않아 언제 도굴되었는지조차 감을 잡지 못하고 있다. 어쨌든 피라미드는 웅장하고 튼튼했지만 도굴꾼에게는 확실하게 노출된 표적이었다. 거기다가 규모가 크고 훌륭할수록 보물의 산으로서 도적들의 도전의욕을 더욱 유발시켰다. 때문에 제12왕조 무렵부터는 피라미드 건설을 거의 기피하게 되었는데, 그래서 파라오들은 지상에 무덤을 세우는 대신 골짜기나 절벽에 암반을 뚫고 내려가 비밀의 분묘를 만들었다.

이것을 처음으로 실행에 옮긴이는 제18왕조의 투트모세 1세(기원전1493~기원전 1481)이다. 이러한 비밀 분묘는 근세에 발견되어 오늘날 왕가의 계곡으로 알려지게 되었다. 그러면 투트모세 1세는 어떻게 왕가의 계곡을 조성했을까?

고대 이집트의 고왕국과 중왕국시대의 파라오들은 하나의 장례 기념물 안에 왕의 무덤과 예배실을 마련하고, 그 예배실에서 후대사람들이 고인의 불멸성을 기도하고 예배를 드리게 했으며, 그렇게 만드는 것을 당연하게 여겼다. 그러나 왕의 무덤이 예배실과 함께 있음으로 인해 후대사람들 중 누구라도 무덤의 위치와 모습을 잘 알 수 있었으며, 그것은 왕조의 힘이 약해졌을 때에 여지없이 도굴꾼의 표적이 되었다. 그래서 이멘호텝 1세(기원전1514~기원전 1493)는 일대 혁신을 가했다. 한 곳에다는 순수한 의미의 무덤을 만들고, 예배실 혹은 장례신전은 다른 곳에 짓도록 한 것이다. 이것은 신왕국시대의 새로운 건축술로 과거의 것과 근본적으로 구별되는 독창적인 한 단면이었다.

그런데 투트모세 1세는 여기에다가 구체적 형태와 활력을 부여하고 싶었다. 그는 자신의 무덤위에 피라미드를 세우지 않았을 뿐만 아니라 장례신전과 매장묘소를 서로 떼어놓았고, 영면을 취할 장소도 아주 혁신적인 곳을 택했다. 투트모세 1세는 건축가 이네니에게 죽은 파라오들이 영면할 수 있는 비밀스런 장소를 찾아 낼 것을 명했다. 이네니는 왕명에 따라 나일 강 서부 해안의 카르낙 맞은편 데이르 알-바흐리에 있는 황량한 사막으로, 장마철 이외에는 물이 없는 계곡을 선택했다. 그리고 신왕국 시대의 파라오들이 그곳에 묻히면서부터 이른바 '왕가의 계곡'이 탄생되었다. '왕가의 계곡'은 산꼭대기가 피라미드 모양을 하고 있는, '정상'이 굽어 보고 있는 산의 원곡 한가운데

그림 4-12. 베니-하산(Beni-Hasan)의 암굴분묘(rock cut tombs)

있다. 고대이집트 인은 이곳을 그 어느 곳보다도 신성하게 여겨, 이곳을 침범하는 자는 '침묵의 여신' 이 벌을 내린다고 믿고 있었다. 그곳은 소란스러운 인간 세상과는 동떨어져, 그야말로 내세의 평온만이 지배하는 곳이었다. 태양이 위압적으로 작렬하는 가운데 풀 한포기도 자라지 않는 바깥 세상의 메아리란 전혀 들을 수 없는 적막한 곳이었다. 그리고 위대한 자들의 영혼만이 교감하는, 저승 세계의 기운이 감도는 신비의 장소였다.

그곳은 왕의 특명을 받아, 무덤 파는 일을 맡은 장인들만이 들어갈 수 있었다. 물론 무덤 건설에 관련된 비밀은 철저하게 지켜져야 했다. 왕은 건축가에

그림 4-13. 왕기의 계곡 (King Valley)

게 엘리트 장인들로만 구성된 소수의 작업자를 가지고 일을 하되, 아무도 그들을 보아서는 안되며 그들의 소리를 들어서도 안된다고 명령했다. 이 장인들은 데이트 알-마디나에 끼리끼리 모여서 살았으며, 파라오와 대신과 건축가, 이렇게 세 사람과 직접 연결되어 있었다. 그들의 생활은 오직 파라오의 무덤을 만들고 정비하는 데 있었다. 파라오는 경제적 이유로 공사가 중단되거나, 혹은 비밀이 새어나가거나, 자그마한 분실 사건이라도 일어나는 것을 막기 위해 장인들의 의식주를 충분히 보장해주었다. 그들은 파라오의 곡식 창고에서 나오는 식량을 배급받았다.

파라오는 건축가와 함께 무덤이 제대로 조성되는지를 조사하고 또 지시하곤 했다. 따라서 장인들은 빈틈없이 작업을 진행해야 했으며, 철저하게 일치 단결된 상태를 유지했다. 그들은 오전에 대략 네 시간 정도 작업을 하고, 정오쯤에 식사를 하기 위해 휴식을 취한 다음, 오후에 다시 네 시간 동안 작업을 했다. 캄캄한 지하 묘소에서 작업을 하려면 불빛이 필요했다. 그러나 벽면과 천장에 연기의 그을음이 조금이라도 묻어서는 안되었다. 이것을 막기 위해 고대 이집트인들은 염전의 해수에 램프 심지를 적셨다가 말려서, 그 심지에 불을 붙여서 쓰는 방법을 이용했다. 그렇게 하면 연기가 나지 않았던 것이다. 작업은 가능한 빨리 진행되었다. 파라오의 무덤을 파고 장식하는 일은 그 당시로서는 최고의 장인들에 의해 최고의 수준으로 이루어지는 것이 당연했다.

이런 식으로 마련된 영면의 장소에 투트모세 1세는 사후에, 헬리오폴리스에 있는 라 신전의 대신관처럼 '가장 위대한 예언자 가운데 한사람' 이 되어 안치되었다. 그의 무덤은 '왕가의 계곡' 의 시작이었으며, 그 뒤로 신왕조의 유명한 파라오들은 은밀한 이곳에 묻혔다.

도굴꾼으로부터 자신을 보호하고자 했던 파라오들의 노력은 어느 정도 성공을 거두는 듯했다. 그러나 세월과 함께 파라오의 권력은 쇠약해져갔고, 어느 때는 왕으로서 예우조차 제대로 받지 못하는 신세로 전락하기도 했다. 이에 반해 도굴꾼의 기술은 갈수록 발전하고, 도굴의 규모도 커졌다. 나중에는 국가 권력자가 파라오의 무덤을 도굴하는 데 나설 정도였다. 그러다보니 도굴로 대대로 먹고사는 마을과 가문이 수백 년 수천 년씩 이어져 내려오기도 했다. 이런 환경 속에서 고대 이집트의 귀중한 문화유산은 파괴되고 방치될 수밖에 없었다.

여기서 1870년대에는 80년대 사이에, 왕가의 계곡을 공식적으로 찾고 보존하게 된 실제의 사건을 되돌아보자. 고대 이집트 물품들을 전문으로 파고 사는 암시장에 언제부터인가 보기 드문 귀중한 보물들이 눈에 띄기 시작했다. 그것은 골동품으로서의 가치뿐만 아니라 학술적으로도 대단히 중요한 의미를 갖는 귀한 것들이었다. 당시 이집트는 정치적으로 영국의 강력한 영향하에 있었는데, 출처불명의 이런 보물들을 구한 유럽인들은 크게 좋아했다. 그러나 양식이 있는 여러 지식인들과 학자들은 아직 발견되지 않은 고대 이집트 파라오들의 무덤이 도굴꾼들에 의해 이렇게 황폐화되어가는 것을 안타까워한 나머지, 그러한 유물들이 나돌게 된 출처를 찾기 위해 행동에 나섰다. 이들의 부단한 노력에 의해 마침내 한 아랍 인이 잡혔다. 그의 이름은 무함마드 아흐마드 압둘 라술이었다. 그는 자신이 살고 있는 마을 쿠루나에서 매우 존경받는 집안 출신이었다. 그런데 조사가 진행되면서 놀라운 실상이 밝혀지기 시작했다. 마을 주민들 전부가 도굴꾼이었으며, 그의 집안은 도굴꾼 가문 중에도 명문가로 손꼽혔던 것이었다. 그의 집안은 기원전 13세기부터 도굴을 생업으로 삼고 살아왔던 터였다.

테베의 공동묘지 중앙에 있는 쿠르나는 아주 오래된 마을로, 고대에는 미라 기술자나 묘지를 지키는 사람들이 살던 곳이었다. 쿠르나 주민들은 마을의 오랜 역사와 조상들의 직업에 긍지를 가지고 있었다. 그들은 이슬람 교도였지만 고대 종교를 기꺼이 받아들이고 또한 즐기며 살고 있었다. 그들에게 이슬람교라는 것은 단지 겉모양에 불과했다. 그리고 한때 기독교도들이 들어왔던 적이 있었지만 아무런 영향도 흔적도 남기지 못했다. 쿠르나 마을 사람들은 고대부터 내려오는 종교와 관습을 여전히 존중하고 계승하고 유지해가고 있었던 것이다.

압둘 라술은 이집트 관헌에게 도굴에 대한 모든 사실을 고백했다. 곧 그의 두 형제 아흐마드와 후세인이 검거되었다. 하지만 그의 가문과 마을의 전통에 위배되는 이러한 적나라한 폭로의 대가로 그는 영화500파운드를 포상금으로 받았고, 이집트 정부의 고대 유물 보존국에 근무하게 되었다. 이집트 정부는 압둘 라술을 통해 문화재의 불법유통 고리를 끊고, 도굴 행위를 근절시킬 수 있으리라고 판단했던 것이다.

그래서 그의 형제들도 석방했다. 그의 형제들이 조상 대대로 전수받은 특수한 기능을 그대로 썩히는 것이 너무 아깝다고 생각했기 때문에 오히려 정부에 협조할 것을 종용했던 것이다. 그러자 압둘 라술은 개심하여, 이집트 정부의 위촉을 받아 왕묘의 발굴과 조사를 맡고 있던 에밀 브르크슈에게 도굴꾼 일족들이 이미 발견해놓았던 '왕가의 계곡'을 안내하게 된다. 에밀 브르크슈는 그곳에서 그저 이름이나 알고 있는 정도에 그쳤던 신왕국시대의 수많은 파라오들의 미라를 발견했다. 그것은 숨이 막힐 정도로 놀라운 발견이었으며, 수천 년간 비밀 속에 감추어져 있던 '왕가의 계곡'이 그 모습을 세상에 드러내는 역사적인 순간이었다.

힉소스의 이집트 지배 (B.C 1720 ~ B.C 1570)

이집트 중왕국 시대에 이르러 메소포타미아, 가나안 지방에서부터 외국인들의 유입이 활발히 진행되고 있었다. 아브라함이 다녀갔으며, 요셉은 총이리 자리에까지 오르게 되었다. 요셉은 자신의 아버지 야곱과 형제들을 이집트에서 다시 만나게 되며, 형제들을 불러들여 고센 땅에 머물게 하였다. 이렇게 해서 히브리인들이 고센땅(북부 삼각주 지역)에 머무르게 되었으며, 자손을 번성시켰다. 이때만 해도 이집트에서 이들은 주목 받지 못하는 소수민족에 불과하였을 것이다. 그러나 이후 아시아 민족의 수가 급격히 증가하였으며 장차 이집트와 지중해 지역에 일어날 대변혁의 조짐이 쌓이고 있었다.

이집트는 12왕조 때 세누스레트의 정복 전쟁 등을 통해 페니키아와 아나톨리아를 넘어 트라키아 지역까지 그 영향력을 미치는 등 강대국으로 군림하였지만 기원전 1785년경에 이르러 이집트는 제2중간기에 접어들고 그 국력이 시들기 시작했다. 한편 근동 지역에서는 아시리아, 바빌로니아에 이르러 히타이트 세력까지 강대해지면서 춘추전국시대를 방불케 하는 합종연횡(合從連衡)이 이루어지고 있었다. 이러한 군사적 경쟁은 새로운 전투기법과 신무기가 발명될 수 있게 만들었는데, 창과 활 등 일부 철제무기와 기마전차 부대가 전쟁에 등장하기 시작한 것도 이즈음 이었다.

근동 지방의 넘치는 군사력은 마침내 쇠약해져가는 이집트에게로 미치기 시작했다. 셈계의 여러 부족들로 구성된 힉소스라고 불리는 이들이 이집트의 델타지역으로 몰려오기 시작한 것이다.

힉소스(Hyksos)라는 단어는 '이민족 통치자'를 가리키는 고대 이집트어 히카우 카슈트(Hikau Khasut)에서 유래하였다. 기원전 18세기 부터 셈계의 여러 부족들이 나일강 유역 델타(Delta) 지역 동부에 서서히 침투하기 시작하였다. 처음에는 기근과 전쟁을 피해 유민으로 델타지역에 들어오기 시작 하였으며, 그 다음은 요리사, 양조업자, 포도원지기 등 기술자로서, 용병으로서 이집트 사회에서 그들의 역할은 확대되어 갔다. 그들에 의해 이집트에서는 수직 베틀을 이용한 방적 및 직조술, 주금, 오보에, 템버린 등의 새로운 악기 등이 발명 되었으며, 올리브와 석류를 재배하는 등 이집트의 문화적, 경제적 변화에서 큰 역할을 했다.

그림 4-14. 서아시아에서 이집트로 들어오는 힉소스인의 모습

13~14왕조에 이르러 이집트는 국토 전역을 통일할만한 강력한 지배력을 형성하지 못했다. 그러나 이방인인 셈 족의 수는 점차 늘어나 무시할 수 없을 만큼 많아지고 심지어는 상이집트로까지 퍼져 나가기 시작 했다. 이 즈음에 이르러 이들은 이집트의 왕조 교체기를 틈타 힉소스의 용병대장들은 나일강 하류의 주요 군사 세력으로 성장하기 시작 하였는데, 아바리스(Avaris) 요새를 점령하고 점차 나일강 상류쪽으로, 고대 수도 멤피스를 향해 영역을 넓혀 가기 시작했다. 파라샤, 텔 엘-샤하바, 부바스티스, 인샤스 등에 요새를 구축하고, 이를 기반으로 힉소스는 마침내 시나이(Sinai) 반도에서 나일강 동부의 델타(Delta) 유역을 장악했다.

이 때 용병대장끼리의 주도권 경쟁이 치열했다. 아이깁토스(Aigyptos)와 다나오스(Danaos)가 활동하기 시작한 것은 이무렵이었을 것이다. 아이깁토스는 동방에서 건너 온 힉소스 세력이었으며 다나오스는 인근 리비아에 기반을 둔 힉소스 세력이였다. 두 사람이 젊었을 때는 외국에서 건너 온 용병 대장으로서 서로 사이 좋은 형제와도 같았으며, 델타 지역의 새로운 군사 세력으로서 서로 협력 하였다. 어느덧 그들의 세력이 성장하면서 그들의 제휴관계는 흔들리기 시작 하였다. 아이깁토스는 50명의 용맹한 아들을 가지게 되었는데 그들을 기반으로 강력한 군사력을 형성하기 시작 하였다. 다나오스 또한 독자적인 군사 세력을 형성 하였으며 그에게는 50명의 딸이 있었다. 그러나 하늘 아래 두마리의 용이 있는 형국, 두 용병대장은 이집트의 패권을 놓고 싸울 수 밖에 없는 처지가 되었다. 결국 이 싸움에서 아이깁토스는 이집트의 패권을 장악하는데 성공하였다. 사실 이집트라는 이름도 이때부터 아이깁토스의 이름을 따서 지어지게 된 것이다.

다나오스와 아이깁토스가 떠나고 시간이 흘러 기원전 1680년경이 되었다. 마침내 힉소스 출신의 용병대장 살리티스(Salitis)가 경쟁자들을 모두 제압하고 제15왕조의 군주로 등장했다. 그의 이름이 후에 아라비아 어로 '강력한 왕'이라는 뜻의 술탄이 되었다고 주장하는 학자도 있다. 살리티스 이후, 제 16대 왕조에 이르기까지 6명의 힉소스 왕이 이집트를 통치했다. 이들은 이집트의 전통과 문화를 이어 받았으며, 이집트의 신을 존중함으로써 토착민의 저항을 무마시킬 수 있었다.

일찍이 이민족의 지배를 경험하지 못한 이집트는 정치적 혼란기에 빠졌다. 특히 상이집트는 반 독립상태를 유지하면서 하이집트에 조공을 바치면서 나라의 명맥을 유지하고 있었으며 테베(Thebe)를 중심으로 반 힉소스 운동의 중심지 역할을 하였다. 그러나 누비아와 수단 지역에 해당하는 쿠시는 왕국으로 독립하여 하이집트를 지배하던 힉소스와 동맹 관계를 맺어 상 이집트 지역을 압박하였다.

기원전 16세기 이후, 상이집트의 세켄엔레 타오 2세(Seqenenre Tao II)가 파라오가 되면서 반 힉소스 운동이 거세졌으며, 당시 힉소스 군주 아포피(Apopi)는 반 힉소스 운동을 경고하는 서신을 보냈다.

"테베 나일 강의 하마 우는 소리가 시끄러워서 잠을 잘 수가 없다. 당장 잡아 죽이고 그 증거로 가죽을 가져오도록 하라."

세켄엔레는 견딜 수 없는 모욕을 느꼈다. 하마가 힉소스 왕에게는 단순한 동물에 불과할 지 모르나 그들에게는 임산부와 출산을 주관하는 신으로서 당시 많은 사람들의 숭배를 받고 있었다. 결국 그는 힉소스를 추방하기 위한 전쟁을 일으켰으나 선진적인 무기를 가진 힉소스를 상대하기에는 역부족이었다. 세켄엔레는 결국 전투 중 처참한 죽음을 당하고 말았으며, 그의 사망 이후 장남 카모세스(Komoses)가 왕위를 이어 해방전쟁에 돌입했다. 카모세스는 힉소스의 요새 아바리스를 공략하여 무기와 재화를 탈취하는 등의 성과를 거두었으나 힉소스 세력을 몰아내지는 못했다.

결국 이집트가 힉소스 세력을 축출하는데 성공한 것은 17왕조에 이르서다. 카모세스의 뒤를 이은 아흐모스(Ahmose)는 재위기간중 힉소스에 대한 지속적인 공격을 감행하여 기원전 1580년경에 힉소스의 수도 아바리스 요새를 함락시키고, 힉소스 세력을 제압할 수 있게 된다. 이후 투트메스 3세 (BC 1480~1448)는 힉소스를 완전히 축출하고 이후 모세는 출애굽을 감행한다.

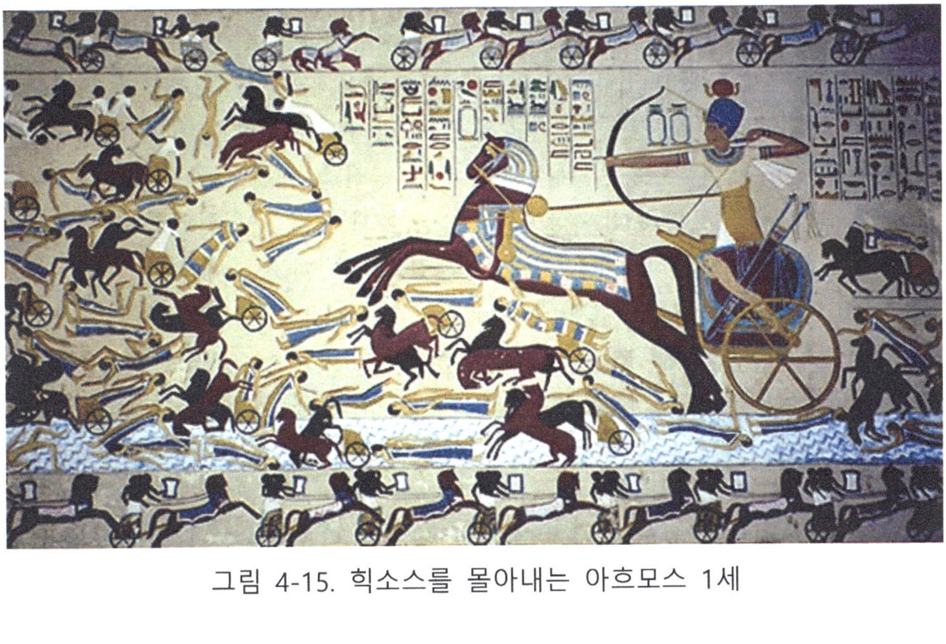

그림 4-15. 힉소스를 몰아내는 아흐모스 1세

신왕국 시대 (B.C 1570 ~ B.C 1070, 제18~제20왕조)

이집트의 신왕국시대는 제18~20왕조(BC 1570?~BC 1070?) 시기를 말한다. 18왕조를 세운 아흐모스 1세(Ahmos I : BC1550~1525 재위) 는 제 17왕조의 마지막 파라오 카모세스(Kamoses)의 형제로서, 힉소스(Hyksos)의 통치를 종식시켰다. 이로써 이집트는 힉소스 등 외래 민족에 의해 제 15~17왕조가 들어섰던 제 2중간기를 극복하고 세 번째 융성기인 신왕국 시대를 맞게 되었다.

제18왕조 초기의 파라오들은 힉소스를 추방했으며, 그 후에도 계속 영토를 확장했다. 남쪽으로는 누비아 지방을 장악했으며, 동쪽으로는 히타이트족을 물리치고 오늘날의 시리아 지역까지 통치했다. 영토를 장악한 후에도 계속하여 팔레스티나 방면으로 파병하였는데 그것은 곧이어 전리품을 목적으로 한 제국주의적 침략으로 변하였다. 당시의 서아시아 정세는 각 민족이 분립 ·항쟁하는 시대였다. 곧 이집트도 그와 같은 국제정세 속으로 말려들어갔다.

한편 투트모세 1세(Thutmes I : BC 1504?~1493? 재위)는 제3폭포까지 파병하는 등 남방(南方) 경영도 게을리하지 않았다. 하트셉수트(Hatshepsut : BC1479~1458/7 재위) 여왕은 내정에 힘쓰고 광산을 개발하였으며, 푼트 지방에 배를 보내어 향료(香料) ·상아(象牙) ·목재 등을 수입하였다. 또한 테베 서쪽 교외의 델 엘 부하리에 거대한 장제전을 건립하기도 하였다. 여왕과 공동통치를 하였던 투트모세 3세(Thutmose III : BC 1479~1425 재위)는 여왕의 사후, 아시아에 대한 침략을 개시하였다.

이때 카데시의 왕이 지휘하는 동맹군과 메깃도(Megiddo)에서 싸웠는데 그 승리가 이집트 번영의 기초를 다졌다고 한다. 파라오의 출병은 20년간 전후 17회에 이르렀고 북은 유프라테스강(江) 연안에서 남은 제4폭포까지 지배하에 두게 되어 이집트의 영토는 사상 최대가 되었다. 방대한 전리품과 많은 노예를 얻게 되었고 각지에서 물자가 집결되었으며, 미탄니 ·아시리아 ·크레타 등이 조공하였다. 따라서 테베에는 웅장한 신전 ·왕궁, 귀족의 저택 ·상점 등이 들어서 번화하였다.

귀족은 충실한 가신(家臣)으로서 왕을 받들었으며, 그들을 고급관리로 하는 관료조직이 정비되었다. 투트모세 3세는 이제까지 한 사람이었던 재상을 두 사람으로 하여 상 ·하 이집트의 내정에 전념시켰다. 원정으로 획득한 영토를 유지하기 위하여는 강력한 상비군(常備軍)을 필요로 하게 되었다. 그 때문에 직업군인이 출현하였고 곧 세력을 가지게 되었다. 또 용병의 수가 많아지자 그들의 생활을 유지하는 일이 큰 문제로 되어, 이것은 국력을 피폐시키는 원인이 되었다.

한편 승리는 신의 힘에 의한 것이고 그것은 신 자신의 승리이며, 국가의 번영은 아몬신의 번영이라고 생각하였다. 국왕이나 귀족은 신에게 토지를 기증하고 신전을 잇달아 건립하였다. 따라서 신관단(神官團)은 관료 ·군인에 못지 않은 큰 세력을 가지게 되었다. 특히 방대한 신전령(神殿領)은 신관의 사복을 채웠고 곧이어 왕위계승에도 간섭하였다.

투트모세 3세의 사후 시리아에 대반란이 일어났으나, 아멘호테프 2세(Amenhotep II : BC1427~1401/1397 재위)는 미탄니(Mitanni kingdom : 메소포타미아 북서부, 오늘날의 시리아 북동부 지방에 있었던 후리안계 왕국)를 토벌하였고 다음의 투트모세 4세(Thutmose IV : BC 1401/1397~1391 재위)는 미탄니와 동맹하여 그 왕녀를 왕비로 맞았다. 이 무렵부터 아시아에서는 히타이트의 세력이 신장하였는데, 이집트도 그 동향에 무관심할 수 없었기 때문이다. 투트모스 4세의 뒤를 이은 아멘호테프 3세(Amenhotep III : BC 1391~1353 재위)의 시대는 표면상으로 이집트가 가장 안정되고 융성한 시대였으므로 파라오는 외정(外征)보다는 신전 등의 건축공사에 부(富)와 권력을 쏟았다. 이 시기에 건축된 룩소르(Luxor)의 카르낙(Karnak)신전, 멤논(Memnon)의 거상 등을 비롯한 수 많은 유적들이 오늘날까지 남아있다. 파라오는 아시아제국과 서한 및 기증물을 교환하여 친교를 맺었기 때문에 여기에 일종의 국제주의시대가 도래하였다(아마르나시대).

아멘호테프 4세(Amenhotep IV : BC 1353~1336 재위)는 절대 세력을 갖게 된 테베의 아몬신관단에게 반발하여, 태양신 아톤을 시신(市神)으로 하는 신도(新都)를 오늘날의 텔 엘 아마르나의 땅에 조영하여 아케타톤(Akhenaten: 아톤의 지평선이라는 뜻)으로 명명(命名)하고 스스로도 아케나톤이라고 개명하였다. 왕은 아톤찬가(讚歌)의 제작과 예술활동에 전념하고 국정을 돌보지 않았으므로 아시아에서는 반란이 잇달아 일어나고 정정(政情)이 불안하게 되었다. 결국 파라오의 이상은 실현되지 않아 사후에 아몬신앙은 부활되었으며 신도(新都)는 파괴되었다. 그러나 예술면에서는 고정화된 종래의 전통이 타파되고 개방적인 분위기가 감돌았으며 외국과의 문화교류도 행하여져서, 사실적이고 밝은 성격의 아마르나(el-Amarna) 예술을 낳았다. 이것은 투탕카멘(Tutankhamun : BC1333~1324 재위) 왕묘의 출토품에서 엿볼 수 있다. 그러나 너무 이른 나이에 왕위에 오른 투탕카멘은 집권 내내 선왕과 섭정의 영향력하에 있었으며, 18세의 나이로 사망했다. 이후 군인출신의 호렘헤브(Horemheb)가 정권을 장악하며 제18왕조는 끝났다.

제19왕조의 초대는 호렘헤브가 선택한 군인 출신의 람세스 1세(Ramesses I : BC1292~1290? 재위)이고, 그의 아들 세티 1세(Seti I: BD 1290?~1279 재위)는 재차 아시아에서의 이집트의 우위를 어느 정도 회복하였다. 그의 아들 람세스 2세(Ramesses II : BC 1279~1213 재위)는 전형적인 파라오로 67년 동안의 오랜 치세에, 각지에 다수의 신전을 건축하였고 북쪽 또는 남쪽으로 원정군을 파견하였다. 아시아 경영 때문에 신도를 삼각주지대의 타니스에 건설하였다. 건축 사업 중에는 테베의 서쪽 교외에 세운 장제전 라메세움이나, 누비아의 아부심벨의 대소 2신전이 대표적이다. 또한 재위 21년째 되던 BC1258년에 남하하는 히타이트를 카데시전투에서 막아냈고, 곧이어 아시리아의 세력에 대처하기 위하여 하투실리시 3세와의 사이에 우호조약을 맺었다.

다음의 메르엔프타흐(Merneptah : BC 1213~1203 재위) 파라오 시대부터 아시아는 또다시 민족이동의 소용돌이 속에 빠졌고, 제 19왕조의 세력도 점차 쇠퇴되었다. 메르헨프타흐 이후 4명의 파라오가 뒤를 이었으나, 파라오 트워스레트(Twosret : BC1191~1190) 여왕때에 이르러 제 19왕조가 끝나에 되었다. 트워스레트 여왕은 짧은 재위 기간 중 이집트의 내전을 종식시키고, 시나이 반도와 팔레스타인 지역을 통치했으며, 테베와 헬리오폴리스에서 그 세력을 확고히 다졌다. 그러나 트워스레트는 형부 세트나케트(Setnakhte :BC1190~1186 재위)에게 왕위를 빼앗겼으며, 세트나케트에 의해 제 20왕조가 시작되었다.

세트나케트의 뒤를 이은 람세스 3세(Ramesses III : BC1186~1155 재위)때 이미 히타이트는 멸망하여 없어졌고 이 무렵부터 삼각주지대는 자주 리비아인 등의 침입을 받게 되었다. 제 20왕조는 그 이후 약 100년간 지속되며, 람세스 11세(Ramesses XI : BC 1107~1077 재위)까지 이어졌다. 람세스 11세의 오랜 재위 기간동안 왕실의 세력은 쇠퇴해 실질적인 권위는 신관을 비롯한 사제 집단에게 있었으며, 가뭄과 홍수 등 자연재해의 반복과 여러 지방 세력의 등장으로 인해 이집트는 점진적으로 분열되었다. 람세스 11세의 파라오위는 신관(神官) 헤리호르(Herihor : BC 1080~1074 재위)에게 찬탈되었으며, 제 20왕조가 끝나고 이집트는 제 3 중간기에 접어들게 되었다.

신왕국시대의 문화를 대표하는 것은 테베에 조영된 카르나크 ·룩소르 등의 많은 신전과 여러 왕의 장제전, 그리고 테베 서쪽 교외의 벼랑을 뚫고 매장한 국왕과 귀족 ·고관의 연도분(羨道墳)이다. 이것은 모두 엄청난 부와 권력, 그리고 풍부한 노예노동력에 의한 것이지만 높은 수준의 건축기술과 벽면의 부조(浮彫)에서 볼 수 있는 뛰어난 예술상의 재능은 오늘날에도 그 유적을 통하여 충분히 알 수 있다.

위대한 이집트 문명의 건설자 람세스 2세

이집트와 히타이트는 십수 년간의 전쟁으로 국력을 낭비할 대로 낭비한 뒤에야 평화조약을 체결했다. 이 조약은 양측이 서로 자기들의 대승리를 주장하고 있으나 양국이 모두 필요해서 맺어진 것이며, 양측의 당사자 기록이 모두 남아 있는 이 조약서는 고대 역사에서 흔치 않은, 역사적으로 매우 귀중한 외교문서이다. 또한 이 조약은 고대에 맺어졌음에도 내용은 놀라울 만큼 근대적이었다. 양측은 서로 상대국의 영토를 침범하지 않고 영구적으로 평화를 확립한다는 데에 동의하면서, 외적이 침략하거나 국내에 소란이 일어났을 때에는 서로 협력하기로 했다. 또한 정치적 망명객에 대해서는 양측이 체포해 돌려보

내되, 그 정치범이 어떤 신분의 소유자이건 죄에 대해 벌을 받지 않으며 거기에는 직계나 처자도 포함되었다. 본인의 신체에 어떤 상해도 가해서는 안된다는 규정까지 짓고 있다.

평화조약이 맺어지고 나서 십수 년 후에 히타이트 왕녀와 람세스 2세간에 결혼이 있었다. 람세스는 이 결혼을 두고 자신의 위대한 승리인 것처럼 말하고 있다. 하지만 이것 역시 양국의 우호를 위한 대등한 선린 관계에 따른 혼인이었다. 히타이트의 왕녀 이국인임에도 불구하고 파라오의 최고 왕비의 위치를 차지했으며, 람세스 말년에 그가 가장 사랑하던 여인으로 기록되어 있다. 히타이트 왕녀에 대한 람세스의 사랑은 다음과 같은 기록에서 엿볼 수 있다.

"왕녀의 모습은 폐하의 눈에 참으로 아름답게 비쳤다. 폐하께서는 더없이 왕녀를 사랑하셨다."

"얼마나 훌륭하고 아름다우며 놀라운 일인가···. 우리조상이 기록한 것에서는 이런 일을 볼 수 없었다."

67년에 이르는 람세스 2세의 치세 중 후반부는 두 강대국 간의 평화조약으로 대체로 평온했다. 그는 이 평화 속에서 수많은 건축물을 세워 자신의 업적을 과시했다. 대신전을 완공했을 뿐 아니라 라메세움으로 알려진 자신의 장례 신전도 만들었다. 또 아비도스에 잇는 세티 1세의 신전에서 멀지 않은 곳에 자신의 신전을 지었으며, 수도인 테베에는 큰 신전 4개와 작은 신전 여러 개를 지었다.

람세스 2세는 지칠 줄 모르는 정열적인 건설가였다. 그는 스스로 건축가들을 독려해가면서 신전을 세웠다. 그 중에서도 가장 완성도가 높은 걸작 중의 걸작은 바로 아부 심벨 신전이었다. 이 신전은 오늘날 인류에게 남긴 가장 소중한 문화유산 중 하나이다. 두 건축물이 나란히 세워진 것은 남성과 여성 등 창조의 근원을 나타내고 있으며, 각각의 건축물마다 나름의 고유한 천재성이 깃들여 있다.

아부 심벨(Abu Simbel)에 있는 이 암굴 신전의 디자인 방식은 데이르 - 엘

그림 4-16. 아부 심벨(Abu Simbel) 암굴 분묘 입구

-바하리의 방식과 정반대이다. 곧, 자연환경을 신중하게 건축적으로 보완하는 것이 아니라 정면으로 도전한다. 따라서 이 건축물이 성공적으로 자연에 대립하여 설 수 있도록 건축가는 웅장하고 초인간적인 스케일을 사용해야만 했다. 더불어 그는 거대한 크기와 반복을 사용했다. 18.5m에 달하는 람세스 2세의 좌상은 신전의 정면에 네 번 나타난다. 이러한 거대광 증세는 제국이 그 절정에 달했을 때 나타나곤 한다. 이 거대한 조각상은 앞 시대의 섬세함을 결여하는데, 크기를 위해 많은 것을 희생했다. 거대한 스케일은 내부에서도 계속되는데, 왕의 거대한 조각상들은 기둥처럼 서서 좁은 복도를 가로질러 서로 마주보고 있다. 이 기둥들은 암벽을 직접 깎아내서 만들었다. 인물상을 기둥으로 삼는 방식은 그리스 건축에서 여상주(女像柱)의 형태로 나타난다. 아부 심벨의 조각상은 그 전신으로 볼 수 있다.

람세스 2세는 남쪽의 누비아에도 최소한 6개의 신전을 세웠다. 지역에 세운

그림 4-17. 아부 심벨(Abu Simbel) 암굴 분묘 내부

건축물은 이집트 화의 상징이었으며, 거기에 새긴 부조에는 적들을 물리친 파라오의 승리를 찬양하는 글귀가 빠지지 않았다. 그리고 도시마다 새 우물을 파고 도로를 개설했으며, 금광 채굴에도 힘을 썼다. 그런가 하면 람세스 2세는 그의 부친 세티 1세와 같이 뛰어난 수맥 탐사가였다. 물이 부족할 때는 곳곳을 다니며 손수 수맥을 찾아내곤 했던 것이다.

이집트 문화를 꽃피운 람세스 2세는 재위기간 동안 가장 많은 수의 신전과 석상 등 각종 건축물을 지었는데, 도서관을 지어 '정신의 양식' 이라는 현판을 써 붙이기도 했다. 그는 건축 현장에서 일하는 사람들에게 유달리 호의를 보인 군주였다.

대규모 건설이 이루어지고 있는 현장을 찾아가 건축가는 물론이요, 석공이나 채석공들과 격의 없이 대화를 나누고는 했다. 그는 피곤한 기색을 나타내지 않고 최선을 다해 열심히 일하는 장인들의 노고를 치하했으며, 그들이 필요로 하는 것은 뭐든지 충족시켜주려고 했다. 덕분에 장인을 비롯해 노무자들도 부족함이 없는 풍족한 생활을 누리면서 일을 할 수 있었다. 장인들은 람세스의 건설 현장에서 일한다는 것만으로도 큰 명예로 여겼다.

이러한 대규모 건축물들은 분묘 신전과 구별되는 것으로 고대의 신들을 기념하기 위해 세워졌다. 카르나크(Karnak)나 룩소르(Luxor)의 신전처럼 여러 왕들이 대를 이어 증축함으로써 거대한 규모를 이루기도 한다. 이 신전들의 평면은 대체로 비슷하다. 전형적인 탑문식 신전의 평면은 단일축을 따라 대칭으로 배치된다. 단순하고 육중한 형태의 경사진 탑문(pylon)은 조각상들이 도열해있는 접근로를 지배한다. 탑문의 넓은 정면에는 코니스를 얹은 문, 깃대를 꽂기 위한 깊은 홈, 얕은 부조가 자리한다. 상부와 양 측면의 가장자리는 모울딩(molding)으로 마감했다. 엎드린 동물상이 도열한 접근로를 따라가면 오벨리스크에 이르며, 곧바로 탑문을 배경으로 한 파라오의 거대한 조각상과 마주치게 된나. 탑문을 통과하면 열주랑으로 된 중정에 들어서는데, 이를 지나 육중한 기둥들로 지붕을 받친 다주실(多柱室, hypostyle hall)이 자리한다. 중앙부의 지붕은 채광과 통풍을 위해 더 높였다. 이런 방식은 카프레 왕 피라미드의 계곡 신전에서 이미 사용한 바 있다. 다주실을 지나면 지성소(sanctuary)에 들어서는데, 이곳은 부속실들로 둘러싸이며, 지붕이 덮여있다. 이 지성소에는 왕과 성직자만이 들어갈 수 있었다. 원래 이 복합 건물군 전체는 높고 두터운 벽으로 둘러싸여 있었다.

카르나크(Karnak)의 아몬-레(Amon-Re)신전은 태양신의 가족들을 위한 성스러운 신전이다. 많은 왕들이 그를 위해 사당과 조각상을 헌납했는데, 종교적 중심지일 뿐만 아니라 철학, 건축, 의학, 점성학, 예술, 기술이 함께하는 학문의 요지이기도 하다. 많은 축제들이 여기서 열렸고, 특히 오페트 축제는 신상들이 룩소에 있는 그들의 고신전을 향하여 카르나크 신전을 떠나는 때에 열린다. 이 축제는 매년 홍수 기간 2번째 달에 행해졌다. 신전은 햇볕에 말린

그림 4-18. 호루스 신전(Temple of Horus)의 탑문

벽돌을 쌓아서 만든 벽으로 둘러싸여 있으며, 남북으로 540미터, 동으로 500미터, 서로 600미터의 사다리꼴 형태로 이루어진 세계 최대 규모의 신전 건축물이다.

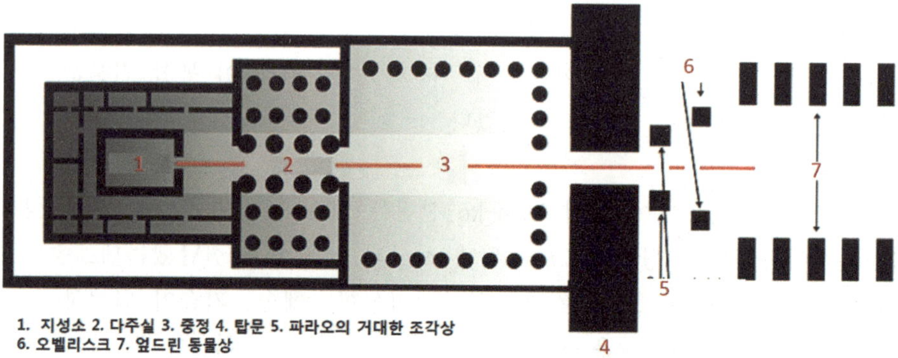

그림 4-19. 전형적인 탑문식 신전의 평면

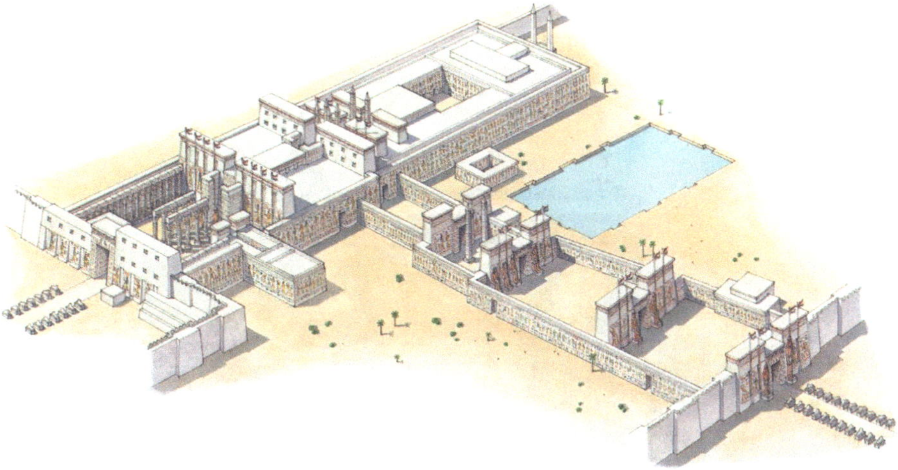

그림 4-20. 아몬 – 레(Amon-Re)신전 복원도

이 신전에서 가장 인상적인 부분은 BC 1530년경부터 짓기 시작한 신전 앞쪽으로 람세스 2세가 덧붙인 거대한 다주실이다. 다주실 입구의 탑문은 람세스 1세때 세웠다. 좁은 간격의 기둥들로 천장을 받치는 거대한 다주실의 크기는 53×102m에 달한다. 다주실은 성소로 가는 통로로서 상정된 것으로, 다시 한 번 이집트 문화의 기본 상징인 통로를 구체화한다. 다주실은 통로를 따라 둔 휴식용 공간이 아니다. 양쪽으로 낮은 부분은 122개의 기둥들로 가득 채워져 있는데 이 기둥의 직경은 2m가 넘으며 기둥 간격보다도 크다. 이처럼 공간을 가득 채우는 느낌은 낮은 기둥들을 중앙의 기둥들과 다른 간격으로 배치함으로써 강화된다. 낮고 짓눌린 공간과 높고 해방된 공간이 이루는 대조는 높은 중앙부의 '통로적인 성격'을 분명하게 부각하며, 의식행렬을 앞으로 인도한다. 낮고 어두침침한 부분은 신비한 종교의식이나 신탁을 위한 장소였던 것으로 보인다.

높은 중앙부에 있는 기둥의 주두는 종 모양이며, 낮은 부분에 있는 기둥 주두는 꽃봉오리 모양이다. 기둥 표면은 부조와 그림을 수평띠 모양으로 넣기 좋게 홈을 파지 않고 매끈하게 만들었다. 그에 따라 기둥의 구조적 성격은 훨씬 약화된다. 이러한 의도는 '홈파기(fluting)' 를 통해서 기둥의 구조적 성격을 강조하고 인간적으로 만들려 했던 그리스의 경우와 정반대이다.

그림 4-21. 아몬 – 레(Amon-Re)신전 다주실의 단면

연속성이라는 주된 의미는 여기에서 거대하고 초인간적인 표현으로 나타난다. 이 신전의 다주실은 과대망상증의 문턱에 도달한 람세스 2세의 자아도취를 반영한다.

후기왕국 시대 (B.C 1085 ~ B.C 332, 제21~제30왕조)

이집트의 후기 왕조시대는 제21¯제30왕조(BC 1085?~BC 332)시대를 말한다. 테베에서 헤리호르가 왕위를 찬탈할 무렵, 북부에서는 네지바다두트(스멘데스)가 타니스에 제21왕조를 열어 이집트는 양분되었다. 그후 리비아 출신의 일족이 중부 이집트의 헤라클레오폴리스를 중심으로 세력을 폈으며 곧이어 시샤크(셰숑크)는 삼각주지대의 부바스티스를 근거로 제22왕조를 일으켰다. 그

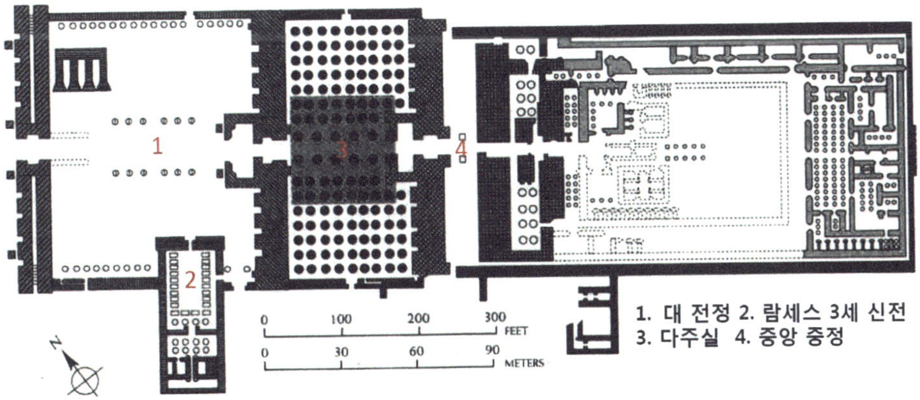

그림 4-22. 아몬 – 레(Amon-Re)신전 평면

후의 제23 ·24왕조는 리비아인이 지배하였는데 분립의 기운은 삼각주지대까지 미쳐, 제22 ·제23왕조는 병립하였다.

제25왕조는 나파타에서 일어난 에티오피아인의 왕조이다. BC 671~BC 664년 이집트는 세 번에 걸쳐 아시리아의 공격을 받아 테베는 두 번 점령되었다. BC 664년 프삼티크 1세가 삼각주지대의 사이스에 제26왕조를 열었다. 그는 그리스인의 힘을 빌려 아시리아인을 추방하고 삼각주지대를 통일, 곧 남부에까지 손을 뻗쳤다. 왕은 그리스인들의 삼각주지대에서의 식민(植民)을 허용하였으므로 곧 나우크라티스가 번영하였다. 왕은 또한 고왕국시대를 본보기로 하여 일종의 복고정책을 취하였기 때문에 사이스왕조는 한때 예술면에서도 우수한 복고적 작품이 나왔다.

그러나 네코 2세는 카르케미시에서 신바빌로니아에 대패하여 세력을 잃었다. BC 525년 페르시아의 캄비세스에 의하여 이집트는 페르시아의 한 속주가 되었다(제27왕조). 그 후 한때 이집트는 세력을 회복하였으나 모두 짧은 기간으로 재차 페르시아의 세력하에 놓여졌으며 결국 BC 332년 정복되어 이집트인에 의한 왕조시대는 끝났다.

제 5장 에게해 문명

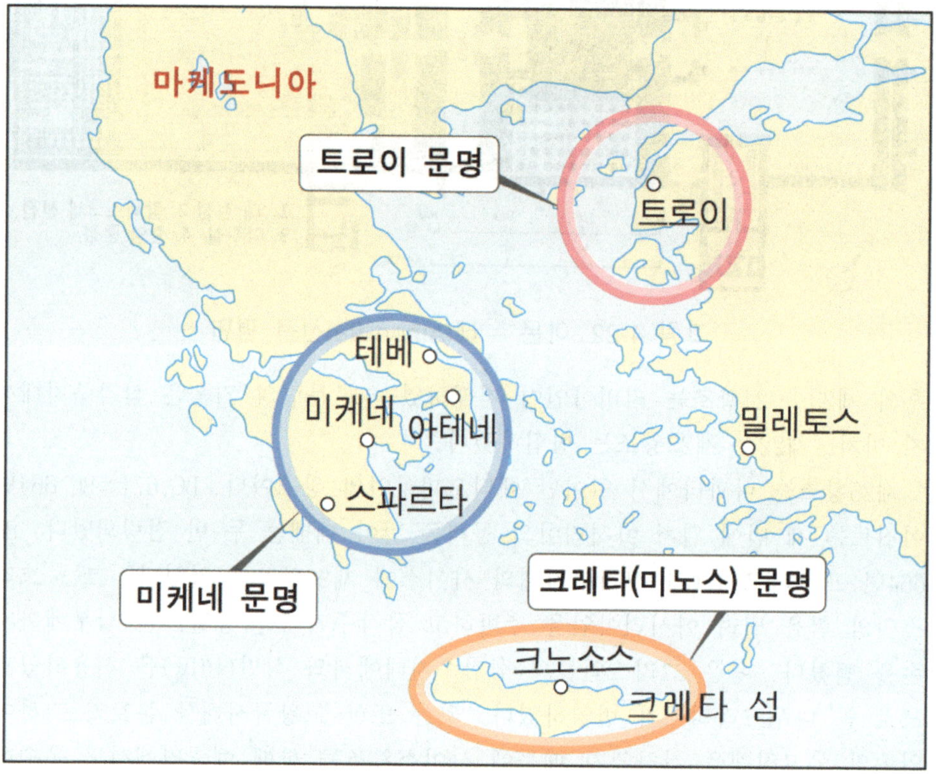

그림 5-1. 에게해(Aegean Sea) 문화권

에게해 문명은 크레타 섬, 키클라데스 제도, 그리스 본토의 남부, 소아시아 서해안의 트로이 등 광범위한 지역에 걸치는데, 크레타로 대표되는 남방계의 도서 문화와 미케네로 대표되는 북방계의 본토 문화로 나누어진다.

선진 사회인 오리엔트 문화권과 해상 교통을 통해 직접 연결되어 있었기 때문에 유럽의 다른 지역과 비교해서 일찍이 개화되어 고도의 문명이 성립되었다. 에게 문명의 세계는 과수재배와 해상 교역을 생활의 기반으로 한 독자적인 것이었으며, 지리적으로나 역사적으로도 오리엔트와 그리스, 즉 아시아와 유럽을 연결하는 중요한 의의를 갖고 있다. 그 존재는 19세기 중엽까지는 전혀 알려져 있지 않았으나, 독일의 고고학자 H.슐리만(Schliemann Heinrich, 1822 - 1890)에 의한 트로이, 미케네의 발굴과 영국의 고고학자 A.J.에번스(A.J Evans, 1851 - 1941)에 의한 크레타 섬의 크놋소스(Knossos)의 발굴 등에 의하여 차차 명확하게 되었다.

크레타 문명(미노아 문명, B.C. 2000 ~ B.C. 1400)

BC 2000년경에 아마도 중부 유럽에서 비롯되었다고 생각되는 민족이동의 여파를 받아 초기 청동기문명이 붕괴되고, 에게해 주변의 세계는 크레타섬을 중심으로 하는 중기 청동기시대로 들어간다. 크레타섬은 동 지중해의 중앙에 위치하여 일찍부터 오리엔트 세계, 특히 이집트와의 교류가 있었다. 또한 다른 섬들보다 훨씬 면적이 넓은 데다 평야가 많은 점 등으로 조직적인 문명 성립에 필요한 조건을 구비하였다.

주민은 지중해 인종에다 소아시아 인이 혼혈된 것으로 추정된다. 처음에는 동부와 중부에 각각 독립적인 세력이 분립되어 있었는데, BC 2000년경에 크놋소스를 중심으로 하여 중앙집권화가 이루어져, 미노스(Minos)라 불리는 왕이 섬 전체를 지배하게 되었다. 이때부터 정치·군사·예술 등이 급속도로 발전하게 되었으며, 또한 동부 지중해의 교역을 거의 독점하게 되었다. 크놋소스를 비롯하여 말리아·파이스토스·자크로스 등에 궁전이 건립되고, 도기·금속기의 제작이 성행하였으며, 작은 조각·그림도 발달하였다.

BC 1700년경에 필시 대지진이라 생각되는 재난을 당하여 각지의 궁전이 붕괴되었으나 곧 보다 큰 대규모의 새 궁전이 재건되어, 그 뒤 약 2세기 동안 크레타문화는 절정기를 이루었다. 특히 수도 크놋소스는 인구 8만을 헤아렸으며, 정치·경제·문화의 중심으로서 번영하였다.

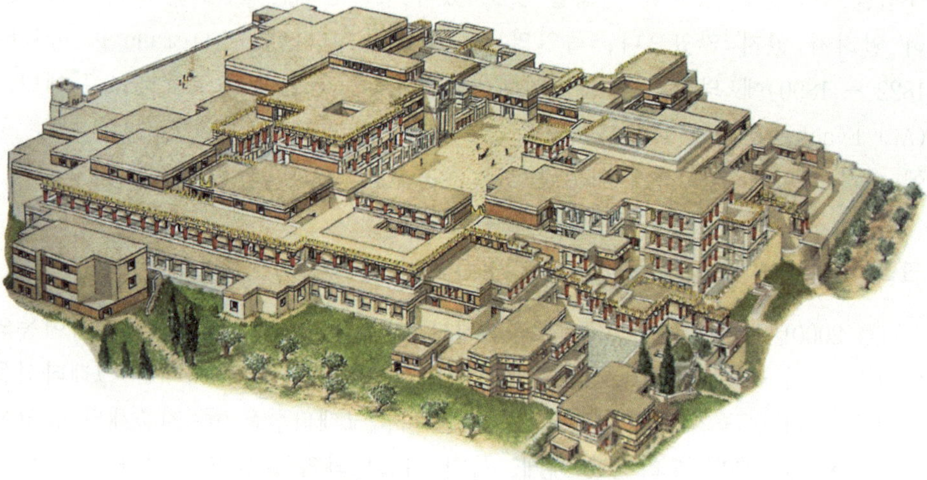

그림 5-2. 크놋소스(Knossos)궁전 복원도

BC 1600 - 1400년경 크레타에 세워진 산만한 구조물의 크놋소스 궁전은 비옥한 평원에서 솟아오르는 야트막한 구릉의 경사면 위쪽에 서 있으며 정상 부분을 타넘고 있다. 52×275m에 달하는 거대한 직사각형의 중앙중정은 '고궁전' 시대에 평탄하게 닦아놓은 터에 들어서 있으며 이 중정 주변으로 궁전의 여러 건물들이 군을 이루면서 자리한다.

크놋소스 궁전의 주 출입은 서쪽 현관에서 이루어진다. 의식용 통로를 따라가다 남쪽 기념탑문(propylon)쪽으로 직각으로 꺾으면 중정에 들어선다. 중정 서쪽의 건물군에는 집무실과 의전실이 있는데, 이 방들은 긴 남북방향 복도를 사이에 두고 서쪽의 즐비한 저장 창고들과 분리된다. 중정 동쪽의 건물군에서 동서방향의 복도를 사이로 남쪽에 있는 왕과 왕비의 거처와 북쪽에 있는 하인들의 거처가 분리된다. 북쪽으로 좀 떨어진 곳에 그리스 시대 반원형 극장의 전신이라 할 수 있는 직사각형의 극장이 있다.

이 궁전은 일부 3층으로 되어 있으며 빛이 잘드는 계단들이 곳곳에 있다. 이 계단들은 여러 개의 열주 현관과 환기공과 함께 실내를 쾌적하고 개방되고 경쾌한 분위기로 만들어냈을 것이다. 그러나 외부에서 기념적 효과를 만들어

내려 한 흔적은 보이지 않는다. 궁전 아래로는 테라코타 관으로 만든 매우 효율적인 배수로 망이 있었다. 가장 눈에 띄는 특색은 미노스식 기둥이다. 이 기둥은 원래 나무였던 것을 석재로 다시 만든 것으로서, 지금 보기에는 터무니없이 큰 비례를 사용한 실수를 범한 것 같다. 주두는 둥근 뿌리 모양이어서 방석처럼 보이며, 주신은 아래로 가면서 가늘어진다. 전체 배치는 사치스러운 취향과 편의성에 대한 애호를 보여준다. 이 궁전은 그리스 신화에 나오는 미노타우루스의 미로를 통해 기억되고 있다.

그림 5-3. 미노스(Minos)식 기둥

중정은 직사각형 모양이지만, 전체적으로 이 궁전은 중앙집중식 배치를 이룬다. 다시 말해서 바로 이 중정이 전체 디자인을 통합한다. 서쪽에서 '꺾은 축'을 따라 접근하는 방식에는 이와 같은 구심성의 개념이 깔려있다.

주된 구성요소인 거대한 중정 다음으로 이차적인 구성요소로서 앞서 말한 두 개의 복도를 들 수 있다.

세 번째 구성요소는 정해진 형식 없이 제멋대로 직각으로 교차하는 보조적인 선들이다. 이러한 비형식성은 수직 방향에서도 이어지는데, 계단의 경사진 선들이 그렇다. 공간을 연속시키는 방식은 잘 계획되어 있지만, 명확한 절정으로 이끌지는 않는다. 그나마 건축적 절정에 가장 가까운 것은 거대한 중정이라 하겠는데, 여기에서 모든 중요한 내부 공간으로 접근할 수 있기 때문이다.

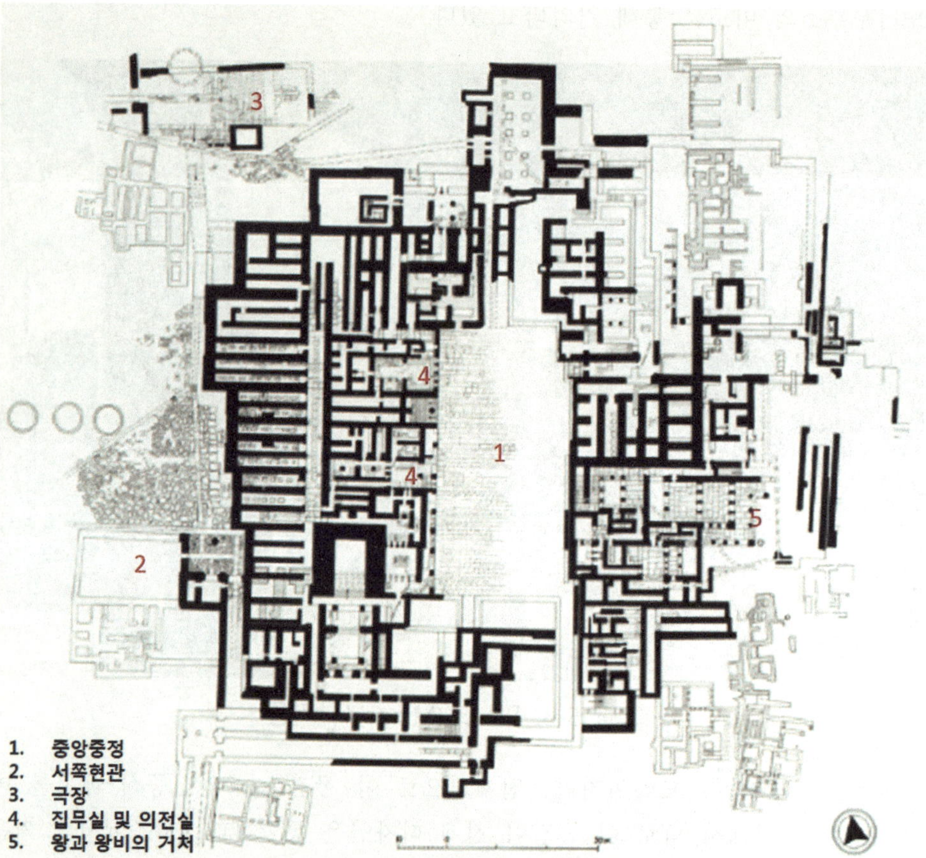

그림 5-4. 크놋소스 궁전 평면도

미케네(Mycenae) 문명 (B.C 2000 ~ B.C. 1100)

미케네 문명은 그리스 남부 펠로폰네소스 반도에 있는 북동부 아르골리스의 미케네의 유적지에서 이름을 따온 고대 그리스의 문화를 일컫는다. 아테나이, 필로스, 테바이, 티린스도 미케네 문명의 주요 영역이다. 고대 그리스의 청동기 시대 말기는 호메로스의 서사시 등 고대 그리스의 문학과 신화가 탄생한 시기이다.

그림 5-5. 미케네의 유적지 복원도

무역의 혜택을 입은 미노스 문명과 달리 미케네인들은 정복을 통해 발전했다. 미케네 문명은 헬라도스 문화(Helladic culture)가 미노스 문명의 영향으로 발달하던 기원전 1600년경에서 동부 지중해에서 청동기 문명이 쇠퇴하던 기원전 1100년경까지 번성했다. 미케네의 멸망은 흔히 도리아 인의 침략 때문이라고 보는데, 그 밖에 자연 재해나 기후 변화같은 가설도 제기되고 있다.

미케네에서 16km 밖에 떨어져 있지 않은 티린스(Tityns)성채의 육중한 성벽은 크레타 섬의 미노스 궁전이 보이는 개방성과 크게 대조되는 것으로써 방어적인 성격을 그대로 보여주고 있다. 6m 두께의 성벽 안에 있는 건물들은 직각으로 배치되어 있어서 미리 설정한 계획을 따른 것으로 보인다. 각 건물 단위들은 단순하고 명확하게 배열되어 있다.

전체 디자인의 핵심이자 성채 생활의 중심이 되는 것은 세 개의 방으로 이루어지는 주 '메가론(megaron)' 이다. 이 건물은 그리스 고전적 신전의 원형적 형태이다. 이러한 건물형태는 크레타 섬의 여러 궁전에서는 나타나지 않지만, 놀랍게도 BC 2000년경의 트로이에서 찾아볼 수 있다.

그림 5-6. 퀴플로프스(Cyclops)식 돌쌓기

BC 8000 - 7000년경의 예리코의 정주지에서도 비슷한 평면을 가진 신전이 발굴된 것으로 보아 이러한 건물 형식은 오래 전부터 있어 온 것으로 보인다. 이 직사각형의 메가론은 의전실로 사용되었는데, 중앙에 난로를 두었고 네 개의 기둥으로 지붕을 받친다. 요새의 성벽은 통 석재 내지는 거칠게 다음은 석재로 쌓았는데, 후대의 그리스인들은 이 성벽을 신화 속의 외눈박이 거인족 퀴클로프스(Cyclops)가 세웠다고 상상해서 '퀴클로프스식' 성벽이라 불렀다. 내쌓기로 만든 회랑들이 성벽 속을 일정한 간격으로 관통하는데, 방어 목적으로 사용된 것으로 보인다.

메소포타미아 건축에서 자주 출현하는 '꺽은 축' 진입 방식이 여기서도 나타나는데 어느 정도는 대지 조건에 기인하는 것 같다. 이 방식은 아크로폴리스에서 다시 볼 수 있다. 이 축을 따라가면 절정부인 메가론에 다다르는데, 그 주변으로 궁전의 나머지 부분들이 지어져 있다. 여기에서는 직사각형에 의한 구성이 원칙이었던 것으로 보인다. 왕의 거처와 하인 숙소 사이의 구분은 크놋소스 궁전보다 덜 명확하다.

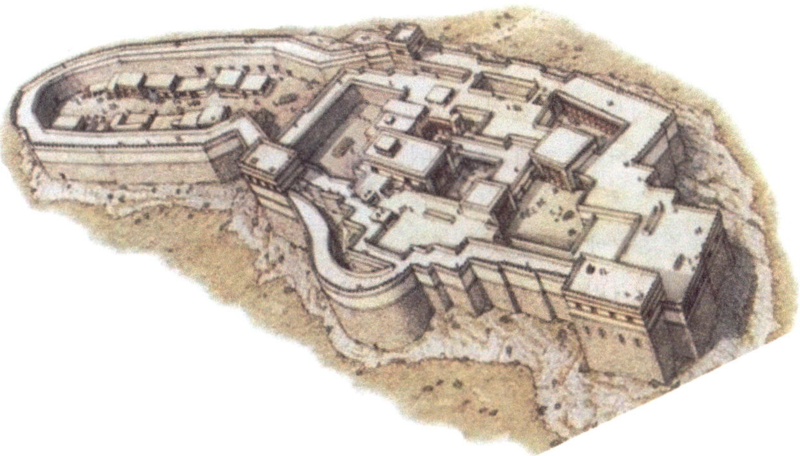

그림 5-7. 티린스(Tiryns)성채의 복원도

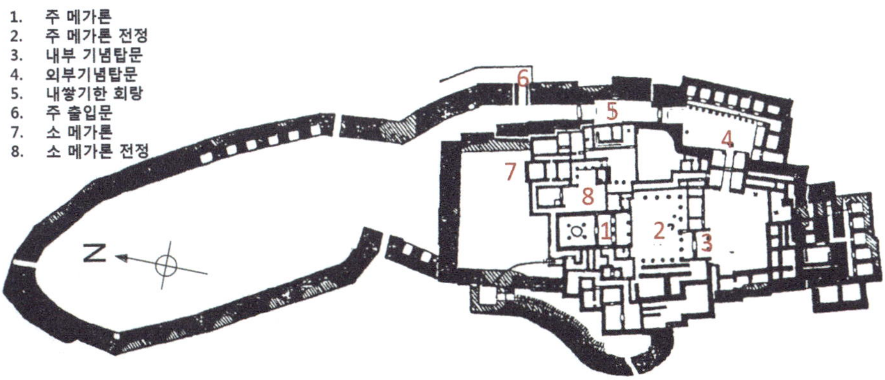

그림 5-8. 티린스(Tiryns)성채의 평면도

왼쪽은 성벽으로, 오른쪽은 돌출한 능보(bastion)로 보호되어 있는 미케네 성채의 외부 출입문은 3m 길이의 거대한 인방을 위에 얹은 두 개의 거석으로 이루어져 있다. 이 인방의 상부는 내쌓기 아치로 삼각형의 개구부를 만들었는데, 이는 인방에 걸리는 하중을 더는 역할을 한다.

삼각형 아치 내부는 두께가 5cm에 불과하고 높이는 2.8m에 이르는 석회석 부조 판으로 채워져 있는데, 여기에는 기둥을 사이에 두고 마주보는 사자 두 마리를 깊은 부조로 새겼다. 이 기둥은 이들이 신성하게 여겼던 미노스식 기둥으로서 그 주초위에 사자들이 발을 얹고 있다. 사자문(Lion Gate)에 조각된 이 기둥에서 사라져버린 미노스식 나무 기둥의 모습을 볼 수 있다.

사자들은 힘과 활기에 찬 모습으로 새겨져 있다. 전체적인 디자인은 삼각형 공간에 딱 들어맞으며, 구조적 요구사항을 형태상으로 잘 표현해내고 있다. 이 건축적 조각은 그 위엄과 힘과 스케일에 있어 벽과 문을 이루는 거대한 석재와 좋은 조화를 이룬다.

그림 5-9. 미케네의 사자문(Lion Gate)

미케네 문명의 주요 도시는 아르골리스의 미케네와 티린스, 메세니아의 필로스, 아티카의 아테네, 보이오티아의 테베와 오르코메노스, 테살리아의 이올코스이다. 크레타에서 미케네인들은 크놋소스를 정복했다. 또 전형적인 가내 성소의 형태인 레르나 신앙 같은 의식이 치러진 지역도 있는데, 미케네인들은 일반적인 형태의 신전 건물을 건설하지 않았다. 미케네의 취락은 에페이로스, 마케도니아, 에게 해의 섬들, 소아시아 해안, 키프로스에서도 찾아볼 수 있다. 선형 B 문자로 비문이 쓰인 미케네의 유물은 심지어 독일에서도 발견되며, 그루지아에서 미케네의 검이 발견되기도 했다.

미케네 문명은 귀족 전사 계급들이 통치했다. 기원전 1400년경 미케네인들은 미노스 문명의 크레타 섬까지 진출했으며, 미노스 문자(선형 A 문자)를 받아들여 선형 B 문자로 차용했다.

미케네인들은 미노스인들을 패배시켰을 뿐 아니라, 그리스 전설에 따르면 미케네의 강력한 적수였던 도시국가 트로이아를 두 번이나 패퇴시켰다고 한다. 이 멸망의 증거는 호메로스의 일리아스나 그 밖에 신화에 경도된 사료에서만 찾아 볼 수 있기 때문에, 트로이아와 트로이아 전쟁의 존재는 확실하지 않다. 1876년 독일 고고학자 하인리히 슐리만은 소아시아(터키) 서부 히사리크에서 유적을 발굴하고, 이 지역을 트로이아라고 주장했다.

미케네의 귀족들은 아치형으로 된 높은 천장에 크고 둥근 매장실이 있고, 돌로 만든 직선 통로가 있는 벌집 무덤(tholos)에 매장되었다. 미케네인들은 이런 무덤에 망자와 함께 검이나 다른 무구들을 함께 묻었다. 귀족들은 으레 황금 가면, 관, 갑주, 보석 박힌 무기 등도 부장품으로 묻었다. 망자는 앉은 자세로 묻혔으며, 호메로스의 기록에서 철기 시대식으로 아킬레우스나 파트로클로스처럼 화장(火葬)되어 황금 항아리에 담긴 것이 아니라 미라로 매장된 귀족 무덤도 있다.

한 켜의 돌 위에 다른 한 켜를 내밀면서 쌓아 원추형의 내부 공간을 형성하는 내쌓기 구조는 말타의 거석 건축이나 스코틀랜드 오크니 군도의 매쇼위 섬에 있는 무덤 등에서 볼 수 있듯이 오래전부터 사용되었다. 그러나 그곳의 묘실은 정사각형 평면이며, 각 모서리는 커다란 귓돌을 돌출시켜 보강했다.

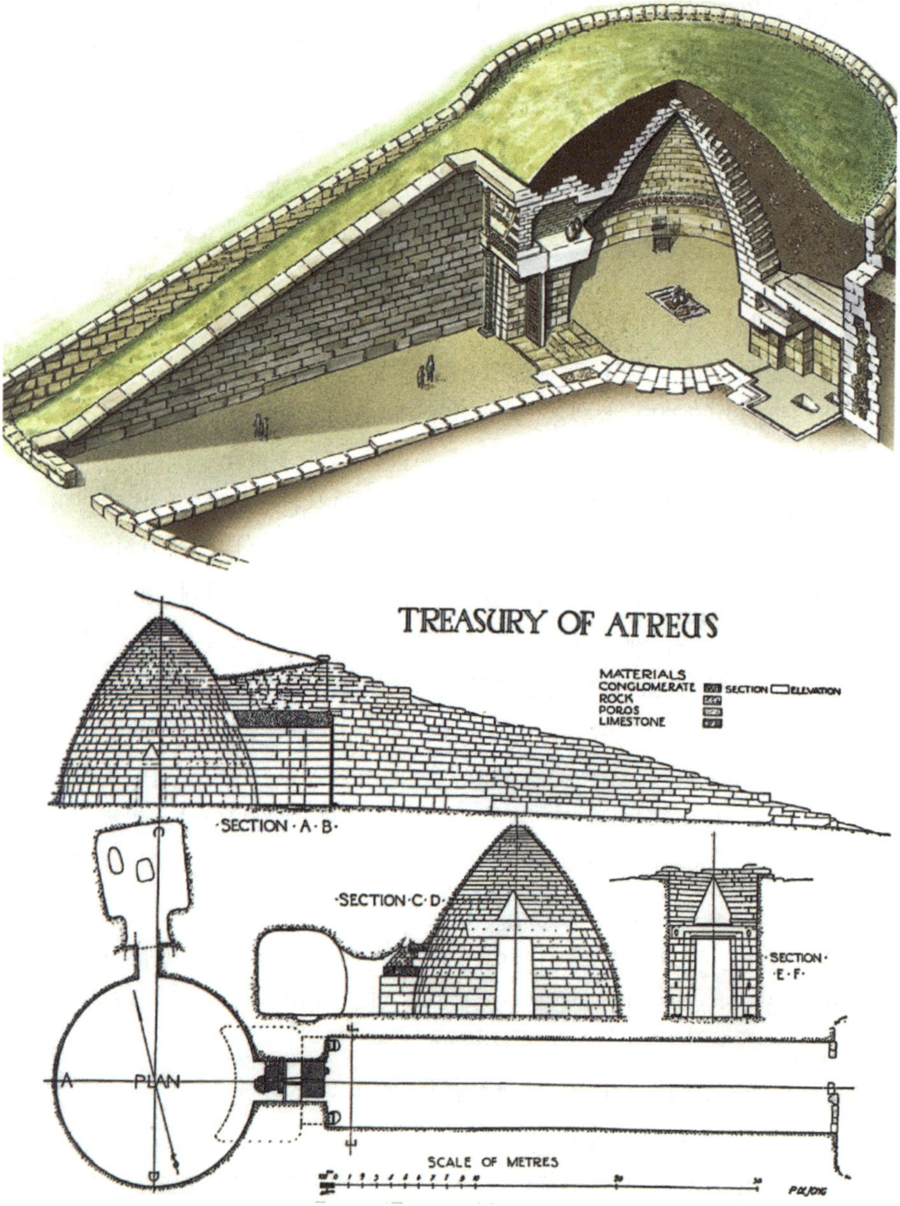

그림 5-10. 아트레우스의 보고(Treasury of Atreus) 톨로스(Tholos)

이 무덤의 형태는 평면상에서 직선과 점을 결합시키려는, 달리말해 직사각형의 장축형 배치와 중앙집중식 배치를 결합시키려는 최초의 시도를 보인다. 그러나 두 주된 공간 사이에 자리한 좁은 연결부는 이러한 결합을 크게 희석시킬 뿐 아니라 약화시키기까지 한다. 이 좁은 연결부는 주된 중심공간에 대한 두 번째 출입문 역할을 한 것으로 보인다.

서양의 그리스도교 건축이 많은 노력을 기울인 것은 이 장축 방향 배치와 중앙집중식 배치를 결합하고 통합하려는 시도였다. 매우 시험적이지만, 첫 번째 시도가 AD 345년경 콘스탄티누스 황제 때 예루살렘에 있는 성묘 성당에서 이루어졌다. 이러한 시도는 AD 532 - 537년 사이에 지어진 콘스탄티노플의 성 소피아 성당에서 처음으로 그 절정에 도달했다.

그림 5-11. 아트레우스의 보고(Treasury of Atreus) 톨로스(Tholos) 내부

사제 계급은 아직 나타나지 않았다. 도장, 반지, 이들의 몸짓을 묘사한 봉납한 조상(彫像)을 통해 신과 숭배자가 있었음을 알 수 있는데, 조상을 보면 숭배자들은 팔을 접거나 오른팔을 들거나 혹은 한 손은 이마에 얹는 자세를 취하고 있다. 신은 예수가 나타날 때 취하는 자세처럼 두 손을 들거나 팔을 뻗어 무언가를 주거나 받는 모양이다. 미케네의 범신전에는 필로스와 미케네 시대의 크놋소스에서 나온 선형 B 문자 비문이 모여있다. 몇몇 신의 이름은 신화 기록의 올림포스의 신에서도 찾아 볼 수 있는데, 알 수 없는 것도 있다. 가령 아레스(Ares) 신은 별명인 에니알리오스(Enyalios)로 나온다. 아폴론은 크놋소스에서 "PA-JA-WO"(Paian)이라고 나온다. 더 유명한 것으로는 "A-TA-NA PO-TI-NI-JA"(Athena Potnia, 여신 아테나), "E-RE-U-TI-JA"(Eileithyia, 나중에는 그저 출산 때 숭배되던 신이다), 디오뉘소스, 포세이돈도 있다. 포세이돈의 경우 이미 "지구를 뒤흔드는 신"으로 알려져 있었으며, 고전기 그리스에는 전해지지 않는 배우자 포세이다(Poseida)와 함께 등장하기도 한다. 또 필로스에서는 분명 데메테르와 페르세포네로 보이는 "두 신"이 함께 등장하기도 한다. 복수의 여신 에리니에스도 등장한다.

미케네의 궁정 프레스코화도 발견되었는데, 특히 필로스, 미케네, 오르코메노스, 테바이, 티린스가 유명하며, 궁정이 아닌 개인 소유의 것도 일부 있다. 초기 프레스코 장식은 LH IIA 시기(기원전 1,500년경)의 것이다. 이것들은 키클라데스의 영향을 받은 것과 미노스에서 직접 유래된 것 모두 미노스 전통을 고수하고 있으며, 경우에 따라 장식을 줄이고 자신들의 지역에 맞는 주제로 꾸민 것도 있다. 가령 알현실 안에 사자나 날개 없는 그리핀을 두거나, 복도에 조상을 줄 지어 놓거나 하는 식이다. 미노스식의 동물 장식과 달리, 미케네는 자연에 대해서도 동물을 묘사할때 오직 인간에 중점을 두거나, 사냥물로서만 나타내고 있다. 황소가 뛰는 프레스코판은 미케네와 티린스에서 발견된다.

기원전 1,100년경 미케네 문명은 멸망한다. 수많은 도시들이 약탈되었고, 이 지역은 역사가들이 그리스 암흑기로 부르는 시대로 넘어가며, 어떤 미케네인들은 아나톨리아나 다른 그리스 섬들 혹은 키프로스로 도주하기도 했다. 이 시기에 그리스는 인구 감소를 겪었으며, 궁정과 관련된 제한적인 문자도 사라지고 말았다. 역사가들은 전통적으로 이 쇠퇴의 원인을 외부나 다른 그리스인(이 지역 주민을 복속케 했다는 도리아인)의 침략 때문이라고 여겼다. 그러나 일련의 지진이나 대규모 가뭄과 같은 자연 재해나 기후 변화와 같은 가설도 제기되고 있다.

트로이(Troy)

본래 트로이인은 인도-유럽어족에 속한 민족이며 그리스 본토와 통상하여 매우 부유하였다. B.C. 13세기에 발생한 트로이전쟁은 전설적인 미케네 왕 아가멤논이 그리스 연합군을 지휘하여 소아시아 서북 연안의 트로이를 공략한 전쟁이었다.

그리스 신화에서 트로이 전쟁은 트로이의 왕자 패리스(Paris)가 스파르타의 왕 메넬라우스(Menelaus)의 아내인 헬렌(Helen)을 납치한 후 아카이아 사람들(= 그리스인들)이 트로이라는 도시를 상대로 벌인 전쟁이다. 그 전쟁은 그리스 신화에 나오는 가장 중요한 사건들 중 하나이며 호머(Homer)의 일리어드(Iliad) 및 오디세이(Odyssey)를 비롯하여 다수의 그리스 문학작품에서 다루어졌다. "일리어드"는 트로이 공성전의 마지막 해의 이야기를 다루고 있고 "오디세이"는 그리스군의 지도자들 중 한명인 오디세우스(Odysseus)의 귀향길을 묘사한 작품이다. 전쟁의 다른 부분은 '서사시 모음집(Cycle of epic poems)'에 서술되어 있는데, 그것은 오늘날 단편적으로만 남아있고 유실된 부분이 많다. 그 전쟁에 관한 일화들은 그리스 비극 및 여타의 그리스 문학에 소재를 제공하고 있으며 버질(Virgil)과 오비드(Ovid) 같은 로마의 시인들도 트로이 전쟁에서 소재를 얻었다.

고대 그리스인들은 트로이 전쟁이 기원전 13세기 혹은 12세기에 일어났던 역사적 사실이며 트로이는 다다넬스 해협 근처의 오늘날의 터키지역에 존재했다고 믿었다. 근대에 들어서는 많은 사람들이 그 전쟁과 도시가 역사적 사실이 아니라고 믿었다. 하지만 1870년에 독일의 고고학자 하인리히 슐리만(Heinrich Schliemann)은 그가 트로이라고 믿었던 곳에서 유적지를 발굴해냈다. 이 주장은 오늘날 대부분의 학자들이 사실로 인정하고 있다. 트로이 전쟁에 관한 이야기가 얼마나 역사적 사실을 반영하고 있는지는 아직 결론이 나있지 않다. 많은 학자들이 그 이야기에는 역사의 정수가 담겨져 있다고 믿지만 이는 단지 호머의 이야기들이 청동기 시대 그리스 미케네인들의 군사원정과 포위공격에 관한 다양한 이야기들의 융합일 뿐임을 의미할지도 모른다. 트로이 전쟁에 관한 이야기들이 특정한 역사적 사실로 부터 유래했다고 믿는 사람들은 흔히 그 일들이 기원전 11세기 또는 12세기에 일어났다고 생각하며 기원전 1194-1184년간에 일어났다는 에라토스테네스(Eratosthenes)의 설을 지지하기도 하는데, 이 연도는 불에 탄 프로이 유적지의 고고학적 증거와 대충 들어맞는다.

그림 5-12. 영화에 등장한 트로이 목마

제 6장 그리스 문명

그리스의 자연환경은 고대 그리스 역사의 중요한 배경으로, 당시 그리스 인의 생활에 결정적인 영향을 미쳤다. 고대 그리스 인의 본거지는 바다 주변과 바다 주변의 섬들로 구성되어 있었다. 또 험준한 지형이 많았기에 대규모 목축이 힘든 상황이었다. 척박한 땅을 가지고 있어서 영농을 시작하고 나서 보리를 키웠다. 보리가 척박한 땅에 가장 잘 맞는 곡물이기 때문이다. 오로지 일부 지역만이 넓은 평야와 경작이 가능한 땅을 가지고 있었다.

해안은 큰 굴곡을 가지고 있어서 정착촌들은 해안과 멀리 떨어진 곳에 위치해 있었다. 당시에는 해양기술이 빈약했기에 기상조건에 따라 항해 여부가 결정되었다. 험한 바다이기는 했으나, 그리스 발전에 큰 영향을 미쳤다. 바다를 통해 근동 기업가들과 접촉하여 기타 기술, 사상, 문물 등을 받아들일 수가 있었다. 또 겨울에는 큰비가 내리고 여름에는 아주 덥고 건조한 지중해성 기후를 가지고 있었다. 아리스토텔레스는 날씨가 정치적인 것 등의 배경이 된다고 말했다. 그리스의 기후는 덥고 추운 기후의 중간이기에, 에너지와 지성을 가지고, 훌륭한 정치제도를 가졌다고 했다. 하지만 정치적 단결을 이루지는 못했다고 주장했다.

그리스의 선사시대

그리스의 선사시대는 석기 후반에 시작되었다. 석기 시대에는 도구를 돌 이외의 도구로 만드는 법과 경작을 모르고 있었다. 나중에 변화를 통해서 영농을 시작하게 되었다. 영농이 시작 되고 유럽 등의 여러 가지 도시들이 성장하게 되었다. 농업이 발명되고 나서 많이 파생이 되었다. 아프리카에서 그리스로 온 네안데르탈인이 그리스의 초기 인류였다. 그리스에 처음으로 온 사람이기는 하지만 그리스 인이라고 확신을 할 수 없다. 아직까지는 유럽인과 그리스인을 나눌 확실한 증거를 가지고 있지 않기 때문이다. 구어를 사용하고 호모 사피엔스 사피엔스가 등장했다. 이들은 네안데르탈인을 완벽하게 대체했다.

선사시대에는 인구집단으로 생활을 했다. 그리고 성별과 연령에 따라 일을 구분시켰다. 하지만 성별과 연령에 따라서 지위를 부여시켰던 것은 아니었다. 대부분 평등한 지위를 가지고 있었다. 이 사냥-채취집단에서는 지식이 많고 죽지 않은 나이 많은 사람이 우상시 되어 사회적으로 높은 신분을 가지게 되었다. 사냥-채취꾼은 현대적인 사회적 조직을 가지고 있지는 않았으나, 사회적 조직을 가지고 있기는 했었다. 그러니 그들은 사회적인 차이를 인식하고 있었고, 일부 집단은 평등하지 않고 위계질서를 생각했다고 추정된다. 그들은 특정한 사람이 뛰어나다고 인정을 한 사회체제를 운영했었을 것이다.

지금 발견된 고대 그리스 선사시대 유물을 통해 당시 사람들의 사상을 생각할 수가 있다. 비너스 상은 번식과 관련된 믿음을 표출한 것이다. 또 큰 동물이 그려져 있는 벽화는 사냥 후의 경외감을 표현한 것으로 추측된다. 그리고 그 순간이 재현되기를 바랐다. 사냥-채취꾼들은 음식과 거주지에 관한 절박감을 가지고 있었다. 식량을 확보한 집단만이 생존할 수 있었기 때문이었다.

기술혁신이 일어나고 고대 그리스인들은 영농을 하면서 변화에 적응해갔다. 사냥-채취꾼들은 점차 식물이 주식이 되어갔다. 그 식물을 안정적으로 공급받기 위해서 일부 씨앗을 남겨서 농사를 짓기 시작했다. 영농기술은 무역업자의 여행 도중에 고대 그리스에 전파되었을 것이라고 추측되고 있다. 아무튼 영농기술이 퍼지고 남자는 그대로 사냥을 하고 여자가 농사를 지으며 영농을 주도했다. 동물 역시 사냥만 하지 않고 식용동물을 직접 키우기 시작했다. 처음으로 시도된 것은 양이었다. 식물과 고기를 생산할 수 있게 되자, 사람들은 정착생활을 시작했다. 이렇게 농업이 발달되면서 식량이 증가하게 되고, 인구 역시 증가하는 효과를 부르게 되었다.

정착촌 구성원이 모두 있지 않더라도 충분한 식량을 생산할 수 있는 상황이 되었다. 그래서 노동자들 중 일부는 전문직에 종사하기 시작하면서 노동의 분화는 점차 심해지게 되었다. 점차 위계질서 역시 자리가 잡히고, 지도자가 필요한 상황이 생겼다. 그 때부터 공평한 공동체는 사라지게 되었다. 남자와 여자 역시 동등한 대우를 받지 않기 시작했다. 남자는 영동을 주도하게 되면서 집에서 떨어져 살게 된다. 반대로 여자는 정착촌에 얽매인 삶을 살게 된다. 남자가 영농을 주도한다는 것 때문에 불평등은 더 심해지게 되었다.

유럽의 선사 주민이 후기 신석기의 획기적 기술을 어떻게 사용했는지에 대해서 학자들은 오랜 시간동안 같은 주장을 해 왔었다. 기술적인 지식이 평화적이나 공격적인 방법으로 근동에서 파생된 것이라고 주장했다. 이 주장은 훗날 다듬어진 과학적 기술에서 다듬어진 관점에서 수정되어야 하는 것이다. 방사성 탄소 연대측정으로 다시 설명이 되어야 한다. 방사성 탄소 연대측정으로 유물의 연대를 더 자세히 측정할 수 있게 되었다. 근동의 피라미드가 가장 빨리 지어진 건축물로 알고 있었다. 하지만 방사성 탄소 연대측정을 통해서 그리스의 석조건축물이 근동의 피라미드가 지어지기 이전에 존재하고 있었다는 것이 증명되었다. 영국에 있는 스톤헨지도 외부인이 아닌 현지 주민에 의해서 건축되었다는 것이 입증되었다. 금속기술도 근동이 유럽보다 훨씬 앞서 발전되었다고 알려져 있었다. 하지만 사실 유럽과 근동의 금속기술은 거의 동시에 기술혁신을 맞이했던 것으로 밝혀졌다. 그래서 두 나라가 비슷한 시대에 청동기를 사용했다. 이로써 농업 이외의 다른 혁신적인 유럽의 기술들은 근동의 영향을 받지 않았다는 이론이 확실해졌다. 유럽과 그리스의 주민들은 상호작용으로 기술적·사회적 변화를 이룬 것이다.

그리스의 시대배경

그리스 인들에게 정체성이라는 개념은 인종적·문화적·언어적 전통을 의미한다. 기원전 2천 년 대 후반에 미케네 인들이 그리스 어를 사용하기 시작했고 이전에는 미노아 문명이 일어나 대규모 농사를 짓고 해상 교역을 했으나 사회적 혼란으로 멸망하게 되었다.

최초의 그리스 인의 뿌리를 찾아보려면 일단 초창기 인도-유럽인들의 본거지를 알아야 한다. 이는 바로 중앙아시아와 아나톨리아였다. 인도-유럽인들에게 정체성이라는 개념은 언어적 역사를 재구성하는 것을 의미한다. 이 언어들의 뿌리는 고대어라는 하나의 통일언어였다. 그 당시 사회의 특징은 부계제 사회로 아버지가 가정의 권위적 인물이었다. 이들은 유럽을 침공하면서 남성

신을 믿는 부계적·위계적·상무적 가치를 강요했다. 유럽인들은 본래 여성신을 숭배하던 사람들이었다. 그래서 사회도 모계적이고 평화적이었다. 하지만 인도-유럽인들이 침공해서 부계제 사회가 되었다는 것에 대해 정확한 근거는 없다. 그래서 몇 사람들은 독자적 과정을 통해 부계적 사회로 변화했다고 주장하기도 한다. 왜냐하면 사회가 달랐기 때문이다.

그리스어는 그리스 인들이 근동에서 많이 배웠지만 그대로 따라하지 않았고 재해석하여 나름대로 새로 창조해내었다.

유럽의 청동기문명을 보면 기원전 3000년대에 시작한다고 보고 있다. 유럽의 여러 반도와 섬에서는 야금술이 발달했다. 아마 독립적으로 생긴 것이라고 보고 있는 견해가 많다. 야금술이 발달하면서 무기 생산의 목적이 전시하는 것과 싸우는 것으로 바뀌었고 그러면서 남녀구분이 뚜렷해졌다. 이와 동시에 정착촌 주민의 수도 증가하였고 문화가 변화하였다. 예를 들면 새로운 식물을 개발했다. 이는 지중해성 다문화를 만개했다. 그 결과 식량이 증가했고 상호의존적 사회구조가 생겼다.

미노아 크레타의 왕궁사회는 기원전 3000년대에 새로운 기술이 발달하면서 크레타 사회가 변화하기 시작하며 모습을 갖추었다. 기원전 2200년경에 해안 근처에 건물들이 생기면서 미노아 왕궁에 통치자들과 시종들이 생겼고 중앙 저장시설을 이용했다. 하지만 미노아 문명은 기원전 1700년 즈음에 지진으로 파괴되었다. 하지만 미노아 인들은 희망을 가지고 그 전보다 더 큰 왕궁을 건설했다. 미노아 인들은 표의문자를 개발했는데 이는 이집트 문자로부터 영향을 받은 것이었다. 그들이 문자를 개발한 목적은 회계기록을 유지하기 위해서였다. 이는 직선적 형태의 문자로 발달했고 현대에 이르러 이를 발견했을 때에 사람들은 이 문자를 선형문자 A라고 불렀는데 대부분 해독이 되지 않았지만 인도-유럽 어라고 추측하고 있다. 미노아 크레타의 사회는 재분배적 경제체제를 바탕으로 운영되었다. 이는 왕궁에서 사람들에게 내야 할 물건의 양과 작업량을 지시하고 이를 명령받은 각 구성원이 가져갈 물건의 양을 결정했다. 왕궁에서는 이집트와 해상무역을 했는데 시장경제를 제시하지는 않았다. 이 사회는 여러 세기동안 원만하고 평화를 유지해왔다. 추측컨대 일반인들은 여성이 주도했던 사회였을 것이다. 그 당시 발달했던 야금술로 만든 무기들은 특별한 신분, 즉 왕궁사회는 남성이 장악했다는 것을 나타낸다.

미노아 크레타도 있었지만 당시에는 미케네 그리스도 있었다. 이 둘은 접촉하게 되었다. 이것의 배경은 미노아 크레타가 해외 무역망을 확대하면서 왕궁 주인들이 해외 접촉을 경험하면서부터였다. 이는 롱 십으로 촉진되었고 그리스 본토로 미케네 문명이 진출했다. 이것이 미케네 문명이 영향을 준 것은 미노아에 미케네의 예술품과 예술적 모티브들이 남아 있었고 미케네 인들이 크레타 왕국을 지배했다는 것이다.

미노아 크레타 문명과 미케네 그리스 문명은 서로 다르다. 왕궁을 짓는 장소나 종교 의식이나 언어 모두 달랐다. 하지만 이 관계에 대해서는 아직도 문제가 제기되고 있다. 아직까지 이를 아는 사람은 없기 때문이다. 미케네 사회는 절정을 맞게 된다. 그 당시의 무덤이 발견되었는데 그걸 보면 부유한 미케네 남자의 시신은 자기의 전투장비와 함께 무덤에 묻혔고 그들은 이런 값비싼 물건을 사는 데 돈을 아끼지 않았다는 것을 보아 미케네 사람들의 주된 관심사는 종교가 아니라 전생이있다는 것을 일 수 있다. 그들은 장거리 바다 여행이 가능해지면서 먼 지역까지도 항해가 가능해졌다. 그래서 지중해 연안에 식민지를 건설하려 다녔다. 기원전 15세기 미노아 사회를 제압했다. 이의 주된 목적은 지중해의 해상권을 장악하는 것이었다. 그 결과 기원전 14세기 에게해에서 가장 강력한 문명이 되었다.

하지만 아무리 강력한 문명이라 하더라도 영원히 지속되지는 않는 법이다. 곧 미케네 문명은 종말을 맞게 된다. 청동기 시대에 근동 문명과 에게 해 근처의 여러 나라들과 접촉하면서 해상 여행을 했고, 이를 무역과 침략을 위해 퍼트렸다. 그들은 주로 이집트와 해상무역을 했고 그러면서 이집트의 선진문명을 받아들이고 물자를 교환하고 그들의 사상과 문명을 받아들였다. 곧 파괴가 된다. 그들은 대재앙을 맞게 된다. 미케네뿐만 아니라 다른 여러 나라들이 멸망하게 되는데 이유로 군사전략이 갑자기 바뀐 것으로 보고 있다. 이 대재앙을 맞지 않은 나라는 우가리트가 있다. 이들은 다언어 문화를 가지고 있었는데, 페니키아 인들이 세운 나라였다. 이들은 세계 최초로 알파벳을 발명했다. 이것이 나중에 고대 그리스와 로마의 알파벳이 되었고 이것이 현대 영어의 모태가 되었다. 파괴의 원인으로 뽑고 있는 것이 미케네 그리스 통치자들의 내부갈등과 대규모 지진 혹은 도리아 인들의 침략으로 인한 전쟁이다. 미케네 사회 말기 그리스 사회가 후퇴하면서 새로운 문화를 생성하고 있었는데 이것이 우리가 고전 그리스 문명이라고 부르는 것이다.

그리스 역사의 암흑시대 (B.C 1100 ~ B.C. 800)

그리스 역사에서 가장 피폐하고 암담했던 시기가 있었다. 이 시기에는 그리스 사람들의 생활이 척박했으며 문자로 기록된 문서가 없어서 그 당시의 사건에 대해서 잘 알지 못한다. 그래서 우리는 이 시기를 그리스의 암흑시대라고 부른다. 말 그대로 암흑이기는 하지만 그리스는 근동과의 접촉을 계속했으며 그들로부터 기술과 사상을 받았다.

미케네 문명이 파괴된 후 그리스의 경제조건이 악화되었다. 초기 암흑시대 사람들의 삶은 아주 척박해졌다. 그리스인들은 미케네 문명의 문자였던 선형 B문자를 잃어버렸다. 이 문자는 지위가 높은 왕궁 서기관만이 알고 있었으며 중앙 집중 경제에 필요한 문자기록을 그들이 담당했었다. 그러나 미케네의 왕궁사회가 붕괴되어 경제체제도 바뀌었으며 이는 더 이상 물자를 기록할 필요가 없었다. 게다가 그런 기록을 담당하는 높은 지위를 가진 사람도 필요하지 않았다. 이 때문에 문자와 이를 기록하던 서기관이 사라지게 되었다. 그러나 당시 과거의 구전은 살아남았다. 그리하여 사람들은 구전으로 후손들에게 귀중하게 여기는 이야기를 물려주었고, 이런 이야기, 음악, 노래, 시 암송 등 그리스의 기본적인 문화를 몇 세기동안 대대손손 물려주었다고 한다. 그러나 당시 사람들이 알고 있던 사실들은 대부분 진실이 아니었고, 아는 것도 많지 않았다.

그리스 암흑시대 초기에는 발전된 정치체제가 존재하지 않았다. 초기 그리스 인구는 그 전에 번영했던 시절에 비해 많이 줄어들어 있었는데, 인구가 줄어들면서 경작지도 따라서 감소되었고, 그러자 식량생산도 감소되었다. 이러한 사이클이 계속되었다. 그리하여 사람들은 대부분 스무 명 정도로 구성된 소규모 집단에서 목축을 하거나 농사를 지었다. 대부분 목축으로 생계를 이어갔는데, 농업이 시들해졌기 때문이다. 목축을 하다 보니 사람들은 반정착민 생활을 하게 되었다. 그들은 이동할 때를 대비하여 짐을 최소한으로 줄이고 간단한 오두막에서 살았다고 한다.

사실 그리스의 암흑시대 초기 사람들의 삶은 열악했지만 점차 시간이 지날수록 그들은 그런 암흑에서 벗어나기 시작했다. 1세기가 지난 후 사회적 위계질서가 있었으며 쇠를 사용하기 시작했다. 쇠는 청동보다 발굴하기도 쉬웠으며 실용적인 이점이 있었기 때문에 널리 보급되었다. 이러한 야금술은 근동에서 들여왔을 것이라고 추측하고 있다. 쇠로 농기구를 만들면서 더 우수한 농기구를 개발하기 시작했고, 이것은 식량생산의 증대라는 결과를 가져왔다. 암흑시대 초기에는 농업이 너무 황폐하여 목축으로 생계를 이어 나갔지만 점차 시간이 지나면서 농업이 중요하게 되었고, 식량도 증가했으며 이에 따라 인구도 늘어났다. 그리고 이는 그리스의 새로운 정치형태를 초래하는 조건이 되었다.

그리스에도 귀족제가 존재했지만 우리가 흔히 말하는 귀족의 의미와는 다르기 때문에 그리스의 귀족을 엘리트 집단이라고 부른다. 우리가 생각하는 귀족은 법적으로 구성되고 공식적으로 인정되는 높은 사회적 지위의 사람들을 말하지만 그리스의 엘리트는 귀족가문이라고 공식적으로 인정된 가문에서 태어나 그런 사회적인 신분을 받는 사람들이다. 엘리트가 되기 위해 가장 기본적인 기준은 부와 지위를 갖춘 엘리트 집안에 태어나는 것이지만 그들은 행동규범을 지켜야 훌륭한 사람으로 인정받을 수 있었다. 이러한 엘리트들의 사회적 가치는 일리아스와 오디세이에 바탕을 둔다. 암흑시대 말기 호메로스는 구전으로 전해져 내려온 이야기를 문자로 기록했는데, 그것이 일리아스와 오디세이이다. 당시 문자는 자음만 있었던 페니키아 알파벳에 모입을 추가한 문자로 오늘날 영어의 알파벳의 모태가 되었다. 호메로스 서사시의 주인공들은 모두 행동규범을 준수했던 엘리트들이다. 그들이 가장 신경 쓰는 문제는 영광스러운 명예를 얻는 것이다.

올림피아 제전은 그리스 남자들에게 신체적 강인함과 용기와 우승자라는 명예를 얻고 뽐낼 수 있는 좋은 기회였다. 올림피아 제전의 참가는 남자의 자유였고 그들은 옷을 벗은 채로 경기를 했다. 우승자는 아무런 상금이 없었고 단지 올리브 잎으로 만든 화관만 받았지만 승리의 영광과 명예라는 인정을 받았다. 올림피아 제전은 자신의 능력을 과시하고 인정받고 싶어 하는 사람들의 경쟁에 집중되어 있었다. 올림피아 제전 내에서 그리스의 신인 제우스와 헤라를 기념하는 행사를 열었다. 당시 종교는 고대 그리스 역사 내내 거의 모든 공동체 활동의 배경이 되었다. 전쟁도 신탁에 따라 수행되었고, 신화 역시 그러하였으며 생활물품에 새겨진 그림도 관련이 깊었다.

폴리스의 성립과 발전 (B.C 800년 경)

고대 그리스의 진정한 역사는 폴리스의 성립과 더불어 시작된다. 폴리스는 그들에게 생활의 중요한 터전이었다. 폴리스 성립의 보다 큰 역사적인 의의는 서양 역사와 문화 전체의 참다운 시작을 의미한다는 데 있다. 이러한 인식은 전제군주 체제 하의 오리엔트 세계와 달리 그리스인이 자유로운 시민공동체인 폴리스를 성립하여 유지했다는 점에 근거하고 있다. 따라서 폴리스의 등장은 서양 역사와 오리엔트 역사, 더 나아가 동양 역사를 나누는 분기점이다.

그리스 반도는 지중해성 기후로 여름에 건조하고 연간 강수량도 부족하였다. 또한, 국토의 대부분이 산악지대였으므로 여러 개의 고립적인 주거지들이 생기게 되었다. 그러나 길고 변화가 많은 해안선이 있어 천연적으로 좋은(조건을 갖추고 있는)항구들이 많았다. 이 때문에 여름에는 바닷바람을 이용하여 비교적 안전한 지중해 항해를 할 수 있었다. 자연히 그리스인은 바다를 통해 소아시아와 이집트의 고대 문명으로 눈을 돌릴 수 있었다.

그리스인은 대체로 B.C. 11-10세기경까지 씨족 공동체와 같은 혈연사회를 형성하고 있었다. 시민은 군사적, 정치적 목적에 따라 4부족으로 구분되었다. 이러한 집단을 통해 공동으로 토지를 경작하고 생산물을 균등분배하였다. 그러나 시간이 경과함에 따라 토지의 사유화가 시작되면서 종래의 혈연사회가 자연사회로 바뀌었고, 마침내 B.C. 9-8세기에 폴리스가 성립되었다.

폴리스는 하나의 도시와 그 주변 지역을 가리키는 말이었다. 전형적인 폴리스는 그 크기가 대체로 작은편이었다. 폴리스는 적게는 백 명에서 많게는 20여만 인구를 가진 매우 다양한 규모였으나 평균적으로 약 5천명 정도였다. 거의 모든 폴리스는 2만이 넘지 않은 소규모 공동체였다.

폴리스는 그리스 본토에 700개 이상이나 있었고, 지중해 및 에게해 일대를 감안하면 모두 1천개를 넘었을 것으로 추정된다. 각 폴리스들은 독자적인 체제를 유지하면서 정치·경제적으로, 문화적으로 교류하였다.

그리스인은 언어·종교·습속이 다른 이민족을 바르바로이(Barbaroi)라 불러 차별화하였다. 자신들이 사는 곳을 헬라스(Hellas)라 부르고 스스로 헬렌(Hellen)신의 후예 헬레네인이라 칭함으로써 문화적 공동 유대와 동족의식을 굳게 다졌다.

그림 6-1. 아테네의 아크로폴리스 유적

B.C. 5세기경 폴리스는 성벽을 쌓았으며, 성벽안에는 시민이 살고 외국인은 성벽밖에 거주하였다. 보통 한복판에 있는 언덕 위에, 긴급 비상시 시민이 대피할 수 있는 방어기지로 아크로폴리스가 있었고 거기에는 수호신을 모시는 신전 · 제단 · 공공기념물 등이 있었다.

아크로폴리스(Acropolis)란 도시 국가 폴리스에 있는 높은 언덕을 가리키는 것으로, '높다'라는 뜻의 그리스어 '아크로(akros)'에서 유래되었다. 대부분 폴리스 중심에 있던 아크로폴리스에는 수호신을 모시는 신전을 세웠고, 신앙의 중심지는 물론 전쟁 때에는 군사적 요충지로도 사용했다. 흔히 아크로폴리스라고 하면 이 중에서도 가장 잘 알려진 아테네의 것을 말한다.

아테네의 아크로폴리스는 세 개의 신전과 두 개의 현문을 가지고 있으며, 그 외에도 디오니소스 극장, 헤로데스 아티쿠스 음악당 등이 있다. 유네스코의 공식 마크는 이 아테네 아크로폴리스의 파르테논 신전에서 모양을 따온 것으로, 세계 문화유산의 이상을 상징하는 곳이기도 하다.

그림 6-2. 아테네의 아고라 유적

광장이나 시장 역할을 하는 아고라는 고대 그리스의 도시국가인 폴리스(polis)에 형성된 광장으로, 그리스인들은 이 곳에서 민회(民會)와 재판, 상업, 사교 등의 다양한 활동을 하였다. '아고라(Agora)' 라는 말은 '시장에 나오다', '사다' 등의 의미를 지니는 '아고라조(Agorazo)' 에서 비롯된 것으로 '시장' 의 의미로 쓰였다. 하지만 아고라가 시장의 기능뿐 아니라 정치, 경제, 사회, 문화 등 시민들의 일상 생활의 중심이 되면서 '사람이 모이는 곳' 이나 '사람들의 모임' 자체를 뜻하게 되었다.

그리스의 도시국가에서 신전(神殿)과 주요 관공서가 있는 아크로폴리스(acropolis)가 정치와 종교의 중심지였다면, 아고라는 일상적인 활동이 활발히 이루어지는 시민 생활의 중심지였다. 아고라는 시장으로 경제 활동의 중심지였으며, 시민들이 사교 활동을 하면서 여론을 형성하던 의사소통의 중심지였다. 학문과 사상 등에 대한 토론이 이루어지던 문화와 예술의 중심지였으며, 시민들이 민회(民會)를 열어 국방이나 정치 문제를 토론하던 정치의 중심지이기도 했다. 도편추방(陶片追放, ostrakismos)을 위한 집회나 재판도 아고라에서 열렸으며, 연극 무대와 운동장으로도 쓰였다. 아고라는 그리스와 헬레니즘 시대의 도시국가에서 특징적으로 나타나며, 로마에서는 포룸(forum)이라는 명칭으로 계승되었다.

아고라는 미케네(Mycenae) 문명의 붕괴 이후, 도리스인(Dorians)이 남하하여 폴리스(polis)를 형성하던 시기부터 나타나기 시작해 호메로스(Homeros)가 활동하던 기원전 8세기 무렵에 이미 도시 구조의 일부로 확립되었다. 아고라는 대체로 도시의 복판이나 항구 근처에 만들어졌는데, 둘레에 기둥과 벽으로 이루어진 주랑(柱廊, colonnade)을 세우고, 그곳에 상점이 들어서기도 했다. 또한 주변에 공공건물이나 조각상, 분수 등을 세웠다.

아테네(Athens)의 아고라는 그 규모나 배치 등에서 대표적인 유적으로 꼽힌다. 기원전 6세기 참주 정치 시대에 만들어진 아테네의 아고라는 대략 550×700m 크기의 직사각형 광장의 3면을 주랑으로 에워싸고 있으며, 주변에 커다란 공공건물들이 들어서 균형 있는 배치를 이루고 있다.

B.C. 8-7세기에는 많은 그리스인이 에게해의 섬들과 지중해 연안 일대에 광범위하고 조직적으로 이주하였다. 이와 같은 식민 활동은 결국 폴리스의 대대적인 확장을 의미했으며, 이로 인해 전 지중해에 걸쳐 그리스 문화가 중심이 된 하나의 문명권을 형성할 수 있게 되었다.

새로 이주해 간 지역은 현대적 의미의 식민지가 아니었다. 새로 생긴 식민 폴리스들은 본토와 부단한 경제 교류를 활발히 하면서 문화·종교적 유대를 유지하였다. 식민활동이 활발해지고 통상이 번성해짐에 따라 새롭게 부를 축적한 상공인은 새로운 중간계층을 형성하게 되었다.

또한 노예는 호메로스 시대부터 존재했으나 초기에는 노예 수도 극히 적었고 전쟁포로가 가내 노예로 일하는 정도였다. 그러나 상공업과 화폐경제의 발달로 노예제도는 한층 조직적으로 발달하였다. 자급가족의 범위를 넘어 점차 농업이 상업화 되고 규모가 커지자 노예의 수요는 증가하였다. 더불어 개인의 노예 수요도 증가하자 노예제도가 확립되었다.

그림 6-3. 그리스 식민지

아테네 민주주의

B.C. 8세기 중기부터 아테네에서는 왕이 선출직으로 바뀌었고 대신 소수의 귀족이 지배하는 아레오파고스(귀족회의, Areopagos)가 정치적 실권을 장악하였다. 이러한 귀족 과두제는 약 2세기 동안 계속되었다. 아레오파고스라는 명칭은 회합장소였던 아크로폴리스에 인접한 숲 이름에서 유래된 것이다.

행정 · 사법 · 군사에 관한 최고권은 해마다 민회에서 선출되는 아르콘(Archon)이 행사하게 되었다. B.C. 638년경 아르콘이 9명으로 늘어났으며 임기를 마친 아르콘은 자동적으로 귀족 회의의 구성원이 되었다. 시민 총회라 할 수 있는 민회는 군 복무 자격이 있는 모든 남자 시민들의 회합이었다. 그러나 무장할 재력이 없는 빈곤한 많은 시민들은 민회에서 제외되었다.

귀족 세력을 제한하려는 움직임은 B.C. 7세기말(B.C 621)드라콘 입법을 계기로 구체적으로 나타났다. 이 법은 그리스 최초의 성문법으로 그 내용에 가혹한 점이 있으나 귀족 출신 재판관의 권한을 제한했다는데 의의가 있었다. 그러나 농민은 물론 도시 중산층 조차 좀 더 가시적인 정치 개혁을 요구하기에 이르렀다. 이러한 사회적 요청에 부응하여 B.C. 594년경 아르콘으로 선출된 귀족 출신의 솔론(B.C 639-558)이 개혁을 단행하였다.

정치개혁의 배경에는 경제적인 변화가 있었다. 귀족 과두제는 소수 귀족들이 토지를 집중 소유하여 강대한 세력을 이룸으로써 생긴 체제였다. 따라서 많은 농민이 토지를 상실하고 부채에 허덕이게 되었다. 게다가 B.C. 7세기경 리디아에서 사용되기 시작한 화폐의 영향으로 상공업이 더욱 번성해져 뚜렷한 사회 계급으로 상공업 계급이 형성되기 시작하였다.

전술상의 변화도 일어났다. 즉, 지금까지 전투에서는 기병이 중심 역할을 했으나, 중무장 보병의 밀집대형이 더 효과적인 전술이 되었다. 중무장 보병은 기병에 비하면 경제적 부담이 훨씬 가벼웠다. 중무장 보병이 될 수 있는 사회계층은 중농 이상의 농민, 부유한 상인이나 수공업자들이었다. 이를 계기로 힘없는 사회 세력이었던 평민이 정치적 발언권을 가지게 되었다.

그림 6-4. 그리스의 중장보병 밀집전투대형인 팔랑크스(Phalanx)

솔론이 주도한 정치개혁의 핵심은 귀족들의 권한 남용에 제한을 가하는 것이었다. 그는 4백인회를 창설하여 중산층의 정치참여를 허용했으며, 하층 계급에게 민회참여권을 주었고, 전체 남자 시민의 선거에 의한 최고 법정을 설치하는 한편, 배심원 제도를 수립하였다. 이에 따라 국가적 정책 결정에서 시민 발언권이 상대적으로 많이 확대되었다.

정치개혁과 함께 경제개혁이 병행되었다. 솔론은 가난한 농민의 채무를 탕감하고 채무 노예를 금하며 토지소유의 상한을 결정하는 긴급 조치를 단행하였다. 그는 상공업 발전을 위해 새 화폐 제도를 시행하고 기술이 뛰어난 외국인 기술자들에게 시민권을 부여하여 기술 발전을 도모하였다.

사회적으로는 시민계층은 재산 소유 정도에 따라 네 계급으로 구분하여 각각의 정치적 위상을 규정하였다. 사회적 계층구분을 재산소유와 연결하였다는 점에서는 금권정치라 할 수 있다. 결론적으로 솔론의 개혁은 사회 각 계층의 요구를 만족시키지 못하고 오히려 반발을 불러 일으켰다. 마침내 그러한 여러 불만 요소들이 결합하여 참주 정치로 가는 길이 열리게 되었다.

이러한 아테네의 정치적 혼란을 수습한 사람은 페이시스트라토스(Peisistratos, B.C.600-B.C.527)였다. 그는 귀족 출시이었음에도 소농 계층을 대변하고자 B.C.546년 귀족 과두제를 무너뜨리고 참주제를 수립하였다.

아테네의 경우 국가 기본구조는 변하지 않았으나 정책 수행을 위한 권력은 참주 한 사람에게 집중되었다. 그러나 그는 귀족 계급 소유의 토지를 몰수하는 한편, 소농과 상공 계층의 복리를 증진하고 시민을 위해 제도를 개선하였다. 공공 토목공사를 시행하여 취업 기회를 확대했으며 공정한 사법행정을 실시하고 종교와 문화를 장려하였다. 이른바 그는 계몽 군주 정치가였던 것이었다.

B.C.527년 페이시스트라토스 사후 아테네 참주 정치는 두 아들이 계승하여 B.C.510년까지 계속되었다. 그러나 히파르코스(Hipparchos)가 암살되고 뒤를 이은 히피아스(Hippias)는 B.C.510년 스파르타의 군사적 지원을 얻은 아테네 귀족에 의해 페르시아로 추방됨으로써 아테네 참주 정치는 막을 내렸다.

그 후 자유주의자였던 클레이스테네스(Kleisthenes)는 정치적 혼란을 수습하고 과감한 개혁에 착수하였다. 귀족 출신인 그는 B.C.508년 참정권 확대를 바라는 평민 계층의 지지를 바탕으로 집권하였다. 먼저 그는 행정조직을 개편하여 종래 혈연 중심으로 조직된 4부족을 지연 중심의 10개 부족으로 재편성하였다. 이를 바탕으로 법령 심의권과 최고 행정권을 행사하는 5백인회가 만들어졌나. 5백인회는 각 부족별로 50명의 대표를 추첨으로 선출하였다. 5백인회는 50명씩 10개의 분과로 나뉘어 각각 1개월간 국가 행정을 관장하였다.

최고 기관인 민회의 조직도 바뀌어 권한이 확대되었다. 18세 이상의 남자 시민으로 구성된 민회는 매달 한 번 열렸다. 민회는 5백인회에서 제출한 법령의 토의 및 표결, 선전 포고, 예산 편성, 아르콘 재임기간 중의 재무 감사 등을 다루었다. 또한 클레이스테네스는 B.C.500년경 군사 개혁을 단행하여 군사 위원회를 설치하였다. 군사 위원회는 10부족에서 1명씩 선출된 임기 1년의 군사위원 10명으로 구성되었다.

클레이스테네스는 참주와 같은 독재자의 출현을 방지할 목적으로 ‘도편추방제’를 실시하였다. 국가에 해를 끼치거나 시민의 자유를 위협하는 인물이 있다고 생각되면 모든 시민이 그 이름이 새겨진 도편(Ostrakon)으로 추방을 결정하는데, 비밀투표로 6천표 이상을 받은 인물은 국외로 10년간 추방되었다.

그림 6-5. 도편추방제에 활용된 도편 (아테네 아고라 박물관)

아테네 민주주의의 기본전제는 다수에 의한 지배, 법 앞의 평등 및 자유로운 개성의 발휘였다. 이러한 민주주의 정치가 완성된 것은 B.C.5세기 후반, 즉 페리클레스(Perikles)시대에 이르러서였다. 페리클레스는 이 아테네 민주주의, 아테네 제국을 전성기로 이끈 위대한 정치가였다. 귀족 출신이면서 클레이스테네스의 먼 친척이기도 했던 그는 보수파와 개혁파가 대립하는 와중에 개혁파의 선봉장이 되어 아테네의 정치개혁을 이끌었다. 또 그는 빼어난 용모에 인품도 뛰어났고, 웅변술은 당대에 당할 사람이 없었다고 한다.

원전 461년, 페리클레스는 보수파의 대표인 키몬을 도편추방에 걸어 내쫓는데 성공한다. 이에 대항해 보수파에서 페리클레스의 동지로 개혁파를 이끄는 '투톱' 중 하나였던 에피알데스를 암살해 버리자, 이후 페리클레스의 죽음까지 32년 동안 아테네는 페리클레스의 독무대가 된다. 당시는 분명히 민주제였으나 그가 마음먹으면 못하는 것이 없었으므로, <펠레폰네소스 전쟁사>를 지은 역사가 투키디데스는 "당시는 사실상 페리클레스가 '첫째가는 시민'으로 통치한 1인 독재 시대였다"고 했다. 하지만 나중에 로마의 옥타비아누스가 '첫째가는 시민'을 자처하며 공화국을 제국으로 탈바꿈시킨 것과는 달리, 페리클레스는 아테네 민주주의의 본질을 건드리지 않았다. 그래서 심각한 정치적 위기에 처했을 때도 있는데, 친구인 페이디아스가 공금 유용 혐의로 기소되었을 때, 평생의 연인이었던 아스파시아가 신성모독 혐의를 받았을 때, 그리고 말년에 전쟁을 제대로 이끌지 못한다는 비난을 받았을 때였다. 이 때마다 페리클레스는 하마터면 도편추방을 당할 위험까지 처했고, 한동안 모든 공직에서 물러나야만 했다. 그러나 그는 정치 선배들처럼 쿠데타나 암살이라는 수단으로 자신의 권력을 지키려 하지 않았다. 오직 성난 군중 앞에서 고개를 숙이고, 눈물로 자신의 무죄를 주장했을 뿐이었다.

그림 6-6. 프닉스 언덕에서 연설하는 페리클레스

외교정책에서 페리클레스는 아테네 제국을 유지해야 하지만, 되도록 무력 사용은 피한다는 입장이었다. 그래서 그리스의 숙적 페르시아와는 기원전 449년에, 아테네의 라이벌 스파르타와는 445년에 평화조약을 맺었다. 그리고 내치에 힘썼다. 아직 페르시아 전쟁의 상처가 남아 있던 아테네를 말끔히 재정비하여, 누구나 찬탄할 만한 아름다운 도시로 만드는 사업도 그 중 하나였다. 오늘날까지 관광객을 끌어들이는 파르테논 신전을 비롯한 아크로폴리스는 그의 시대에 이룩된 것이다.

아테네 정치의 핵심은 시민 전체가 최종적인 책임을 진다는데 있었다. 직접참여는 아테네 민주정의 관건이었으며, 아테네에는 대의제, 공무원제 또는 관료제가 없었다. 관리 피선거권에 대한 재산 조항이나 귀족 회의의 권한이 점차 폐지되었으며 민회는 법령 인준 이외에 입법권도 갖게 되었다.

10명의 군사위원의 권한은 아르콘의 권한보다 더 강해져 국가 행정의 최고책임을 지게 되었다. 군사위원은 민회에서 선출되고 그 임기는 1년이었으나 제한없이 재선될 수 있었다. 예컨대 페리클레스는 30년 이상이나 군사위원장 자리에 있었다. 그는 비록 방대한 권한을 행사했으나 그들의 정책은 민회의 감사를 받아야 했다.

아테네 민주정치의 또 다른 핵심은 독특한 사법제도에 있었다. 아테네에는 배심원이 유죄 여부와 형량을 결정하는 배심법정이 있었다. 해마다 추첨으로 30세 이상의 시민이 각 부족에서 600명씩 선출되었다. 무려 6천명이 라는 많은 수의 배심원단을 둔 것은 뇌물수수를 막기 위해서였다. 크고 작은 배심원단이 있었으며, 모든 소송 사건을 다수결에 따라 재판하였다. 그러나 아테네 민주주의는 시민권을 가진 제한된 수의 사람들만을 위한 제도였다. 부녀자와 다수의 외국인이나 노예는 폴리스의 정치에 참여할 수 없었다.

아테네 민주주의는 폴리스라는 제한된 범위 안에서는 현대 민주주의보다 더 철저하였다. 모든 관리의 선출이나 법정 구성은 추첨제로 결정되었다. 추첨은 기회 균등을 의미하였다. 관료의 임기가 극히 짧았다는 것은 권력을 다수에게 고루 나누어 담당케 한다는 것이었다. 즉, 그들의 주요 관심은 통치의 능률보다는 시민의 의사를 존중하는 민주주의에 있었다.

스파르타의 성립과 발전

스파르타는 순수한 도리아인으로 구성된 폴리스였으며 동북쪽과 서쪽이 산악으로 막혀있고 천연적으로 좋은 항구가 없었으므로 외부와 직접 접촉할 기회가 거의 없었다. 스파르타는 기테온이라는 항구를 통해 바다로 나갈 수 있었는데 이 항구는 스파르타 도심에서 남쪽으로 약 40KM떨어진 지점에 있었다. 하지만 이 항구는 거친 해류와 거센 바람으로 위험한 지중해의 해역에 위치했다. 이 때문에 적들은 해상으로 스파르타를 공격할 수 없었고 스파르타도 바다를 통해 나가기 힘들었다.

따라서 그리스의 일반적인 정치발전 과정에서 하나의 예외적인 존재였다. B.C.9세기경 스파르타는 주변의 작은 농촌들이 결집하여 폴리스로 발전했으며 그들은 영토 확장을 식민 활동보다는 무력에 주로 의존하였다. 이를 예시하는 것이 2차에 걸친 메세니아 전쟁(Messenian Wars, B.C 735-B.C.650)이었다. 이 전쟁에서 승리한 스파르타는 메세니아의 토지를 몰수하고 주민들을 노예로 삼았다.

스파르타에서 계속해서 존속한 왕정은 두 가문에서 각각 한사람씩 왕을 선출하고 두 왕이 공동 통치하는 특이한 제도였다. 그나마 왕은 큰 권한을 갖지 못하였다. 스파르타는 메세니아 정복 이후 권리 확대를 요구하는 평민층의 요구를 받아들여 사회체제를 개편하였다. 이러한 체제 개편은 전설적인 B.C.9세기의 입법자 리쿠르고스(Lykurgos)의 업적이라 전해지고 있다.

리쿠르고스 체제는 왕정 아래에 귀족 과두제를 바탕으로 한 것이었다. 이 체제의 핵심은 사내아이는 7세부터 국가가 양육책임을 지며, 시민에 대한 토지분배가 법제화되었다. 또한 정치제도를 재편성하였는데 이원 왕정은 그대로 유지하였으나 30명의 원로회의와 5명의 에포르(Ephor, 행정 감독관)에게 전권이 위임되었다.

원로회의는 대내외 문제에 관한 행정 · 입법 · 사법 등 광범한 권한을 가지고 있었다. 에포르는 민회에서 1년 임기로 선출되었지만 제한없이 연임이 가능하였다.

그림 6-7. 리쿠르고스

'감독관' 을 뜻하는 에포르는 원로회의와 민회를 주재하고 시민생활에 제약을 가했을 뿐 아니라 대외관계, 군사문제, 노예관장, 국가재정, 교육 등에 관한 권한 및 입법에 대한 거부권 등을 행사하였다. 또한 그들은 신생아의 양육 여부를 결정했고, 왕까지도 폐위시킬 수 있었다. 이러한 스파르타의 정치적 안정과 시민의 헌신적 봉사는 많은 다른 그리스인의 선망의 대상이 되었다.

스파르타의 사회

리쿠르고스 개혁으로 이루어진 새로운 사회질서의 기본 특징은 엄격히 규정된 계급 제도에 있었다. 스파르타의 인구는 대체로 세 신분으로 나뉘어 있었으며 계급간 이동은 거의 없었다. 가장 중요한 사회적 위치에 있는 계급은 극소수의 스파르타 시민이었다. 약 1만명 정도에 달하는 이 계급만이 정치적 특권과 가장 비옥한 농토를 차지했다. 토지 경작은 전적으로 노예들의 몫이었고 스파르타 시민 계급은 오로지 군사와 정치에만 관계하였다.

또 다른 계급인 페리오이코이(Perioikoi)는 라코니아 일대의 도시에 사는 사람들로 주로 상공업에 종사하였다. 그들은 자유민으로서 지방 도시의 자치권을 갖고 있었으나 전체 폴리스의 통치에는 참여할 수 없었다. 이들은 군대 복무와 납세 의무를 지고 있었으나 스파르타 시민처럼 혹독한 군사훈련을 받지 않아도 되었다. 그러므로 스파르타의 세 계급 중에서 상대적으로 자유롭고 안락한 생활을 한 것은 페리오이코이였다.

노예는 정복지의 원주민으로, 스파르타 시민을 위해 토지경작을 하거나 가내 노동을 하는 계급이었다. 그들도 가정을 꾸릴 수는 있었으나 국가소유였으므로 매매 또는 해방될 수 없었다.

지배 계급으로서 스파르타 시민은 국가에 대한 봉사를 최고 의무로 알고 가족 생활을 희생하였다. 그들은 대단히 엄격한 규정에 따라 거의 일생 동안 군대생활을 했다. 사내아이들은 출생 후 신체검사를 받아 허약하면 내다 버려 죽게 했다. 그러나 유아 살해는 스파르타뿐만 아니라 그리스와 로마에도 흔히 있었으며 가족 수를 줄이는 방식 중 하나였다.

그림 6-8. 스파르타의 군인

사내아이들은 7세가 되면 같은 또래와 함께 집단생활을 하였으며 20세가 되면 정규군이 되어 60세까지 복무하였다. 국가는 그들에게 일정한 토지와 그 경작을 위한 노예를 할당하였다. 30세에는 시민으로서의 동등한 권리와 모든 참정권이 부여되었다. 그러나 결혼은 의무였을 뿐만 아니라 결혼 후에도 마음대로 가정생활이 허용되지 않았다. 플루타르코스의 「리쿠르고스 전」에 따르면 남편은 낮 동안 부인의 얼굴을 보기도 전에 아이를 갖게 되는 수가 있었다는 것이었다. 또한 어린아이는 부모의 것이 아니라 국가의 것이었다. 스파르타 여성도 체육과 가정운영 기술을 중심으로 엄격한 훈련을 받아야 했다.

페르시아 전쟁(B.C. 492 ~ B.C. 448)

페르시아는 BC 525년까지 오리엔트를 통일하고, BC 513년부터 발칸 반도 원정을 시작했다. 트라키아와 마케도니아를 점령한 다리우스왕은 다뉴브 강을 거슬러 올라가며 영토를 확장했다. 이 때 트라키아 반도에 주둔하던 아테네군 사령관 밀티아데스(Miltiades)가 페르시아 군의 진격을 막고자 다리를 불태웠으며, 이는 페르시아제국의 왕 다리우스 1세의 분노를 샀다. 이것이 후에 페르시아의 트라키아 공격의 원인이 되었다.

제 1차원정은 BC 499년에 소아시아 연안에 있는 이오니아(Ionia) 지방의 그리스 도시 밀레투스(Miletus)의 정치가 아리스타고라스(Aristagoras)를 중심으로 여러 소도시들이 연합하여 이오니아 반란(BC 499~BC 494)을 일으키면서 시작되었다. 다리우스 1세는 이를 먼저 진압하고자 했으며, BC 494년 이오니아 소도시들을 모두 점령했다. 다리우스 1세는 BC 492년 함대를 정렬하고, 사위 마르도니우스(Mardonius)를 사령관으로 하여 그리스 북쪽에 있는 트라키아 원정을 시작했고, 함대는 헬레스폰트 해협(Hellespont, 오늘날의 다르다넬스 해협)을 통과했다. 그러나 함대는 아토스(Athos) 곶(串)에서 폭풍을 만나 난파했으며, 역사가 헤로도토스의 기록에 따르면 300척의 전함과 20,000명의 군사를 잃었다고 한다. 이것을 흔히 제1차 페르시아전쟁이라고 하는데, 이 때 페르시아가 노린 것은 트라키아였다는 점에서 페르시아전쟁에 포함시키지 않는 학자도 있다. 또한 트라키아는 페르시아의 세력권에 들어감으로써 목적은 일단 달성한 셈이다.

BC 490년, 페르시아 제국은 제2원정에 들어갔다. 다리우스 1세의 형제 아르타페네스(Artaphernes)와 장군 다티스(Datis)는 실리시아(Cilicia) 군을 주력부대로 하는 대군을 이끌고 아티카(Attica)와 에레트리아(Eretria) 시(市)를 공격했는데, 그 명분은 이오니아 반란을 도왔다는 것이었다. 당시 페르시아의 군사력에 대해 헤로도토스는 약 20만 명 정도로 추산하고 있다. 고대 로마 역사가 코넬리우스 네포스(Cornelius Nepos)는 보병 20만 명, 기병 1만 명으로, 플루타르코스(Plutarch) 등의 학자는 30만 명으로, 심지어 플라톤 등은 50만 명으로 추산하고 있다. 그러나 현재는 20만 명 가령이 전쟁에 동원되었을 것으로 보는 것이 일반적이다.

그림 6-9. 페르시아 전쟁

페르시아 함대는 키클라데스(Cyclades) 제도(諸島) 연안을 따라 에우보이아의 에레트리아를 공격하여 이를 함락시키고, 이어 아테네 북동쪽에 있는 마라톤(Marathon) 평야에 상륙, 아테네를 공격하였다. 당시 아테네는 스파르타에 지원을 요청했으나, 스파르타는 종교행사를 이유로 파병을 지체했고, 아테네는 1만 명 본군과 프라타이아에서 온 1천 명의 지원군으로 페르시아 군과 맞섰다. 그러나 아테네군은 중장병(重裝兵) 밀집대전술(密集隊戰術)로 페르시아에 크게 이겼다. 헤로도토스에 따르면 페르시아군은 6,400명을 잃은 반면 아테네군은 192명만을 잃었다. 이후 페르시아군은 아테네 공략을 단념하고 스니온 곶을 돌아 귀국하였다. 이 전투에서 페르시아군이 6,400명의 병사를 잃은 데 반하여, 그리스측의 전사자는 192명에 불과하였다고 한다.

이 전투에서 그리스군이 승리한 요인은 창과 두꺼운 방패로 무장한 중갑병(Hoplites)과 뛰어난 전술에 있었다. 소수의 병력으로도 전술이 뛰어나면 승리할 수 있다는 사례를 보여준 최초의 전쟁으로 평가된다. 그리스의 용사 페이디피데스가 마라톤 전장에서 아테네까지 약 40 ㎞를 달려 승첩(勝捷)을 알리고 절명하였다는 고사(故事)가 있는데, 마라톤 경주는 이를 기념하기 위해 생긴 것이다.

그림 6-10. Luc Olivier Merson / The Soldier of Marathon / 1869

전쟁에서 패한 뒤, 다리우스 1세는 다시 전면적인 그리스 원정 준비를 시작했다. 그러나 BC 489년부터 수년간 바빌로니아와 이집트에서 반란이 지속되어 원정이 연기되었으며, 다리우스 1세의 사망으로 아들 크세르크세스(Xerxes I : 재위 BC 485 ~ BC 465)가 그 뒤를 이었다. 크세르크세스는 페르시아가 동원할 수 있는 모든 군대와 물자를 모아 진격했으나, 유례없이 큰 규모로 인해 진군 속도가 느려졌으므로, 그리스군은 그 동안 충분한 방어 태세를 갖출 수 있었다. 스파르타를 중심으로 하는 30개 그리스 도시국가가 참여한 동맹이 결성되었으며, 육군은 스파르타가, 해군은 아테네가 지휘권을 맡았다.

그리스군은 테르모필레의 협로에 7천 명의 병력을, 아르테미시움에(Artemisium) 271척의 전함을 배치하고 페르시아군을 맞았다. 페르시아군은 헬레스폰토스 해협에 선교(船橋)를 걸고, 아토스 곶에 운하를 판 뒤, BC 480년 8월, 해륙(海陸) 양면에서 그리스를 공격하였다. 스파르타 왕 레오니다스는 중부 그리스로 가는 통로에 해당하는 테르모필레의 협로를 지켰으나 내통자(內通者)가 생겨 돌파당함으로써 전원 전사하였다. 그러나 해전(海戰)에서는 양측 모두 해진으로 많은 피해를 입었으나 승패가 쉽게 결정되지 않았다. 아테네는 테미스토클레스의 대함대 건조 제안을 채택하여 페르시아의 재침공에 충분히 대비하고 있었다. 테미스토클레스는 아테네 시민들에게 이 함선에 탈 것을 설득, 아테네 전면(前面)의 살라미스(Salamis) 섬과의 사이에 있는 바다에서 페르시아 함대와 싸워 이겼다. 크세르크세스는 곧 귀국하여 마르도니우스에게 자기의 뒤를 잇도록 하였다. BC 479년 마르도니오스는 플라타이아이에서 그리스 연합군과 싸워 패하였고, 같은 해 그리스 함대가 소아시아의 미칼레전투에서 페르시아 함대를 격파하였다.

이렇게 하여 세 번(또는 두 번)에 걸친 페르시아의 그리스 원정은 모두 실패하고, 소아시아 연안의 그리스 도시들은 페르시아의 지배에서 벗어났다. 페르시아의 원정을 맞아 스파르타와 아테네는 잘 싸웠으나, 그리스의 도시 중에는 페르시아에 항복한 도시도 있었다. 또한 아테네 안에서도 페르시아와 내통하는 자가 있었다. BC 480~BC 479년 그리스군의 총지휘권을 장악하고 있었던 것은 스파르타였으나, 그 후로는 아테네가 대신 연합함대의 지휘권을 쥐고 있다가, 마침내 델로스 동맹의 맹주(盟主)가 됨으로써 그리스의 패권을 잡았다. 마라톤에서는 중산시민(中産市民)이 중장보병(重裝步兵)으로서 활약하였고 살라미스에서 무산대중(無産大衆)이 수부(水夫)로서 활약하여, 정치적 발언력이 그들에게까지 미쳐, 아테네의 민주화를 촉진하였다.

그림 6-11. Jacques-Louis David / Leonidas at Thermopylae / 1814

그림 6-12. 빌헬름 폰 카울바흐 / 살라미스 해전 / 1868

펠로폰네소스 전쟁 (B.C. 431 ~ B.C. 404)과 그리스 세계의 종말

페르시아 전쟁의 승리 이후 폴리스들은 페르시아의 재침에 대비해서 B.C. 478년 아테네의 주도 아래 델로스 섬에서 동맹을 결성하고 아폴로 신전에 공동 기금을 모았다. 그런데 아테네는 델로스 동맹의 기금을 B.C.435년 아테네로 옮기고 해군 강화 및 해상세력권을 구축하는데 활용하였다. 이로 인해 델로스 동맹 국가들은 점차 아테네에 종속되어 갔다. 그러나 동맹국가들 사이에서 아테네의 지나친 패권주의에 대한 불만이 고조되었다. 그 결과 스파르타를 중심으로 반아테네 연합이 이루어져 펠로폰네소스 동맹이 결성되었다. 두 진영의 대립은 육군국과 해군국, 귀족제와 민주제, 농업국과 상업국의 충돌 양상을 띄었다.

전쟁은 크게 3단계로 나뉘었다. 아르키다모스(Archidamos) 전쟁이라고 부르는 제1단계(BC431~421)는 스파르타 왕 아르키다모스의 아테네 침공으로 시작되었다. 양측은 10년 동안이나 소모전을 치르고도 아무런 결과 없이 끝났다. 제2단계(BC421~415)는 양측이 휴전을 맺고 전쟁 이전 상태로 돌아갔다. 그러나 제3단계(BC415~404)에서 아테네가 시칠리아의 내전에 개입하고 원정군을 보냄으로써 다시 큰 전쟁으로 확대되었다. 아테네는 스파르타 지원을 받은 시라큐스와의 싸움에서 크게 고전한 끝에 패배했다. 한편 스파르타는 페르시아의 도움을 받아 함대를 강화하고, 육전뿐만 아니라 해전에서도 곳곳에서 아테네 군을 제압했다. 결국 기원전 404년 아테네는 스파르타에게 항복했고, 도시를 둘러싸고 있는 성을 파괴하도록 강요당했으며, 함대를 스파르타에 인도함으로써 전쟁은 완전히 끝이 났다. 패권을 잃은 아테네는 기울고 그 후로는 그리스의 정치적·경제적 중심이 아니라 문화적 중심이 되었다. 한편 스파르타는 패권을 장악하였으나 그것이 쇠망의 원인(遠因)이 되었다.

27년간의 내전을 치르면서 그리스인들은 많은 새로운 전쟁기술을 적용했다. 그들은 종전처럼 한나절 전투로 끝나는 것이 아닌, 수년 동안 수많은 전투로 연결된 전쟁에서 중보병 밀집대형에만 의존해서는 승리할 수 없음을 깨달았다.

일찍부터 아테네는 병력이 열세한데다가 스파르타의 중보병이 워낙 강력하기 때문에 변방지역을 포기하고 도시 성곽을 지키는 방어 전략을 택했다. 대부분의 아테네인들이 가족과 함께 생업에 종사하고 있었기 때문에도 시민군대는 이곳저곳 모든 전장에 참여할 수 없었다. 반면에 스파르타는 20만 명에 이르는 노예들에게 농업을 맡기고, 군대는 평생 전쟁만을 맡아 하도록 했다. 한편 아테네는 함대를 강화하고, 해상작전으로 펠로폰네소스 주변에 대해 공격하는 전략을 폄으로써 육군 위주로 행해지는 스파르타의 작전을 견제했다.

그리스인들은 아테네나 스파르타나 공히 과거 페르시아인들이 사용한 전법을 많이 도입했다. 예를 들면, 함대 · 경보병 · 기병 · 궁병 등이 그것인데, 이들 가운데는 지형과 적정을 살피는 척후병도 있었다. 그리고 직업적으로 전투를 하는 용병들이 일부 사용되기도 했다. 고대 중 · 근동 지역에서 꽃을 피웠던 다양한 형태의 전술을 사용하기 시작한 것이다. 그리하여 때로는 척후병과 경기병이 중보병을 무력화시키기도 함으로써 전통적인 중보병이 체면을 잃게 되었다. 사실상 중보병에만 의존하는 군대는 다양한 병종으로 구성된 군대보다 약점이 많았다.

그림 6-13. 펠로폰네소스 전쟁

그러나 중보병 제도에 오랫동안 집착한 것은 그리스인들이 페르시아에 대한 승리를 한없이 기릴 뿐만 아니라, 패배한 국가로부터 군사제도를 빌어올 수 없다는 자존심 때문이었다. 그리고 도덕적으로도 그리스인들은 중무장 밀집대형에 대해 특별한 자부심을 갖고 있었다. 그것은 시민 평등사상의 정치제도의 산물이자 동시에 공개적으로 정정당당하게 힘을 겨루는 남성사회를 상징하는 제도였다.

B.C. 404-336년 그리스 세계는 전체적으로 쇠퇴기에 접어들었다. 전쟁의 후유증과 아울러 스파르타의 편협한 태도와 군국주의는 동맹국들의 반발을 사게 되었다. 이 틈을 타서 페르시아는 재기한 아테네와 테베를 지원하여 반스파르타 세력을 조성하고 대립을 부추겼다. 마침내 스파르타는 페르시아의 압박에 굴하고 소아시아 도시국가들에 대한 직접적인 지배권을 상실하였다.

B.C. 360년 이후 그리스 전역은 끊임없이 내전에 휘말렸다. 이 상황에서 야심적인 마케도니아 왕 필리포스 2세(B.C. 382-336)가 남침하였다. 마침내 마케도니아는 그리스를 정복하고 이후 B.C. 4세기 이전 그리스 역사의 중심이 되었다.

그리스 건축

그리스 신전의 평면

고대 그리스의 주된 건물 유형은 신전이다. 그 평면은 미케네의 메가론에서 유래한 것으로 보인다. (미케네 문명의 영웅들은 그리스인에게 신과 같은 존재였다). 가장 단순한 형태의 신전의 경우, 하나의 문과 하나의 방(cella)으로 구성되며, 전면에는 열주 현관(portico)이 자리한다. 이 열주 현관은 전면으로 빼낸 양쪽 벽(anta) 사이에 두 개의 기둥을 두었는데, 비트루비우스는 이를 '인 안티스(in antis)' 방식이라고 이름 붙였다. 좀더 진보한 형태로는 전면에 열주가 있는 프로스타일(prostyle), 전면과 후면에 열주가 있는 암피프로스타일(amphiprostyle)이 있다. 그리고 최종적인 형태로서 셀라를 단일 혹은 이중의 열주로 둘러싸는 페리스타일(peristyle)이 있다.

중요한 사실은 내부 공간인 셀라가 그다지 발전하지 않았다는 점이다. 그리스인은 로마인과는 대조적으로 내부 공간에는 별로 관심이 없었다. 그리스인이 중요하게 여긴 것은 외부 공간을 구성하는 요소로서의 신전이었으며, 따라서 그리스의 신전은 이집트 신전의 산만한 배치와는 대조적으로 매우 질서 있고 짜임새 있고 대칭적인 측면을 보인다. 그리스 신전의 외부는 조각으로 장식되었다.

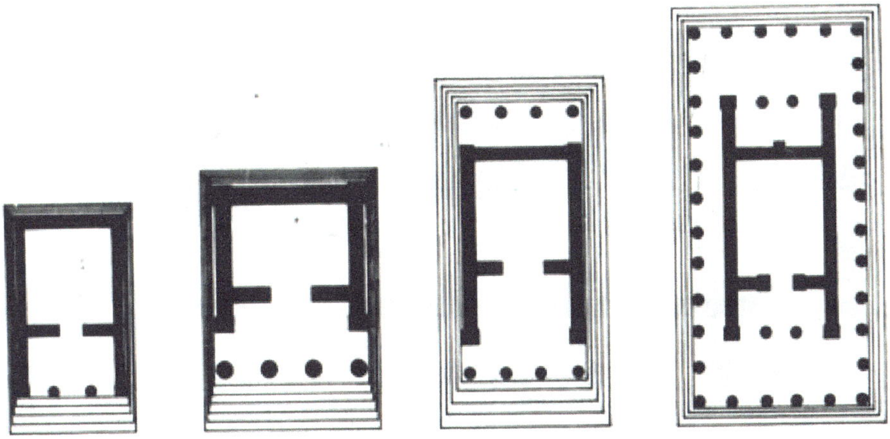

그림 6-14. 그리스 신전 평면의 진화 (고졸기~고전기)

형태의 보정

그리스 신전 건축은 본질적으로 기둥과 보로 구성되는 가구식 구조이다. 착시 현상을 보정하기 위해 몇 가지 중요한 기교를 채택했다. 그 중 하나가 기둥의 '엔타시스(entasis:배흘림)'이다. 이것은 기둥의 전체적인 윤곽을 중앙부에서 약간 부풀게 만드는 것이다. 기둥은 위쪽으로 가면서 가늘어진다. 그 결과 기둥에 인간의 근육 같은 특성이 부여되어 역동적인 수직 지지부재가 만들어진다. 모서리 쪽의 기둥 간격을 좁히기도 하는데, 이 역시 시각적으로 역동적인 형태를 만들어낸다. 기단, 아키트레이브, 코니스들이 이루는 긴 수평선들은 약간 위로 불룩하게 만들어서 시각적으로 가운데가 처져 보이는 것을 방지했다. 기둥 같은 수직 부재들을 올라가면서 약간 안쪽으로 기울였는데, 이는 기둥이 밖으로 벌어져 보이는 것을 보정한다. 특히 고전 시대의 절정기에 시도된 이러한 시각적 보정 기법들은 그들이 형태에 대해 극도로 발달된 감수성을 지니고 있었음을 증명한다.

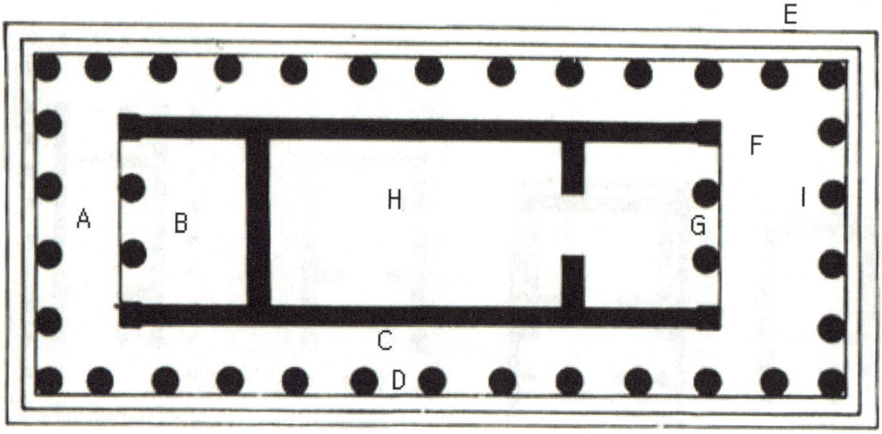

A 안타(anta)
B 안타 사이에 있는 기둥
C 옆 통로
D 열주(colonnade)
E 하부 구조 또는 스테레오베이트
F 스타일로베이트(기둥이 서는 바닥면)
G 열주현관(portico)
H 셀라 또는 나오스
I 입구 열주랑 또는 페리스타일

그림 6-15. 그리스 신전 평면

그리스의 오더_ 도리스 오더

그리스 신전의 입면은 세 부분으로 나뉜다. 그것은 기단 혹은 기초, 기둥, 상부구조 혹은 엔타블러춰(entablature)이다. 이 세 부분의 조합을 건축 오더(order)라고 부른다.

그리스 최초의 건축 오더는 그리스 본토에서 사용된 도리스(Doric) 오더였다. 기둥은 세 개의 단이 있는 기단이나 기초 위에 세워진다. 아래의 두 단을 '스테레오베이트(stereobate)', 세 번째 단을 ' 스타일로베이트(stylobate)' 라 부른다. 기둥은 주초(bate) 없이 스타일로베이트 위에 세워진다. 주신(shaft)에는 날카로운 능선을 이루는 수직 홈이 파여 있는데, 이것은 '홈파기(fluting)' 라고 부른다. 기둥은 위로 가면서 직경이 줄어들며, 엔타시스가 되어 있다. 도리스식 기둥의 상단부에는 하나 혹은 여러 개의 수평선을 이루는 횡띠를 두른다. 주두(capital)는 두 부분으로 이루어지는데, 아랫부분은

'에키누스(echinus)' 로서 원형의 방석 모양이며, 윗부분은 '아바쿠스(abacus)'로서 정사각형 모양이며 직접 엔타블러춰를 받친다.

엔타블러춰는 세 부분으로 구성된다. 1. 아키트레이브(architrave): 상부 하중을 받거나 분산시키는 요소. 2. 프리즈(frieze): 아키트레이브 위의 수평 띠로 트리글리프(triglyph)와 메토프(metope)로 나뉜다. 부조를 새기는 경우도 있다. 3. 코니스(cornice): 모울딩이 된 수평돌출 부분으로서, 다른 두 개의 경사 부재로 삼각형의 페디멘트(pediment, 박공)를 이루는데, 페디멘트 면에는 부조를 새긴다.

도리스 오더는 육중하며 엄정한 모습을 지닌다. 비트루비우스는 이를 남성적인 오더라고 불렀다.

그리스의 오더_ 이오니아 오더

이오니아(Ionic) 오더는 에게해의 섬들과 소아시아에서 발달했다. 기단부는 단 사이에 수평 홈을 넣은 것 외에는 도리스 오더와 동일하다. 기둥은 둥글게 모울딩한 주초를 갖는다. 홈파기는 주초 바로 위에서 시작되어 주누 약간 밑에서 끝나며, 홈의 깊이는 도리스 오더보다 얕다. 주두는 소용돌이 형태의 나선형 장식인 볼류트(volute)로 구성되며, 아바쿠스는 작다. 아키트레이브에는 두 개의 수평 홈이 나 있는데, 이들에 의해 세 부분의 띠벽(fascia)으로 나뉜다. 프리즈는 연속적인데, 대개 부조를 연속적으로 새겨 넣었다. 코니스와 페디멘트는 도리스 오더와 비슷하다.

그리스의 오더_ 코린트 오더

코린트(Corinthian) 오더는 훨씬 나중에 BC 5세기에 발달했다. 이는 이오니아 오더의 변형으로 볼 수 있다. 실질적인 차이는 주두에만 있는데, 코린트 오더의 주두는 소용돌이 무늬가 아닌 아칸투스(acanthus)잎 무늬이이며, 거꾸로 세운 종 모양을 이룬다. 비트루비우스는 이오니아 오더와 코린트 오더를 여성적이라고 보았다. 이 오더의 기원은 확실치 않은데, 아마 이집트, 미케네, 미노스의 영향을 받은 것 같다. 트리글리프와 홈파기 등을 목조 건축의 잔재로 보는 기술적인 측면의 설명은 충분하지 않다. 형태적 특징은 기술적, 기능적인 측면만으로 완전하게 설명할 수 없는 것으로, 여기에는 항상 형태에 대한 순수한 의지가 존재한다.

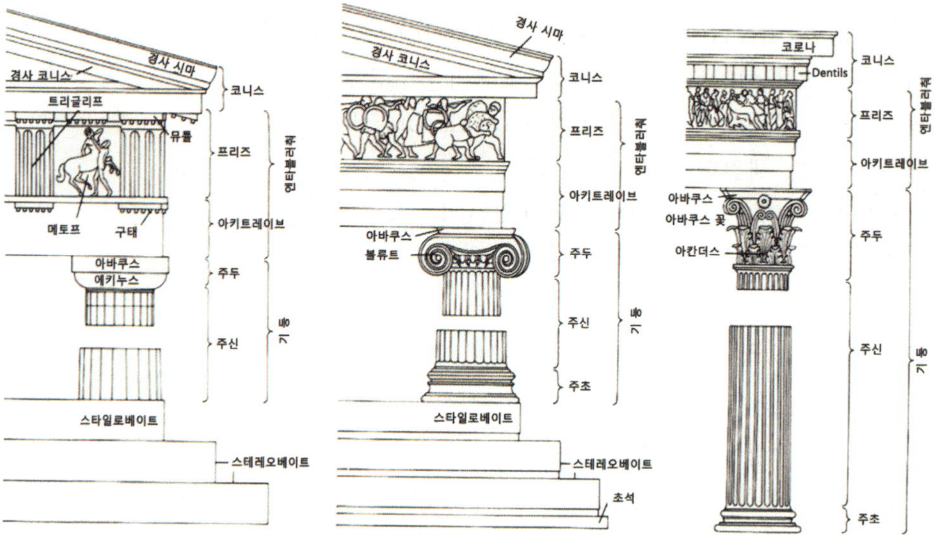

도리스식 이오니아식 코린트식

그림 6-16. 고전적 그리스 오더

페스툼의 신전 (BC 550~460년)

나중에 로마의 페스툼(Paestum)이 된 포세이도니아(Poseidonia)는 남부 이탈리아에 있는 그리스 식민지였다. 시가지는 직교하는 격자형으로 구성되며, 중앙의 넓은 직사각형 구역에는 아고라와 성역들이 자리잡았다. 지면이 낮은 남쪽에는 헤라(Hera) 여신에게 봉헌된 두 개의 신전이 있는데, 같은 향을 갖고 있으며 서로 가까이 붙어 있다. 지면이 높은 북쪽에는 아테나(Athena) 여신에게 봉헌된 신전이 있다.

빈센트 스컬리는 이 신전들의 형태가 그들이 자리한 부지와 매우 밀접한 관련이 있다고 설명한다.

곧, "낮은 쪽의 헤라 신전은 이 도시가 대지와 대지의 여신과 일체를 이루고 있음을 찬양하려는 것이다." 반면 주위 경관보다 높이 솟은 아테나 여신의 신전은 "이 도시로 들어서는 배에서도 보인다. 가장 높은 곳에 불쑥 치솟은 아테나 신전은 산을 배경으로 세워진 다른 신전들보다 훨씬 돋보였을 것이다. 이 신전은 어두운 힘과 구속력을 가진 자연의 공포에서 인간을 해방시키려 한다는 이 도시(polis)의 진정한 면모를 말해 주고 있다."

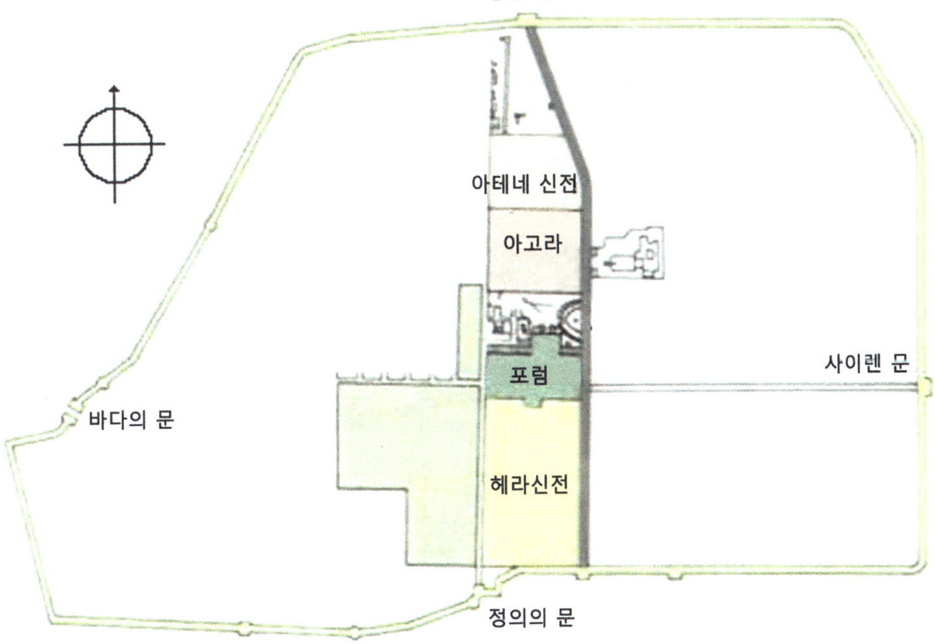

그림 6-17. 페스툼 신전 배치도

제 1 헤라 신전, 일명 '바실리카', 페스툼 (BC 550년경)

외곽의 기둥들은 건물의 폭이나 길이에 비해 높이가 낮다. 반면 기둥의 수는 9×18개나 되어 통일된 조형물이라기 보다는 아늑한 숲속 같은 분위기를 만든다. 그럼에도 이 건물은 역동적인 조형적 힘을 전달하는데, 그 주된 이유는 주신의 엔타시스 때문이다. 이 엔타시스는 이집트, 미노스, 미케네의 기둥에서는 찾아 볼 수 없는 강건한 느낌을 준다. 이 기둥들은 마치 육중한 하중을 버티고 선 것처럼 보인다. 또 다른 이유는 주두의 유별난 크기와 형태 때문이다.

이 주두는 엄청난 하중의 압력을 받는 것처럼 보이는데, 특히 고무로 만든 것처럼 납작하고 부푼 에키누스 때문에 그렇게 보인다. 이 기둥들은 대지에 밀착하는 느낌을 구체화하고 있는데, 이는 헤라 여신에게 봉헌된 건물이 갖춰야 할 기본적인 특성이다.

신전 내부에는 중심 축을 따라 지지 부재가 한 줄로 늘어서 있다. 이 신전을 처음 발굴한 사람들은 로마 시대의 비슷한 건물 유형을 따라 '바실리카(basilica)' 라고 이름 붙였다.

그림 6-18. 제 1 헤라 신전

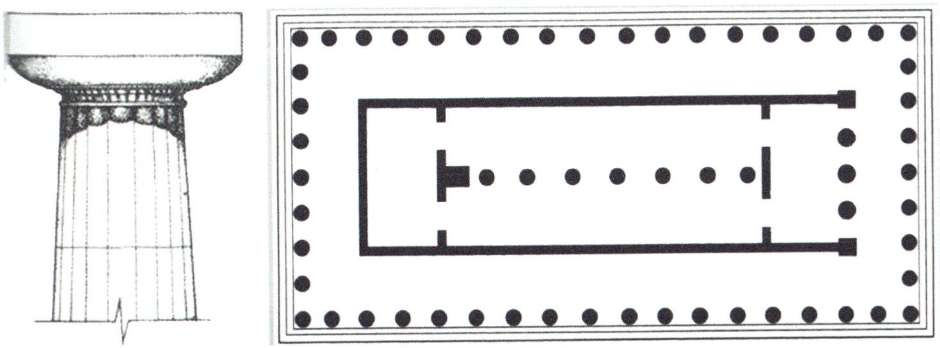

그림 6-19. 제 1 헤라 신전 주두 및 평면

제 2 헤라 신전, 일명 넵튠 또는 포세이돈 신전, 페스툼, BC 450년경

제 1 헤라 신전보다 약 100년 뒤에 세워진 이 신전은 여전히 강력한 거석 건축 같은 힘을 지니지만, 통일된 조각 작품 모습에 더 가깝다. 기둥도 여전히 육중하고 간격이 좁지만, '바실리카' 가 낮은 키에 기는 듯이 보이는 반면, 제 2 헤라 신전은 큰 키에 짜임새 있어 보인다. 규모는 제 1 헤라 신전보다 크지만, 기둥수가 6×14개로 줄어들었고 평면은 균형잡힌 고전적인 배치를 보인다.

전체적인 비례는 통합과 통일의 소망을 표현하는데, 이는 이집트나 에게해 건축이 보이는 '반복을 통한 안전' 을 뛰어넘은 중요한 단계를 나타낸다.

전체의 특징은 기둥 하나하나에도 분명하게 표현되어 있다. 제 1 헤라 신전에서는 수직과 수평 사이에 갈등이 있었지만, 여기서는 주신을 약간 부풀린 다음, 위로 치솟는 모습의 에키누스 아래에서 다시 줄이는 방식으로 연속적인 상향 운동감을 만들었다.

이 신전은 그리스 본토에서 도리스 오더의 고전적 비례가 이미 완성되어 있을 때 세워진 것으로, 본토와 식민지 사이의 시간적 지연을 보여주며, 그 영감의 원천과는 동떨어진 양식을 고집하는 전형적인 보수주의를 나타낸다. 이 신전의 평면은 특이하다. 셀라 내부에서 지붕을 받치는 2열의 기둥들은 기둥 두 개를 상하로 중첩시켰다. 분명 높은 기둥 하나로 구성할 경우 전체 비례에 맞지 않는다고 생각했을 것이다. 나중에 이지지 문제는 이오니아식이나 코린트식 기둥으로 해결했는데, 주신의 직경에 비해 이 기둥들의 길이가 도리스식 기둥의 길이보다 길기 때문이다.

그림 6-20. 제 2 헤라 신전

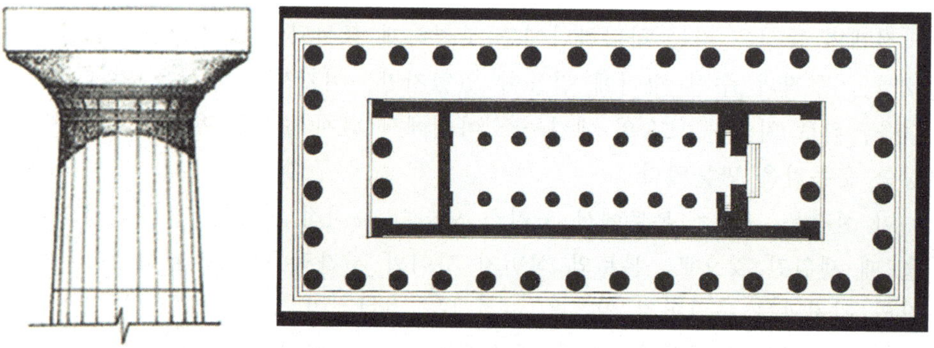

그림 6-21. 제 2 헤라 신전 주두 및 평면

아테나 신전 (BC 510년경)

이 신전은 도리스 오더 주제에 대한 세 번째 변주이다. 여기에서는 비례와 세부 처리가 서로 어울려서 보기 드문 수직적 효과를 만들어낸다. 이 효과는 통상적인 코니스로 아래쪽 구조체와 분리시키지 않은 높은 페디멘트에서 그 절정에 다다른다.

이러한 수직성은 기둥들을 안쪽으로 현저하게 기울임으로써 더욱 강조된다. 이 신전은 도시 전체와 관련지어 볼 때 특별한 의미를 띈다. 더욱이 이 신전에는 여러 특징들이 뒤섞여 있다. 내부의 셀라 전면에는 이오니아 오더의 프로스타일을 도입했다. 이처럼 두 가지 오더를 직접 결합시킨 것은 처음 있는 일이다.

그림 6-22. 아테나 신전

그림 6-23. 아테나 신전 주두 및 평면

아테네의 아크로폴리스

그리스가 페르시아 전쟁에서 승리하는데 아테네가 견인차 역할을 함으로써, 이 도시는 마라톤 전쟁(BC 490년) 이후 그리스에서 지배적인 정치력을 발휘했다. 델로스 동맹의 수장으로서 아테네는 페르시아에 대한 방어를 위해 다른 동맹국에서 받은 기부금으로 거대한 부를 축적했다.

위대한 정치가 페리클레스의 영도 아래 아테네는 매우 번영되고 자신감 넘치는 사회로 성장했다. 인간의 창조적 역량은 하나로 응집되었으며, 희곡, 철학, 예술의 승리를 경험했다. 그때까지의 서양 세계에서 이러한 것이 성취된 적은 없었다.

예술과 건축의 주된 업적으로서 BC 480년에 페르시아가 파괴했던 아네테의 아크로폴리스를 재건축한 것을 들 수 있다. 이것은 로마 시대 이전에 행해진 대규모 건설 사업 중 하나이다. 접근하기 어려운 높은 암벽 위의 대지에 세운 건물들이 주는 아름다움은 예나 지금이나 마찬가지이다.

그리스의 신전이 근본적으로 건축인가 조각인가에 대한 논쟁은 아크로폴리스를 외적인 건축 공간으로 본다면 극복할 수 있으며, 이러한 측면에서 아크로폴리스는 역사상 가장 탁월한 건축이다. 신전을 비롯한 여러 3차원 실재들은 인간적 스케일로 된 탁월한 동적인 외부 공간을 정의하는 요소들로 보아야 한다. 이는 그 이전이나 이후의 정적이고 위압적인 공간들과는 명확한 대조를 이룬다. 이 외부 공간으로 들어가는 입구는 경사가 덜 심한 서쪽에 있다. 불규칙하게 위치한 계단과 경사로는 모든 강압적 통제를 의식적으로 회피하고 있음을 보인다. 직선 축에 의한 접근은 배제되었다.

그림 6-24. 아크로폴리스 조감도 모형

프로필레아 (므네시클레스 작, BC 437~431년)

프로필레아(Propylaea)는 아크로폴리스로 들어가는 입구 건물이다. 먼저 중앙 간격이 넓은 여섯 개의 기둥으로 이루어진 첫 번째 열주를 지나면 이오니아식 기둥들이 2열로 늘어선 의식용 길이 나온다. 이 길은 전정을 관통하는데, 이 곳에서 가파른 경사를 올라온 후 숨을 돌릴 수 있다. 이 전정에서 좌우측의 부속건물, 곧 도서관이나 역사상 최초의 그림 전시실로 들어갈 수 있다.

전통적으로 그리스의 성역(聖域, temenos)으로 들어가는 입구는 박공을 가진 소규모 신전 형태로서, 그리 눈에 띄지 않는 구조물이었다. 프로필레아는 이러한 전통에 대한 혁신적인 단절을 나타내는데, 최초로 내부 공간에서 연속적인 공간적 전이를 의식적으로 만들어내고 있다. 또한 건물을 조형적 대상으로 보는 생각에서 근본적으로 이탈해 있다.

그림 6-25. 프로필레아 복원도

첫 번째 전정에서 경사로를 따라 오르면 지붕을 좀더 높인 두 번째 부속 건물에 이르는데, 이 부속 건물의 내부에는 양쪽으로 작은 정사각형 모양의 중정이 있다. 직선 축에 의한 접근은 프로필레아에서 끝난다. 아크로폴리스 외부 공간을 지배하는 중요한 요소인 아테나 프로마코스(Athena Promachos, 전투의 아테나 여신)의 당당한 조각상은 프로필레아 축선의 연장전상에서 비켜나 있다.

외부에는 도리스식 기둥을 두고, 내부에는 이오니아식 기둥을 두어, 이를 결합한 것은 그리스 아티카(Attica) 지역 건축의 목표였던 다양한 특성들을 종합하려는 시도를 나타낸다. 그리스 본토의 엄정한 위엄은 이오니아의 우아

함과 결합한다.

BC 432년에는 건설이 중단되었다. 그것은 펠로폰네소스 전쟁으로 재정이 고갈되기도 했지만, 다른 한편 부속 건물의 일부가 확장되면서 아르테미스 바우로니아(Artemis Bauronia) 여신의 성역을 침범했기 때문으로 보인다.

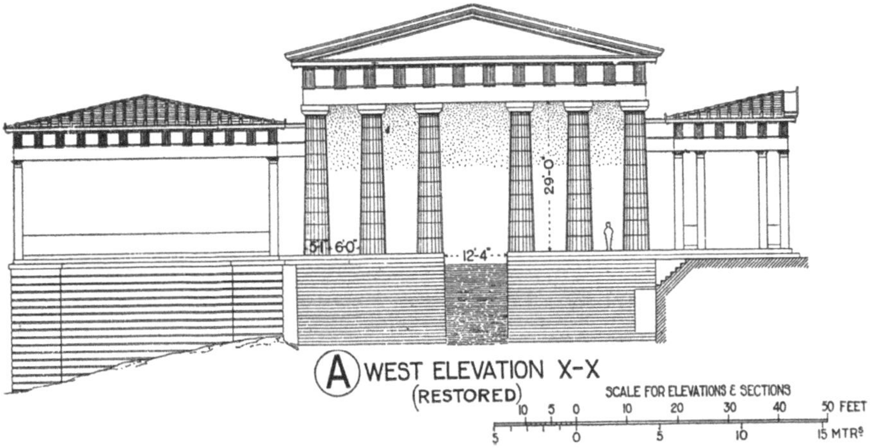

그림 6-26. 프로필레아 서측입면

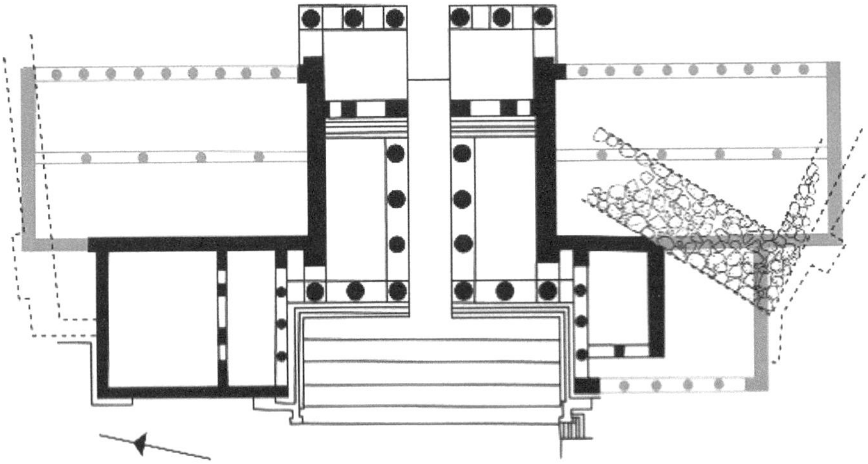

그림 6-27. 프로필레아 평면도

아테나 니케 신전 (칼리크라테스 작, BC 427~424년)

프로필레아의 이오니아식 내부는 소규모의 아테나 니케(승리의 아테나 여신) 신전에서 다시 사용된다. 칼라크라테스(Callicrates)의 감독 아래 세워진 이 신전은 아크로폴리스의 건물 중 최초의 순수한 이오니아식 건물이다.

이 작은 암피프로스타일 형식의 신전은 프로필레아 근처 미케네식 능보 자리에 서 있다. 정교한 비례를 갖는 이 건물은 프로필레아와 두드러진 대조를 이루며, 두 건물은 서로 상승작용을 한다.

그림 6-28. 아테나 니케 신전

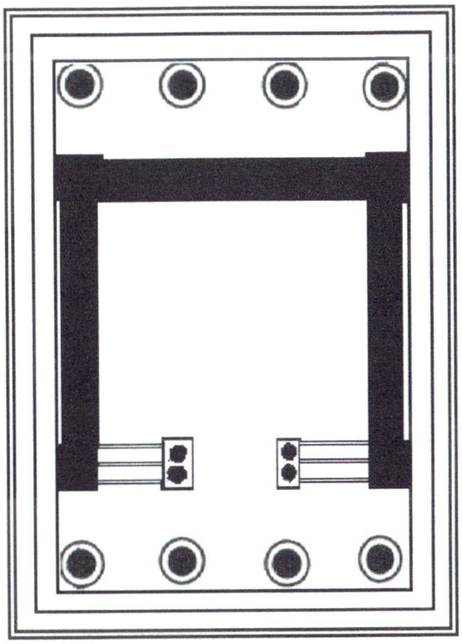

그림 6-29. 아테나 니케 신전 정면도와 평면도

에렉테이온 (므네시클레스 작, BC 421~405년)

에렉테이온(Erechtheion)은 아크로폴리스에 있는 또 다른 이오니아식 건물로서, 페리클레스가 세운 건설 계획 중 마지막의 것이다. 이 건물은 아테네의 신화적 영웅인 에렉테우스의 이름을 따서 명명되었다. 색다른 평면과 외관을 갖추게 된 것은 대지가 부정형인데다 신전을 여러 개 담고 있기 때문이다.

에렉테이온은 계획대로 완성되지 않았다. 원래 이 건물의 서쪽 단부는 더 연장되어서 남쪽과 북쪽의 현관들이 건물의 중앙에 자리잡도록 계획되었을 것이다. 그러나 현재의 서쪽단부는 반기둥을 부착한 벽으로 서둘러 막아버렸으며, 상부 벽면은 청동격자로 마감지었다. 이러한 벽면부착기둥은 고전기 그리스 건축에서 서의 사용하지 않았지만, 이집트와 로마에서는 많이 사용했다.

에렉테이온의 비대칭성은 파르테논의 대칭적 통일과 매우 효과적인 대조를 이루며, 현관의 여상주(女像柱, caryatid) 역시 파르테논의 도리스식 기둥과 좋은 대조를 이룬다. 이는 그리스인이 외부 건축 공간을 잘 이해하고 있었음을 다시 한번 보이고 있다.

기둥에 인간 형상을 사용한 것은 건축은 추상적이어야 한다는 일반 원리를 벗어난다. 자연 형태를 출발점이나 영감의 원천으로 사용할 수는 있지만, 추상화를 거쳐 변형시켜야 하며, 특히 건물의 같은 구조적 세부 요소들을 자연주의적으로, 곧 비추상적 방식으로 사용하는 경우는 가끔 있다.

빈센트 스컬리는 다음처럼 말한다. "비대칭적이고 우아한 스케일을 가진 에렉테이온은 오랜 전통을 가진 세속의 종교 의식을 인간적으로 만들었으며, 매우 명료하고 밝고 공공적이다. 반면, 아테나 여신에 대한 인간적 해석이라 할 파르테논은 뜻밖에 장려하고 지배적이고 신성하게 되어버렸다."

그림 6-30. 에렉테이온

그림 6-31. 에렉테이온 복원도

그림 6-32. 에렉테이온 서측입면도

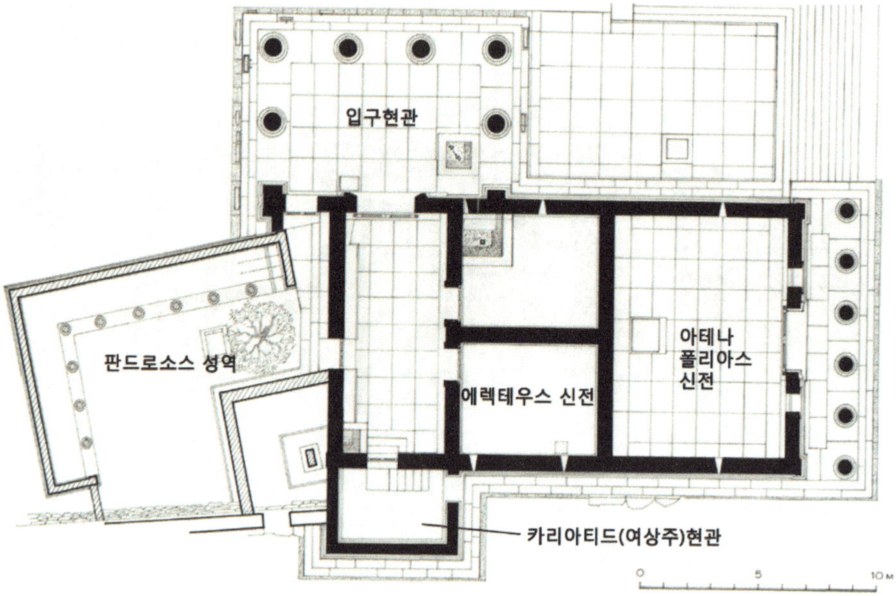

그림 6-33. 에렉테이온 평면도

파르테논 (익티노스와 칼리크라테스 작, BC 448~432년)

파르테논은 아크로폴리스에서 최초로 건설된 가장 큰 건물로서, 아크로폴리스의 건축적 절정을 이룬다. 이 건물은 이 도시의 여신 아테나 파르테노스(Athena Parthenos, 처녀 아테나 여신)에게 봉헌한 것이다. 페르클레스는 당대의 가장 훌륭한 예술가 세 명을 고용해서 이 건설 계획에 투입했다. 조각가인 피티아스(Phidias)가 총책임자였고, 익티노스(Ictinos)와 칼리크라테스가 건축가였다.

파르테논은 사면에 열주를 둔 페립테랄(peripteral) 형식 신전으로서, 폭은 길이의 절반에 약간 못 미친다. 셀라는 두 부분으로 나뉜다. 큰 방에는 피디아스가 만든 아테나 파르테노스의 제사의식용 조각상을 세웠다. 이 조각상의 높이는 약 12m에 달하며, 상아와 황금으로 만들었다. 작은 방은 델로스 동맹의 보물 창고로 계획되었다. 큰 방이 원래의 셀라로서, 여기에는 지붕을 지지하게 위해 작은 기둥들을 중첩한 2열의 열주를 두었는데, 그 방식이 페스툼에 있는 제2 헤라 신전(p.40)과 비슷하다. 보물 창고에는 네 개의 독립한 이오니아식 기둥들을 두었다. 이 두 공간은 그리스 건축에서는 보기 드물게 잘 발달한 실내 건축 공간이라 할 수 있다. 내부의 이오니아식 특징들을 제외한다면, 파르테논은 세련에 극지에 도달한 도리스 오더를 보여준다. 파르테논은 아테네 부근의 펜텔리쿠스(Pentelicus) 산에서 채석한 대리석으로 지었는데, 빛의 변화에 따라 그 색상이 황금색이나 호박색에서 장미색이나 회색까지 다양하게 변화한다. 파르테논은 언덕 위에 서 있기 때문에 멀리서, 특히 바다 쪽에서 잘 보인다. 먼바다 위의 배에서도 아테네의 부와 힘을 뚜렷하게 증거하는 파르테논을 볼 수 있다.

그림 6-34. 파르테논

내외부 건축 공간을 성공적으로 통합하고, 건축 형태를 극도로 세련되게 만듦으로써, 파르테논은 서양 건축의 역사에서 높은 자리를 차지하며, 하나의 절정을 이룬다. 또한 건축과 조각을 탁월하게 통합함으로써, 고딕 성당에 버

금가는 '종합예술작품(Gesamtkunstwerk)' 으로 되었다. 이러한 것을 성취한 예를 지극히 드물다. 형태적인 정제와 착시를 보정하는 수법을 사용한 것은 그리스인이 건축적 형태의 중요성을 자각하고 있었음을 보인다. 파르테논에서는 직선을 거의 찾아 볼 수 없다.

오늘날의 파르테논 신전은 대부분 복원한 것이다. 1687년에 셀라는 터키 군대의 임시 탄약 창고로 사용되었으며, 베니스 군대의 직격탄을 맞아 이 건물은 크게 파손되었다.

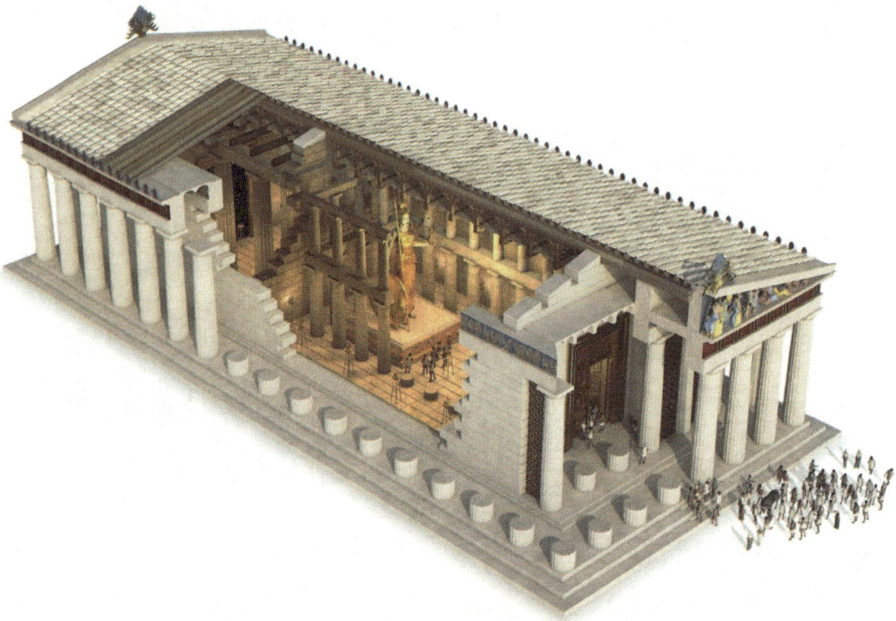

그림 6-35. 파르테논 내부 투시도

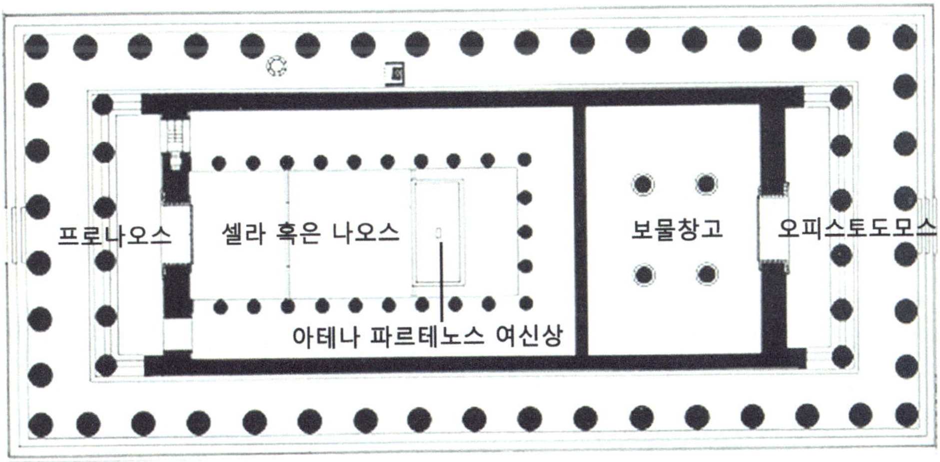

그림 6-36. 파르테논 평면도

그리스 신전의 건축적 형태

그리스 신전은 외부 건축 공간을 규정하는 요소로서 역할한다. 그에 따라 신전은 조각적 조형물의 형태를 취한다. 신전은 가구식 구조로서, 기본 형태 요소는 선이다. 이 선은 시각적으로 보정되어 있다.

이 통일성 있는 조각적 형태는 반복되는 요소들로 구성된다. 이 요소들의 크기와 비례는 신중하게 선택되었으며, 인간적인 스케일에 맞도록 조정되었다.

그리스의 기둥 형태는 처음에는 신성한 숲의 나무에서 추상되었지만, 나중에는 인간을 영감의 주된 원천으로 삼았다. 이러한 점에서 자연과 인간의 형태가 모두 영향을 미쳤다고 할 수 있다. 세 오더는 동일한 주제의 변형들이다. 이들 오더의 건축 형태는 인간과 자연을 통일하려는 시도이다.

여러 오더들의 형태는 남성과 여성의 상이한 특성을 표현한다. 기본 형태요소인 선은 홈파기 방식으로도 사용되는데, 기둥에 근육 같은 성격을 부여하며 지지기능을 부각시킨다. 그리스 신전의 형태는 수세기 동안의 정제를 거쳐 도달한 것으로, 그 단순성을 결코 잃지 않고 있다. 신전의 기본 형태요소는 수직, 수평, 경사의 직선이다. 기둥의 수직선에서 아키트레이브의 수평선으로 전이하는 방식은 도리스식, 이오니아식, 코린트식 주두를 사용해서 매우 섬세하게 해결했다. 페디멘트의 두 경사선들은 수평과 수직의 대비를 종합한다.

그리스 신전의 전체적인 형태는 인간의 신체를 추상화한 것으로서, 외부 공간에서 작용하는 조각적 조형물이다. 인간적 척도, 곧 인체 치수에 근거한(anthropometric) 크기와 비례는 주요 특성들 중 하나이다. 이 형태 요소들은 정적인 틀 속에 들어 있지만 동적인 특질을 지닌다.

이러한 특성은 개개의 구조 부재들에서도 마찬가지이다. 일찍이 비트루비우스는 각 오더들을 다음처럼 보았다: 도리스식 기둥은 남성 신체의 비례와 그 강인한 힘과 아름다움을 갖추고 있다. 이오니아식 기둥의 특징은 여성적인 가냘픔으로서 소용돌이형의 주두는 우아한 곱슬머리를 닮았다. 마지막으로 코린트식 기둥은 호리호리한 소녀의 몸매를 본뜬 것으로, 장식을 통해 더욱 우아한 효과를 낸다.

이집트인은 나무나 갈대다발 같은 유기적 형태에서 기둥의 형태를 추상했지만, 그리스인은 인체를 그 출발점으로 잡았다.

그리스 신전의 건축적 의미

자유로이 유동하며 얽매이지 않은 그리스 건축의 외부 공간은 그리스에서 발원한 말과 행동의 자유, 인간의 평등과 같은 민주주의의 가치들을 나타낸다.

매우 다양한 건축의 외부 공간은 항상 역동적인 삶의 풍요로움과 즐거움을 나타낸다. 인간을 압도하는 요소를 배제하고 인간적 척도를 탁월하게 적용함으로써 그리스의 신전은 각 개인의 인격과 권리에 대한 존중, 그리고 관용과 수용을 전달한다.

그리스의 신전은 그 형태를 통해서 아직도 추구할 가치가 있다고 생각되는 탁월한 인간적인 가치들을 전달한다. 인간이 민주적인 사회에서 그러하듯, 그리스의 신전은 그 환경과 상호 작용한다. 독립 개체로서 인간은 위계적이 아닌 민주적으로 구성된 좀 더 큰 질서의 한 부분이다. 민주적인 질서에서 모든 인간은 평등하다. 원칙적으로 아무도 다른 사람보다 높을 수 없고 단지 건전한 경쟁만이 있을 뿐이다. 그리스의 신전은 관용과 존경을 전달한다. 이 신전 건축은 한 개인의 영광을 위한 것도 아니며 신의 영광만을 위한 것도 아닌, 공평하게 모든 사람을 위한 것이다. 자유로이 유동하는 비-축선형의 배치는 편안한 분위기를 제시한다. 다원적인 공간 구성 방식은 사회의 다원적인 특성을 전달한다.

그리스의 신전은 우주와 인간을 대표한다. 우주는 질서와 아름다움을 의미한다. 그리스의 신전은 우주와 인간사이, 자연과 인간사이를 중재한다.

제 7장 헬레니즘 세계

'헬레니즘(Hellenism)'이라는 용어는 19세기의 위대한 독일 역사가 드로이젠(J. G. Droysen)이 알렉산드로스(Alexandros, 알렉산더)대왕의 동방 정복 이후, 로마의 초대 황제 아우구스투스(Augustus)가 마지막 헬레니즘 왕국인 이집트를 로마의 속주로 만들었던 대략 300년 정도의 시기를 '헬레니스무스(Hellenismus)', 즉 '그리스화'라고 표현하면서 나타났다. 그러나 헬레니즘 시대가 정확히 언제 시작되었는지에 대해서는 학자들마다 약간씩의 차이가 나타난다. 기원전 338년, 337년, 336년, 334년, 330년, 323년이 그 시작점으로 꼽을 수 있는 연도들이다.

그림 7-1. 알렉산드로스 대왕의 동방 원정과 제국 영역

가장 먼저 시작점으로 잡을 수 있는 시기인 기원전 338년은 알렉산드로스의 부왕인 마케도니아(Makedonia)의 필리포스(Philippos, 필립)가 카이로네이아(Chaironeia) 전투를 통해 아테나이(Athenai, 아테네)와 테바이(Thebai, 테베) 연합군을 격파한 시점이며, 337년은 코린토스(Corinthos, 코린트) 동맹을

만들어 그리스인의 맹주가 된 때이다. 336년은 필리포스가 암살되고 20세의 알렉산드로스 3세가 왕위를 계승한 해이며, 334년에는 동방 원정이 시작되었다.

330년은 알렉산드로스가 가우가멜라(Gaugamela)에서 페르시아의 왕 다레이오스(Dareios, 페르시아어로는 다라야바우쉬, 통상 다리우스) 3세를 결정적으로 격파한 해이다. 그리고 마지막으로 323년에 그는 바빌론(Babylon, 바빌론)에서 33세의 젊은 나이에 눈을 감았다.

헬레니즘 시대가 끝난 시점은 안토니우스(Antonius)와 클레오파트라(Kleopathra)의 연합함대가 악티온(Action, 악티움) 해전에서 옥타위아누스(Octavianus, 옥타비아누스, 즉 후일의 아우구스투스)에게 패한 기원전 31년이거나, 안토니우스와 클레오파트라 7세가 자살하고 이집트가 로마에 병합된 해인 기원전 30년이라고 보아도 좋다.

이 연도들은 모두 그 나름의 의미들이 있지만, 시대 구분이 너무 복잡하고 길어진 감이 있다면, 다음과 같이 간략하게 정의할 수도 있다. 헬레니즘 시대는 '알렉산드로스에서 아우구스투스까지'이다. 이 기간 동안에 그리스인은 마케도니아와 그리스, 이집트, 시리아 등 예전의 페르시아 제국의 영토 전역을 포괄하는 지역에서 주도권을 잡고 있었고, 그 문화는 후일의 로마 제국과 그리스도교의 성장에도 커다란 영향을 미쳤다.

오늘날로 보자면 서유럽과 발칸반도, 이집트와 이란, 이라크, 시리아 등을 포함하는 중근동 전체와 아프가니스탄과 인도 북부에까지 그 영향이 미쳤던 것이니, 실로 방대한 지역이 헬레니즘 문화의 세례를 받은 것이다. 이 문화는 서로마 제국과 그리스도교에도 그림자를 드리우고 있지만, 진정한 헬레니즘 문화의 후계자는 서기 1453년에 그 수명을 다했던 동로마 제국, 즉 비잔틴 제국이다. 따라서 헬레니즘 문화를 길게 본다면 서기 15세기 중엽까지 지속되었다고 말해도 그렇게까지 틀리지는 않을 것이다.

그러면, 왜 헬레니즘 세계와 문화를 지금 다시 볼 필요가 있는가? 그 질문에 대한 대답은 여러 가지로 할 수 있겠으나, 여기서 먼저 내세우고 싶은 대답은 '헬레니즘 시대는 국제적인 문화가 있었던 시대였기 때문'이다. 다시 말하면 코스모폴리탄(cosmopolitan), 즉 세계인이 나타난 시대로서 그런 측면에서는 오늘날과 가장 유사한 시대이기 때문이다.

마케도니아의 성장과 알렉산드로스 대왕의 동방원정

그림 7-2. 알렉산드로스 대왕 (B.C. 356-323)

마케도니아 민족은 원래 북방의 고원지대에 살았으며, 페르시아 전쟁 이후 그리스 문화를 받아들이고 사회의 각 분야를 혁신하였다. 특히, 필리포스 2세는 왕위에 오른 후 상비군을 만들고, 그리스의 전술을 도입하여 강력한 중무장 보병 밀집대형으로 군을 개편하는 등 급속히 성장하였다. 마침내 마케도니아의 필리포스 2세는 북그리스로 남하하여 케로네아 전투(B.C. 338)에서 아테네-테베 연합군을 무찌르고 그리스 전체를 마케도니아의 수중에 넣었다.

2년 후 필리포스 2세가 암살되고 B.C. 336년 알렉산드로스(알렉산더 대왕, B.C.356-323)가 20세의 젊은 나이에 왕위를 계승하였다. 그는 페랄에서 태어나 아리스토텔레스로부터 교육을 받았다.

그리스의 반(反) 마케도니아파의 저항을 분쇄한 마케도니아 왕 알렉산드로스는 동정에 대한 부왕의 유지를 받들어 기원전 334년에 마케도니아군을 주력으로 한 그리스 연합군을 거느리고 페르시아 원정길에 올랐다. 그해 6월 소아시아(현 터키)에 상륙한 원정군은 그라니코스강에서 벌어진 첫 전투에서 페르시아군을 격파하고 소아시아 서부의 도시들을 하나씩 공략해나갔다.

이듬해 여름 원정군은 키르키아문(門)을 지나 타르수스(Tarsus)에 도착하였으나 알렉산드로스왕이 열병에 걸려 잠시 진군을 멈추었다. 그러다가 11월에 원정군은 이수스 전투에서 출격해온 다리우스 3세(Darius III, 재위 기원전 336~330) 휘하의 페르시아군을 격파하였다. 이에 고무된 원정군은 이듬해(기원전 332)에 지중해 동안을 남하하여 이집트의 멤피스까지 직진하였다.

다음해(기원전 331) 초에 알렉산드로스는 나일강 하구에 첫 알렉산드리아시를 건설하였다. 그는 이 도시의 서쪽 약 400km 떨어진 시와(Siwa)에 있는 아몬 신전을 찾아가 신탁(神託)을 구하면서 자신은 아몬의 아들(신의 아들)이라고 자칭하였다. 신탁으로부터 그의 만인동포관(萬人同胞觀)이 싹텄다.

그해 늦은 봄 원정군은 북상하여 11월 가우가멜라 전투에서 역시 다리우스 3세가 이끈 페르시아군을 대파하고, 이어 바빌론을 점령하였다. 계속하여 아케메네스조의 수도 수사와 페르세폴리스를 공략하고, 수사에 4개월간 체류하였다. 한편 다리우스 3세는 박트리아(Bactria, 대하(大夏)) 지방으로 도주하는 길에서 부하 베수스에 시해됨으로써 사실상 아케메네스조는 멸망하고 말았다.

그림 7-3. 알렉산드로스와 다리우스 3세의 이수스 전투(B.C. 333)

페르시아의 보복전으로 원정에 나선 알렉산드로스는 아케메네스조를 멸망시켜 보복의 한을 풀어 당초의 출정 목적은 일단 달성하였다. 그러나 아케메네스조가 차지하고 있던 중앙아시아 일대를 정복할 새로운 욕심이 생겨났다. 게다가 다리우스 3세를 시해한 베수스는 페르시아 왕으로 참칭(僭稱)하면서 박트리아를 근거지로 재기를 시도하고 있었다. 이러한 상황은 알렉산드로스로 하여금 중앙아시아 진출을 서두르게 하였다.

마침내 기원전 329년 봄에 알렉산드로스는 힌두쿠시 산맥을 넘어 박트리아로 진군하였다. 이때 베수스는 부하 스피다메누스에게 잡혀 원정군에 인도되었으며 원정군은 계속해서 소그디아나로 진격해 수도 마라칸드(현 사마르칸트)를 점령하였다. 원정군은 여기에 그치지 않고 시르다리야강 유역의 유목민인 사카족의 반항을 진압하기 위해 북상해, 그곳에 또 하나의 알렉산드리아시를 건설하였다.

당시 알렉산드로스는 원정군의 침입에 항거하는 소그디아나인 3만 명을 학살하여 소그디아나인들의 저항을 불러일으켰다. 특히 원정군에 환멸을 느낀 스피다메누스는 소그디아나와 박트리아 주민들을 규합하여 강력한 저항운동을 전개하였다. 이에 원정군은 제라프샨강을 따라 전진하면서 스피다메누스를 추적하였다. 스피다메누스와 저항군은 초원의 오지로 퇴각하여 계속 항전하다가 제라프샨강 북안에서 진몰(陣歿)하였다. 그리하여 오늘날 우즈베키스탄에서는 스피다메누스를 위대한 애국자로 추앙하고 있다. 이 추격전에서 원정군은 12만 명의 현지인을 살해하였다.

알렉산드로스는 옛 페르시아 왕의 지배권을 인정했던 지역은 당연히 자신의 제국에 다시 편입되어야 한다는 침탈 논리를 내세워 인도 원정을 결심하였다. 그는 기원전 327년 6월 인도 침공을 위해 중앙아시아를 떠났는데, 박트리아를 중앙아시아와 인도 경략의 요충지로 간주하고 거기에만 1만 3,500명의 수하 원정군을 남겨두었다. 뿐만 아니라 박트리아와 소그디아나에 12개소의 군사기지를 신설하여 모두 3만 명의 병사와 그리스인들을 주둔시켰다.

5만의 원정군은 험준한 힌두쿠시 산맥을 넘어 기원전 326년 3월에 탁실라(Taxila)로 진격하였다. 원정군은 주변 세력들과 반목하고 있던 이 지역의 지배자 암비(Ambhi)의 환영을 받으면서 입성하였다. 암비는 환대의 표시로 원정군에게 황소 3천 두와 1만 마리 이상의 양을 선물하였다. 알렉산드로스는 10배의 값어치로 답례하고 암비를 그 지방의 지배자로 유임시킴으로써 주민의 환심을 샀다.

원정군은 계속 남하하다가 포루스(Poros)의 강한 저항에 부딪쳤다. 포루스의 병력은 보병 3만 명에 기병 4천 명, 전차 3백 대, 코끼리 200두로 원정군의 진격을 저지할 수 있을 만큼의 대병력이었다. 특히 원정군에게는 처음 대전하는 코끼리 군단이 대단히 위협적이었다. 양군은 히다스페스(젤름)강의 양안에서 대치하다가 원정군이 폭우 속의 야음을 틈타 진영에서 16마일 상류의 강폭이 좁은 곳으로 도하해 배후에서 기습을 가함으로써 격전은 원정군의 승리로 끝났다.

그림 7-4. 히다스페스강 전투

알렉산드로스는 갠지스강 유역까지 진격하기를 원했지만, 5하(河)의 마지막 강에 이르러서는 병사들이 8년간의 고된 원정에 지치다보니 진격하라는 왕명을 거부하기에 이르렀다. 알렉산드로스는 조금만 더 전진하면 세계의 끝자락에 이르게 되며, 그렇게 되면 '세계제국'의 야망을 실현할 수 있을 것으로 생각하였지만 사병들은 미지의 세계에 대해서는 호기심보다 두려움을 더 느끼고 있었다. 특히 이미 경험한 대로 코끼리 군단은 큰 공포의 대상이었다.

이러한 상황에서 알렉산드로스는 철군을 결심하고 원정군의 최종 점령 지점을 표시하기 위해 자신들이 섬기는 12신(神)을 상징하는 12개의 석조 계단을 축조하였다. 알렉산드로스는 점령지역을 자신이 구상하는 제국의 주(州)로 편입시켜 페르시아나 마케도니아의 지사를 주재시키거나, 아니면 암비나 포루스 등 원주민 지배자였던 자들로 하여금 계속 통치하도록 하였다.

포루스는 펀자브 지방의 7개 소국을 지배하는 지사로 임명되었다. 이렇게 19개월간의 인도 점령을 마감한 원정군은 아라비아해를 통해 귀환하려고 인더스강을 따라 남하하였다. 도중 라비 강변에서 10만 인도 연합군의 저항을 받았으며, 이 전투에서 알렉산드로스는 중상을 입었다. 원주민들의 계속적인 저항에 부딪치자 주력군은 서쪽으로 회군 방향을 돌리고 일부는 해로로 철군하였다.

그림 7-5. 알렉산드로스 석관

알렉산드로스가 이끄는 주력군은 게드로시아(Gedrosia) 사막을 지나면서 수많은 희생자를 내고 기원전 323년 초에 가까스로 수사(Susa)를 거쳐 바빌론에

도착하였다. 이로써 알렉산드로스의 1만 8천km에 달하는 8년간의 동방원정은 막을 내렸다. 같은 해 6월 그는 갑자기 열병에 걸려 10일 만에 33세의 나이로 요절하였다.

약관 20세에 마케도니아 왕위에 등극한 알렉산드로스의 동정(東征)을 결심한 계기는 다음과 같이 정리할 수 있다.

첫째로, 선왕의 유지인 대(大)그리스제국의 재건이다. 선왕인 필립 2세(Philip II, 재위 359~336)는 그리스의 쇠퇴를 기회로 농민들로 구성된 장창병(長槍兵)을 이끌고 남하하여 케로네아(Chaeronea) 전투(338)에서 아테네 · 테베 연합군을 격파하였다. 이를 계기로 마케도니아는 전 그리스를 정복함으로써 고전 그리스 시대는 막을 내리게 되었다.

승승장구한 필립 2세는 마케도니아 · 그리스 연합군을 결성하여 페르시아 원정을 계획하였으나, 아내와 공모한 자객에게 피살되어 원정 계획은 무산되었다. 필립 2세의 원정 목적은 소크라테스(Socrates) 등이 주장한 이른바 범그리스주의(Panhellenism)에 입각하여 소아시아의 하리스(Haris)강 이서 지역을 공략함으로써 대(大)그리스제국을 재건하는 데 있었다. 이러한 선왕의 유지와 계획을 실천에 옮기기 위해 동정에 나섰던 것이다.

둘째로, 그 동인은 그리스 도시국가들간의 분쟁을 막고 독립을 회복하려는 그들의 기도를 억제하려는 것이었다. 기원전 5세기에 있었던 수차례에 걸친 페르시아와의 전쟁에서 승리한 아테네는 크게 번성하기 시작하였다. 이로 인해 스파르타 · 코린트(Corinth) · 메가라(Megara) · 테베(Thebes) 등 도시국가들과의 세력 균형이 깨짐으로써 도시국가들 간의 갈등이 심화되었다.

특히 아테네와 스파르타 간의 충돌이 심하였는데, 스파르타는 테베 등 도시국가들과 반(反)아테네 동맹을 결성하고 근 30년간의 대(對) 아테네 펠로폰네소스 전쟁(기원전 431~404)을 진행하였다. 전후 일시 전패한 아테네와 테베 · 스파르타 간에는 패권다툼이 재연되었다. 이러한 도시국가들 간의 갈등을 동정(東征)이란 공동 목표 속에 융화시키려는 것이 알렉산드로스의 또 하나의 숨은 의도였다.

셋째의 동정 동인은 숙적 페르시아에 대한 보복이다. 중앙아시아와 서아시아 일대를 지배하에 넣은 아케메네스조 페르시아의 다리우스왕은 기원전 490년부터 448년 기간(42년간)에 네 차례(490, 480, 479, 448)나 아테네 정복을 시도하였으나 매번 패하고 말았다. 게다가 페르시아는 용병제(傭兵制) 도입으로 군사력이 약화되었고, 지중해 연안 제국들의 부단한 반란(예: 344년 이집트 반란)과 더불어 왕족과 귀족들의 부와 사치 및 알력으로 국세는 쇠퇴일로를 걷고 있었다. 숙적 페르시아의 몰락은 대그리스제국의 재건을 꿈꾸는 알렉산드로스에게 보복과 장애 제거의 호기가 아닐 수 없었다.

제국의 분열

매우 짧은 기간에 건설한 대제국은 알렉산드로스 사후 혼란에 빠져 들었다. 후계자를 자처하는 부하 장군들 간의 각축 끝에 B.C. 3세기에 들어서면서 그의 제국은 크게 4개로 분할되었다. 셀레우코스 1세(B.C.358-280)는 페르시아와 메소포타미아 지방을, 리시마코스(B.C.361-281)는 소아시아와 트라키아를 차지하였다. 아울러 마케도니아 왕 카산데로스(B.C.350-297)는 마케도니아 지방을, 프톨레마이오스 1세(B.C.367-283)는 이집트 · 리비아 · 페니키아 · 팔레스티나를 차지하였다.

B.C.275년 셀레우코스가 리시마코스를 살해하자 마케도니아와 그리스 본토는 안티고노스 왕조의 지배를 받게 되었다. 알렉산드리아를 중심으로 이집트에 세력권을 형성한 프톨레마이오스 왕조는 팔레스티나와 시리아를 공략하여 지중해 제해권을 장악하고 동방 전제군주제를 실시하였다.

한편, 셀레우코스 왕조는 알렉산드로스 제국의 대부분을 차지하여 안티오키아를 중심으로 교역면에서 알렉산드리아와 경쟁하였다. 그러나 최종적으로 이들 헬레니즘 세계의 대부분은 B.C.2세기에 이르러 로마 제국의 지배하에 들어가게 되었다.

그림 7-6. 알렉산드로스 제국의 분열

헬레니즘 세계의 형성과 동서교류

알렉산드로스의 동정과 그에 수반된 알렉산드로스제국의 출현으로 인하여 사상 최초의 동서간의 직접적인 문명접촉이 이루어졌다. 이것은 문명교류사에서 하나의 획기적인 사건이었다. 알렉산드로스의 동정과 더불어 출현한 알렉산드로스제국은 유라시아 대륙을 망라한 미증유의 대제국으로서, 그 판도 안에는 그리스 문명과 이집트와 메소포타미아의 고대 오리엔트 문명, 그리고 페르시아 문명, 인도 문명 등 실로 다양한 당대의 주요 문명들이 망라되어 있다.

그 결과 그리스 문명을 비롯한 서방 문명과 페르시아 문명을 비롯한 오리엔트 문명이 융합하여 새로운 헬레니즘(Hellenism) 문명이 탄생하였다. 이른바 '헬레니즘' 이란 문명교류의 첫 모형(模型)이 창출되었다. 헬레니즘이란 본래 고전기(古典期)의 그리스 문화(Hellenedom)에서 유래한 말로 '그리스 정신' '그리스풍의 문화' 란 뜻을 내포하고 있다. 그러나 나중에 알렉산드로스의 동정으로 인하여 '동서 문명이 하나로 융합된 새로운 시대와 문명의 출현'을 가리키는 개념으로 의미가 확대되어 지금까지 시대적 개념인 동시에 문명개념으로 사용되어왔다.

200여 년간 존속된 헬레니즘 문명은 동서 문명교류의 결실로서, 다시 동서 교류의 토양에 씨앗이 뿌려져 동서 교류를 한층 풍요롭게 하였다. 알렉산드로스가 지휘한 원정군의 행군 노정을 통해 고대 오아시스 육로의 서단(西段)과 그 연변 상황을 확인할 수 있다. 뿐만 아니라, 알렉산드로스는 부장(副將) 네아르코스(Nearchos)로 하여금 인더스강 하구로부터 바빌론에 이르는 해로를 이용하여 회군(回軍)케 함으로써 고대 해로 서단의 존재도 아울러 재확인할 수 있게 되었다.

교류인으로서 알렉산드로스가 동서 문명교류에 기여한 바는 크지만, 이는 서양과 파미르 고원 이서(以西)의 동양(중앙아시아와 서아시아) 간의 직접적 접촉과 교류만을 가능케 한 국지적(局地的)인 기여일 뿐이었다. 파미르 고원이라는 자연장벽을 극복하고 명실상부하게 전면적인 동서 문명교류 실현에 기여한 교류인은 후세의 동양인들이었다.

에게 해에서 인더스 강 유역에 걸친 헬레니즘 세계는 국가적으로 상공업을 장려하여 상업과 교역이 매우 활발하였고 그 결과 도시로 인구가 집중되었다. 예컨대 시리아의 안티오키아는 1세기 동안에 인구가 4배로 늘어났고, 티그리스 강가의 셀레우키아는 2세기 안에 대규모 도시가 되었다. 그러나 무엇보다도 헬레니즘 세계의 가장 큰 도시는 이집트의 알렉산드리아였다.

알렉산드로스에 의해 건설된 헬레니즘 세계는 그리스어가 공용어가 되고, 동서문화를 융합시킨 '세계문화'를 형성하였다. 또한 헬레니즘 시대의 세계시민주의(Cosmopolitanism)는 각 지역이 배타적인 폴리스 중심의 사고에서 벗어나 나름대로 특성을 가지면서도, 세계화된 그리스 문화를 수용하였다. 이러한 헬레니즘 문화는 이후 로마 문화의 바탕이 되었다.

그러나 B.C. 4세기경부터 싹튼 개인주의적 경향은 폴리스 시민생활의 전통을 침식하였다. 그리스인은 공동체 생활보다는 개인의 부와 안락을 더 열심히 추구하였다. 알렉산드로스 대왕의 정복 이후 이러한 경향은 더욱 분명해졌다.

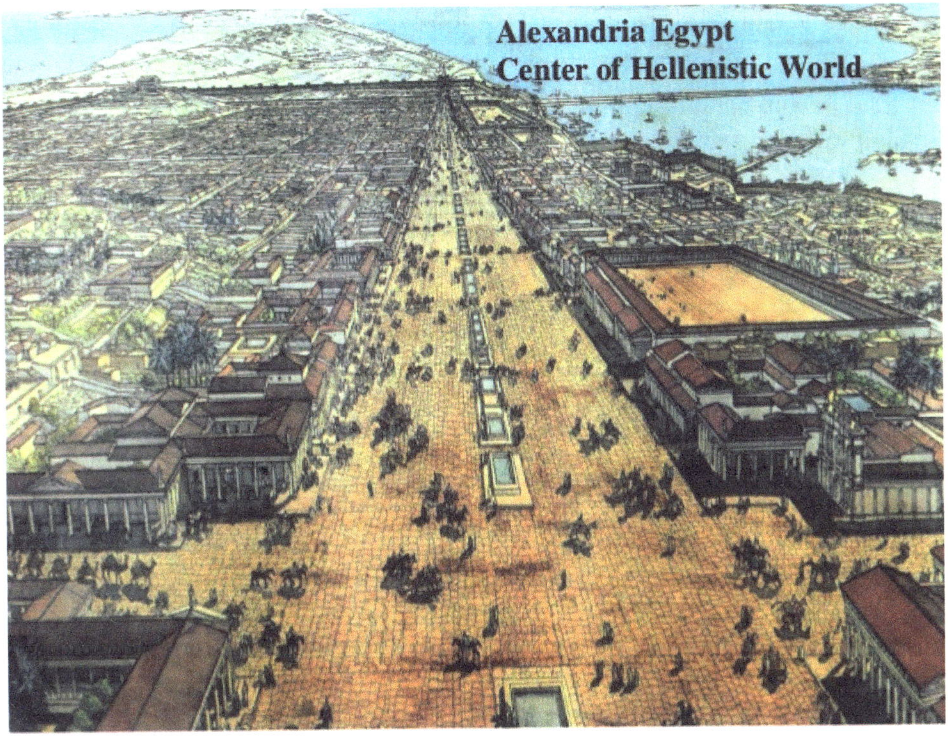

그림 7-7. 헬레니즘 세계의 대표적인 도시 알렉산드리아

헬레니즘 세계의 철학과 사상

그림 7-8. 에피쿠로스

상대주의와 세계주의, 개인주의와 도피주의는 헬레니즘 시대의 지적 특징이었다. 문학과 미술은 절충적이며 역동적 요소를 강조하였다. 학문은 실제적 지혜를 다루고 응용에 따른 현실 생활의 개선을 목표로 하였다.

아테네 출신 에피쿠로스(Epikuros, B.C. 342-270)에 의해 성립된 에피쿠로스파는 금욕을 통한 정신적 쾌락을 추구하였다. 그들의 사상은 실재하는 것은 오직 물질이며 현상이란 항상 상대적이므로 법이나 관습이 사회 정의의 기반이라는 것이었다. 그러나 후기의 추종자들이었던 로마의 에피쿠로스파는 단순한 쾌락주의를 찬양하였다. '먹고 마시고 즐겁게 지내자-내일 죽을 것이기 때문에' 라는 구호는 로마 에피쿠로스파가 내세운 모토였다.

한편, 피론(Pyrrhon, B.C. 365-275)은 시대가 가진 혼돈을 솔직하게 반영한 회의파를 창시하였다. 회의파 논리의 출발점은 인간의 감각 이외에는 아무 것도 확실한 것이 없으며 진리는 알 수 없다는 것이다.

이외에도 모든 소유욕에서 해방될 때, 비로소 도덕적일 수 있다는 견유학파도 성립하였다. 대표적 견유파 사상가로는 소아시아 출신의 디오게네스(Diogenes, B.C. 412-323)가 있다. 나무로 만든 통 속에서 사던 디오게네스는 찾아온 알렉산드로스 대왕에게 햇볕을 가리지 말라고 요구하였으며 '정직한 사람을 찾기 위해' 아테네 시내를 대낮에 제등을 들고 다니는 등 많은 일화를 남겼다. 이러한 견유학파의 세속에 대한 무관심, 세계 공동체의 관념, 평등관은 뒷날 스토아 학파의 대두에 기여하였다.

그림 7-9. 알렉산드로스 대왕과 디오게네스

아테네의 스토아에서 철학적 논의를 했기 때문에 이름 붙여진 스토아 학파는 헬레니즘 시대 철학에 가장 큰 공헌을 하였다. 이 학파는 그 후 로마의 법 사상과 그리스도교의 이념에 지속적인 영향을 주었다. 키프로스섬 출신의 제논(Zenon, B.C.336-264)은 B.C.4세기 초 아테네에서 스토아파를 창시했으나 남아있는 저술은 없다. 제논보다 약 50년 후의 인물인 크리시포스(Chrysippos, B.C.280-206)는 스토아파의 제 2의 창시자였다. 스토아 파의 주장에 따르면 인생의 유일한 목적은 모든 욕심으로부터 해방되는 것이다. 즐거움과 괴로움, 명예, 소유와 같은 세속적 욕심 등에 대한 무관심이 스토아파의 특성이었다.

이러한 스토아파의 주장은 로마 법 사상에 영향을 끼쳤으며, 동시에 그리스도교 신학으로 이어지는 연결 고리를 제공하였다. 고대 사상의 근간이 된 자유는 스토아 철학에서 사상적인 완성을 보았다. 이러한 그들의 사상을 통해 폴리스 중심의 시민적 자유는 헬레니즘의 도덕적 자유로 확대되었다.

헬레니즘 세계의 과학기술

고전시대의 폴리스에서는 주로 자연철학의 사색이 주류를 이룬 반면, 헬레니즘 세계에서는 과학의 실용적 발달이 추세를 이루었다. 엄청나게 많은 서적과 문헌을 소장한 도서관이 있는 이집트의 알렉산드리아는 프톨레마이오스 왕조의 적극적 지원 아래 학문 연구의 본거지가 되었다.

이 중에서도 두드러진 발전을 한 분야는 천문학이었다. 아리스타르코스(Aristarchos, B.C.284-264)는 월식 관측을 기초로 지구보다 태양이 3백 배 정도 크며 태양을 중심으로 지구가 그 주위를 원 운동한다는 이른바 지동설을 주장하였다. 히파르코스(Hipparchos, B.C.160-125)는 주전원(Epicycle)이론을 제시하여 일식과 월식을 예측할 수 있었고 지구·달·태양 사이의 상호 거리를 측정하고 1개월과 1년의 계산도 하였다.

기하학에서는 유클리데스(유클리드, Euclid, B.C.330-275)와 아르키메데스(Archimedes, B.C.287-212)가 유명하다. 알렉산드리아 출신인 유클리데스는 평면 기하학을 연구하였다. 3차원 공간을 전제로 하는 그의 기하학은 19세기

유럽 기하학에까지 직접적인 영향을 미쳤다. 한편, 남이탈리아의 시라쿠사이 출신인 아르키메데스는 기하학적 원리를 다른 과학 분야에까지 적용시킨 학자였다. 그는 목욕 중에 비중 개념을 착상했으며(아르키메데스의 원리) 또한 파이 π의 값을 계산하였다.

그림 7-10. 아르키메데스의 '부력'의 발견

지리학자로서는 다년간 알렉산드리아 도서관장을 지낸 에라토스데네스(Eratosthenes, B.C.276-195)가 있다. 그는 지구의 직경 및 지구와 태양과의 거리를 계산했으며, 지구의 경·위도를 그어 지도 제작을 개선하였다.

'의학의 아버지' 라 불리는 히포크라테스(Hippocrates, B.C.460-377)는 인체구성의 4원소를 흙·불·물·공기라 보는 한편, 의사의 윤리를 말하는 '히포크라테스의 서약' 을 만들었다고 한다. 히포크라테스의 업적을 계승한 헤로필로스(Herophilos, B.C.335-280)는 인체 해부를 통해 많은 중요한 발견을 하였다. 인체의 각 기능을 연구한 그의 제자 에라시스트라토스(Erasistratos, B.C.310-250)는 생리학의 원조로 알려지고 있다.

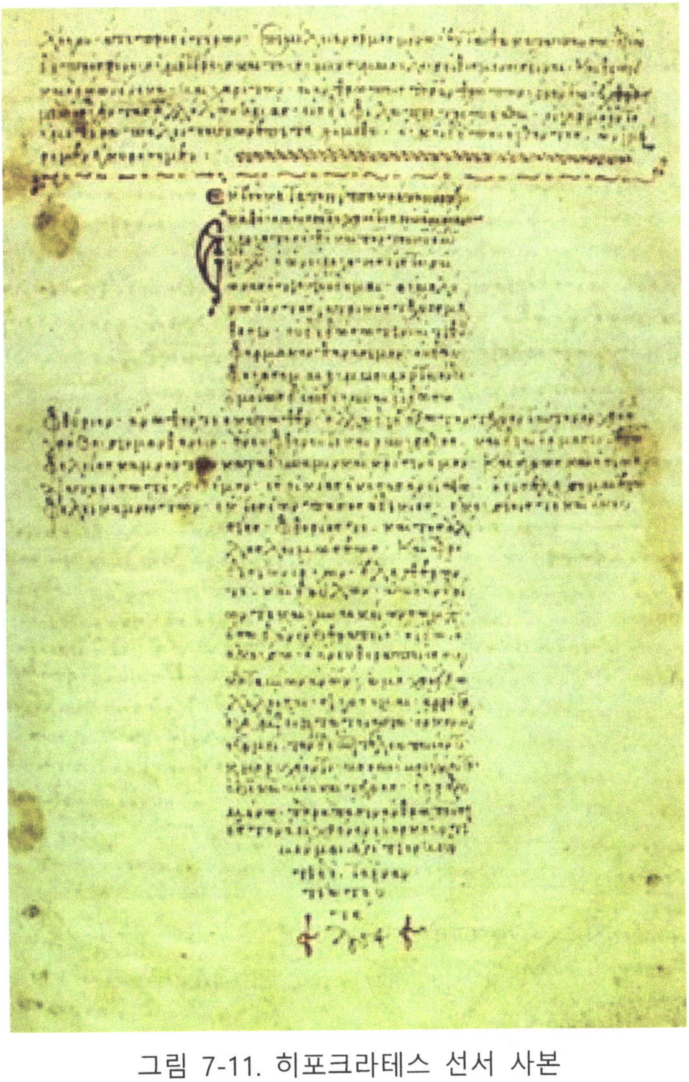

그림 7-11. 히포크라테스 선서 사본

헬레니즘 세계의 미술과 건축

헬레니즘의 조각으로는 '라오콘', '밀로의 비너스', '사모트라케의 니케' 등이 대표적이다. 숭고한 육체의 이상적인 아름다움을 현란한 관능미로 바뀌었다.

헬레니즘 시대의 회화는 거의 남아 있지 않으며 다만 폼페이 유적에서 추측될 수 있을 뿐이다. 여기에서는 채색된 크고 작은 병이나 항아리, 도제 소상(terra cotta)이 출토되었으며, 그 가운데서도 보에오티아의 소도시에서 발견된 다양한 인물상으로 제작된 타나그라 인형이 흥미롭다.

그림 7-12. Victoire de Samothrace / B.C. 331-323 (좌)
Venus de Milo / B.C. 2C~1C (우)

그림 7-13. Laocoon' Group / Laocoon and His Sons / B.C. 175-150

고전시대 건축보다 더 세련되고 규모가 커진 헬레니즘 건축에서 후의 로마 건축이 갖는 웅장한 아름다움이 이미 나타나기 시작하였다. 훨씬 다양하고 복잡하고 정교한 헬레니즘 문화는 제국적인 스케일과 광범한 다양성을 가진 건축을 필요로 했다.

웅장한 초인간적 스케일을 적용하고 내부 공간을 독창적으로 발전시킨 것은 헬레니즘 건축에서 시작한다. 대규모의 내부공간에 대한 복잡한 공간 구성은 로마 건축으로 직접 이어진다. 또한 건물을 조각작품처럼 취급하면서 외부 공간을 강조하고, 내부는 상대적으로 덜 발전된 상태로 두었던 그리스 고전기 건축과는 뚜렷하게 결별했다.

에피다우루스의 극장 (B.C. 350년경)

파우사니아스(Pausanias)가 그리스 최고의 극장이라고 선언한 에피다우루스의 극장은 건축의 외부공간을 탁월하게 구성한 또 하나의 예이다. 반원을 약간 넘는 관객석은 언덕의 경사면을 이용해 만들었다.

이 극장을 수평 투영한 원의 직경은 115m이다. 부채살 모양의 계단들은 적절하게 분산 배치되어 있다. 연극을 공연하는 원형의 오케스트라는 정확하게 배치의 중심에 자리한다. 중간의 넓은 통로는 석재로 된 원형의 객석을 두층으로 나눈다.

오케스트라(Orchestra: 합창무대), 프로세니움(Proscenium: 무대), 스케네(Skene: 배경)는 공연을 관람하고 배우들이 준비하는데 편리하게 배치했다. 무대와 객석 사이에 있는 통로인 파로도스(Parodos)는 충분히 넓어서 모든 관객이 신속하게 빠져나갈 수 있다.

관객의 편의를 위해 평면을 이토록 세심하게 고려한 것은 개인의 견해와 반응에 대한 관심이 늘어가고 있었음을 보인다.

그림 7-14. 에피다우루스 극장

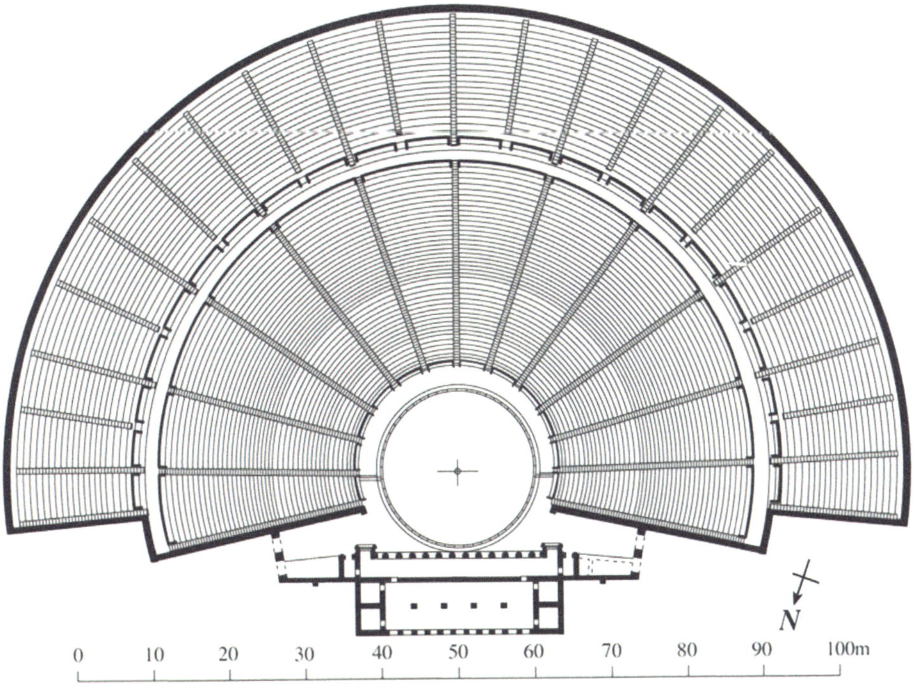

그림 7-15. 에피다우루스 극장 평면도

프리에네 (소아시아, B.C. 350년경)

프리에네의 도시 설계는 고대 도시들이 신들의 영광과 왕의 야망을 충족시키는데 주안점을 두었던 것과는 달리, 사람들이 사용하기에 적합하도록 신중한 배려를 함으로써 그리스의 인본주의에 본질적인 공헌을 했다.

헬레니즘 시대의 그리스인은 건축 설계의 개념을 도시 전체로 확장시켰다. 그리스 고졸기까지 거슬러 올라가는 격자형의 규칙적인 도로 패턴은 B.C. 5세기에 들어 밀레토스(Miletos) 출신 건축가 히포다모스(Hippodamos)가 체계화했다. 프리에네(인구 약 4,000명) 같은 헬레니즘 시대의 바둑판 모양 도시 계획은 모두 그와 연관이 있다.

시빌 모홀리나기(Sibyl Moholy-Nagy)는 도시 계획의 네 가지 원래가 여기에서 통합되었다고 말한다. 언덕의 경사면에 순응시킨 배치는 지형을 고려한 것이다. 스토아, 극장, 경기장 같은 규모가 큰 중요한 공공 건물들과 주요 가로들은 모두 등고선을 따르며, 건물이나 가로의 긴 쪽이 남쪽을 향하도록 배치했다. 제단을 초점으로 삼는 큰 시장, 곧 아고라를 도시 중심에 두어 중앙집중식 배치를 취한다. 아고라를 중앙에 두어 모든 시민들이 쉽게 접근할 수 있도록 하는 것이 히포다모스 계획의 주된 질서 원리이다. 아고라는 지붕 덮인 긴 열주 스토아들로 둘러싸이는데 그 안에는 상점이나 관공서들이 들어선다. 스토아는 도시의 공공 생활에 대한 건축적 표현이다. 아고라는 전체적으로 직교하는 공간 구성을 유지하면서 자유롭게 분산 배치된 조각상과 기념비로 가득 차 있었다. 이 곳에서 사업과 정치, 행정이 행해지고 풍문이 오갔다. 스토아 학파의 철학이 그 이름을 얻게 된 것도 그리스인이 스토아에서 합리적인 도덕 교육을 한 것에서 비롯한다. 주 스토아 뒤편 북동쪽으로 640석 규모의 시의회 건물인 불레우테리온(Bouleuterion)이 있으며, 길 건너 서쪽으로는 B.C. 3세기에 세운 제우스 신전이 있다. 도로망은 직교 격자 체계를 따라 배치된다. 특별히 큰 도로는 없지만 서쪽 출입문에서 아고라에 이르는 도로는 다른 것보다 좀 넓은 7.3m의 폭을 가지며, '주 가로'의 성격을 띤다.

구획은 모듈체계에 따라 배치했다. 주거지의 표준구획은 47×35m이다. 이는 기존 대지에 역동적으로 적용한 기하학적 원리와 주민들의 요구에 대한 존중을 훌륭하게 종합한 것이다. 역동적이고 인간적으로 만든 건축의 외부 공간은 헬레니즘 시대의 사회 구조를 반영한다. '작품' 으로서의 건축과 '작업' 으로서의 건축은 훌륭한 균형을 이루고 있다.

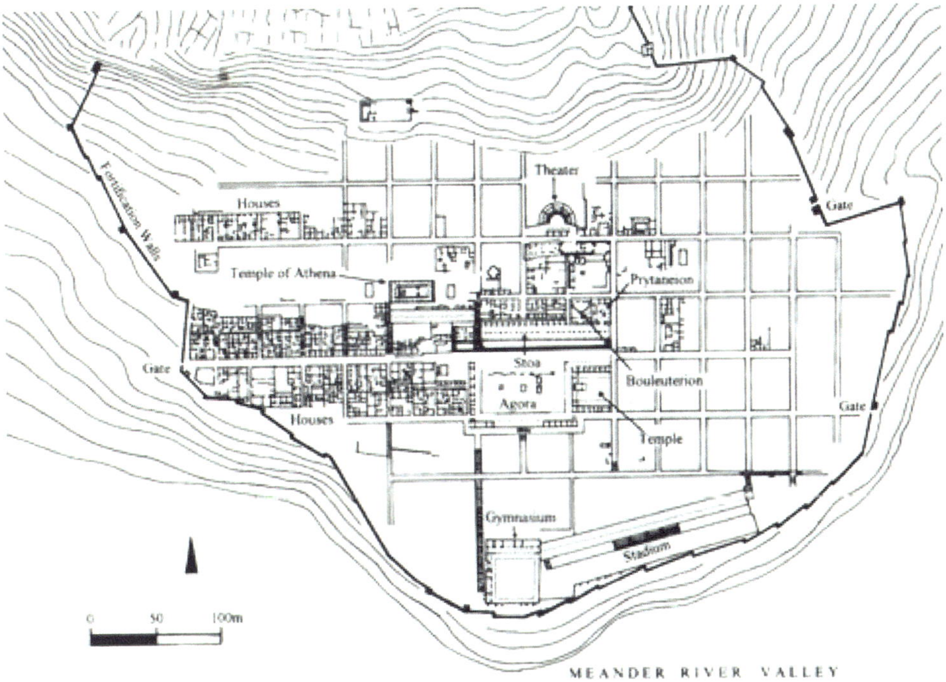

그림 7-16. 프리에네 도시 배치

프리에네의 개인주거

개방된 열주랑을 갖는 아고라의 공적인 성격과는 대조적으로 프리에네의 주택들은 내부 지향적이다. 다양한 크기의 주택에 있는 중정들은 주거지역 전체에 걸쳐 치밀하게 짜인 직교 패턴을 이룬다. 이 중정 주위로 방들이 배치된다. 외부로 면한 벽은 창이 없이 연속해 있어서 주택의 사적인 성격을 표현하며, 도시의 좁은 길에서 들어오는 먼지와 소음을 차단한다.

사무실, 혹은 서비스 구역으로 통하는 출입구는 하나 뿐인데, 여기에서 지붕을 덮은 통로를 지나 중정과 연결된다. 출입구 건너편에 주택의 본체가 지라하는데, 그 형식은 미케네 궁전의 '메가론' 에서 유래한다. 중정의 다른 두 면에는 작은 방들을 배치했다.

프리에네의 주택은 작은 스케일이지만, 헬레니즘 시대의 사람들이 일상 생활에서의 실용성과 편의성에 대한 관심이 커져가고 있었을 뿐 아니라 편리한 실내 공간의 디자인에 대해서도 관심을 기울이고 있었음을 반영하고 있다.

프리에네의 도시 설계는 '작품' 으로서의 건축과 '작업' 으로서의 건축 사이의 섬세하고 잘 계획된 균형을 보여줄 뿐 아니라, 공적 영역과 사적 영역 사이의 필수적인 상호 작용과 함께 그 사이에서 요구되는 대조에 대한 존중을 보여준다.

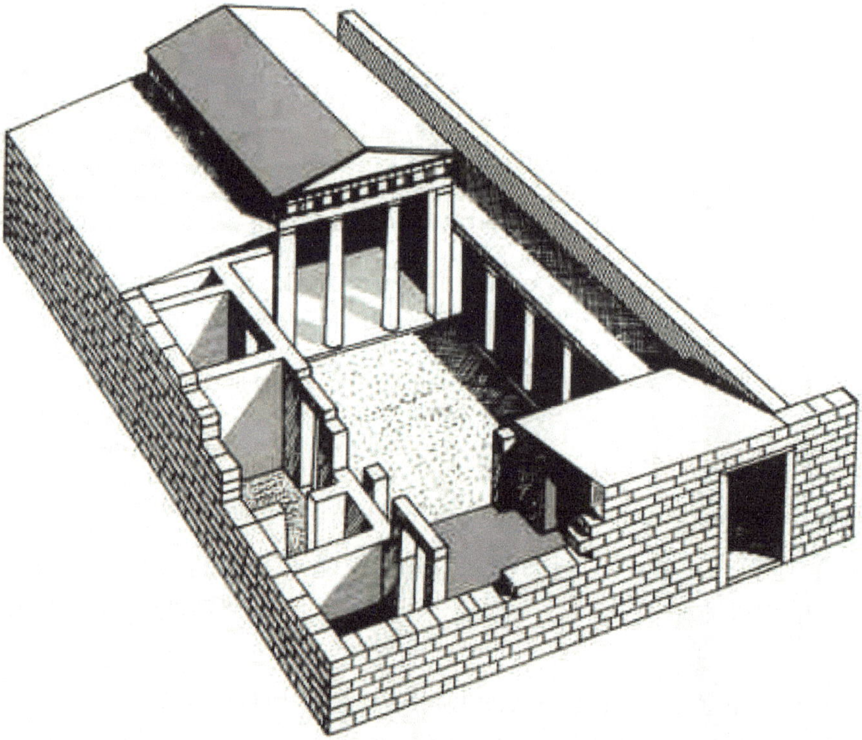

그림 7-17. 프리에네 개인주거 복원도

제 8장 로마 문명

로마는 원래 이탈리아 반도 중부 테베레 강 연안의 라틴인이 건설한 도시국가였다. 그러나 반도를 통일하고 지중해 세계 전체에 로마 시민권을 보급시킬 만큼 고대 세계 최대의 대제국으로 발전했다. 로마는 최초에는 왕정으로 출발했으나 B.C. 509년경 공화정이 되었다. 그러나 B.C. 27년 옥타비아누스가 이른바 아우구스투스 황제가 되어 원수정(元首政) 시대를 열었고 디오클레티아누스 황제 이후에는 전제군주정이 자리잡았다. AD 395년 테오도시우스 황제가 죽은 뒤 제국은 동서로 나뉘어 서로마 제국은 476년에 멸망했으나 동로마 제국은 1453년까지 계속되었다.

로마가 세력을 얻기 전에는 남부 이탈리아에 있는 여러 그리스 식민지 외에 에트루리아가 정치·경제·문화면에서 이탈리아의 중심지였다. 에트루리아족의 기원에 대해서는 그들이 리디아나 에게 해 방면의 동쪽지방에서 이탈리아로 옮겨왔다는 설과 북방에서 내려왔다는 설, 토착민이었다는 설 등 여러 학설이 제기되어왔으나 오늘날에는 대체로 이들 에트루리아족이 B.C. 10세기에 형성되었다는 사실에는 이견이 없다. 그들의 언어는 일찍 사멸했으나 문자가 쓰인 유물이 남아 전하기도 한다. 문자는 알파벳으로 되어 쉽게 읽을 수는 있지만 뜻과 문법이 어려워 아직도 해독할 수 없으며, 다만 인도유럽어와 아주 다르다는 것이 확인되었을 뿐이다. 그들의 정치 형태는 도시국가에 바탕을 두고 각기 독립되어 있었으나 일종의 종교, 경제 연맹을 맺고 있었다. 원래는 왕정 체제로 군사적, 종교적 권력을 가진 군주가 다스렸으나, 뒤에는 왕 대신 행정관을 선출했는데 이때부터 강력한 명문 가문과 성직자들이 지배하는 과두(寡頭) 공화정이 세워졌다. 에트루리아족은 티레니아 해에서 해상 활동을 더욱 활발하게 벌이면서 영역을 넓혔고 페니키아인·그리스인과 경쟁했는데 B.C. 7세기말~B.C. 6세기 초에 가장 번영했으며 영토 역시 같은 때 가장 팽창했다. 그러나 그 뒤 카르타고인과 그리스인에게 지중해의 주도권을 넘겨주었으며, 그와 더불어 라티움 지방 지배권을 잃은 데다가 시칠리아에서 시라쿠사가 패

그림 8-1. B.C. 750년경 에트루리아인 분포

권을 잡은 뒤부터는 세력이 더욱 줄어들었다. 이로써 해안도시가 경제 위기를 맞자 에트루리아족은 육로와 아드리아 해를 통한 교역에 눈을 돌렸고, 북부 내륙도시가 급속히 발전했다. 그러나 이러한 발전도 곧 켈트족이 침략해옴으로써 한풀 꺾였고, B.C. 5세기에는 삼니움족에게 캄파니아까지 빼앗겼다. 그 뒤 세력이 약해진 에트루리아족은 B.C. 3세기 중엽 로마에 거의 귀속되어 독립 도시국가로서의 형식적인 자치권만 유지하다가 B.C. 90년 로마에 완전히 흡수되었다.

초기 로마시대 (~B.C. 6세기)

B.C. 8세기 티베리스 강(지금의 테베레 강)을 굽어보는 몇 개의 언덕 위에 작은 무리의 사람들이 자리잡은 데서 출발한 로마는 이탈리아 반도를 통일하고 지중해를 석권했으며, 더 나아가 유럽 대륙에까지 팽창해갔다. 이러한 팽창과 더불어 로마는 미개 상태에 머물러 있던 많은 사람들에게 문명을 전파했다. 로마인은 예술·과학·철학은 크게 발전시키지 못했으나 정치와 행정면에는 뛰어나 대제국을 건설할 수 있었다.

로마의 탄생과 공화정 초기에 대한 자료는 거의 없으나 신화적인 이야기들이 많이 남아 전해지는데, 그 가운데는 실제로 있었던 사건들이 숨어 있다. 전설에 따르면 B.C. 12세기에 트로이 장군 아이네아스(Aeneas)가 로마 주변 라티움에 자리잡았고, 500년 뒤에는 라틴족인 로물루스가 로마 시를 세웠다고 한다. 아이네아스 이야기는 청동기시대 말기에 동방에서 항해자가 찾아온 사실(史實)을 에트루리아족이 아이네아스라는 인물과 접합시켜 만든 듯하고, 로물루스 이야기 또한 B.C. 8세기 팔라티누스 언덕에 라틴계 유목민이 모여 살게 된 것을 나타내고 있다. 그 뒤 로마는 서서히 도시의 틀을 잡아가다가 B.C. 7세기에 에트루리아족의 세력 아래로 들어갔고, B.C. 550년경에는 에트루리아족에게 직접 통치를 받았다. 이를 계기로 로마는 빠르게 성장하여 라티움에서 압도적인 영향력을 행사하는 도시로 발돋움했다. 로마인은 종교와 문화에서 에트루리아족의 영향을 많이 받았는데 특히 그들에게서 알파벳을 배웠다.

로마 사회의 가장 기본적인 단위는 씨족(gens)이었는데, 씨족 아래에는 강력한 가부장이 거느리는 가족이 있었다. 그러나 혈연관계 없이 부조(扶助)와 지원을 받기도 하고 보호자에게 매인 예속자들도 있었다. 왕정시대에 파트리키(귀족)와 플레브스(평민)가 형성되기 시작했다. 로마의 종교적 구조는 일찍부터 확립되었으며 왕정시대에는 왕에게 종교적 권위가 있었다. 그러나 공화정시대에는 그 권력이 종신 사제 1명에게 넘어가 사실상의 종교적 권위는 제의를 행하는 사제, 점을 치는 아우구르(Augur), 성스러운 지식을 지키고 알리는 신관(神官)들이 가지고 있었다.

그림 8-2. 신에게 제물을 바치고 있는 아이네아스

그림 8-3. 로마가 시작된 요람 팔라티노 언덕

초기 로마의 왕(Rex)은 대체로 관습법(mos)과 원로원(Senatus)의 통제를 받았다. 로마 시민의 대부분인 자유민은 두 개의 회의체인 쿠리아회와 켄투리아회에서 정치적 발언을 할 권리를 가지고 있었다. 가장 오랜 회의체는 씨족을 단위로 하는 30개의 쿠리아로 구성된 쿠리아회(Comitia Curiata)였다. 각 쿠리아는 하나의 표결권을 소유하고 있었다.

이러한 '집단 표결권' 은 이후 로마 공화정 시대의 각종 집회에 적용되었으며, 유럽 중세의 표결권 역시 이와 비슷하였다. 그러나 쿠리아회의 권한은 왕이나 원로원의 결정을 인준하는 기능밖에 없었다.

B.C. 6세기경 세르비우스 법에 의해 병역 복무 자격이 있는 모든 시민이 군사적 목적으로 켄투리아에 배속되었다. 하나의 켄투리아는 시민 1백명으로 조직되었다. 토지 소유층 5개 계급과 토지없는 무산 계급을 합쳐 모두 6개 계급으로 구분된 시민은 각각 다른 켄투리아에 배속되어 모두 193개가 조직되었다.

로마시의 주민은 귀족과 평민이라는 두 계급으로 뚜렷이 구분되었으나, 그 기원은 알려져 있지 않다. 귀족은 정치적으로는 특권적인 지배 계급이었고 경제적으로는 부유한 토지 소유자들이었으며 귀족과 평민은 서로 결혼할 수 없었다. 평민은 재산권을 가진 비특권적인 피지배 계급으로서 잡다한 자유민·소농·임금노동자·직인 등으로 구성되어 있었다. 평민들은 민회 참석 이외의 참정권은 없었으며, 병역과 납세의 의무가 있는 한마디로 '참정권 없는 시민'이었다.

귀족과 평민 이외에 예민과 노예가 있었다. 예민은 재산권이 없어 법적으로 귀족의 보호와 물질적 도움을 받는 사람들이었다. 노예는 주로 전쟁 포로이거나 채무 노예들이었다.

그림 8-4. 로마 복식으로 구분되는 계급

로마 공화정 초기(B.C. 6세기~B.C. 264)

에트루리아 왕조가 B.C. 509년에 로마에게 무너진 뒤 공화정이 모습을 갖추기 시작했다. 공화정의 성립은 일정한 수의 가계가 왕의 군사 지휘권, 왕의 사법적 권한, 왕의 제사적(祭司的) 기능을 이어받은 것을 뜻한다. 원래 왕이 가졌던 권력은 프라이토르 막시무스(praetor maximus)라는 행정관에게 넘어간 듯 하지만 그 뒤 2명이 임기가 1년인 콘술(Consul, 집정관)로서 권력을 갖게 되었다. 원래는 평민도 콘술이 될 수 있었던 것 같으나, 귀족이 곧 콘술직을 독점했으며 4세기 중엽에야 콘술 가운데 하나는 반드시 평민 출신이어야 한다는 법 규정이 나왔다. 국가가 비상사태인 때에는 2명의 콘술 중 1명에게 딕타토르(Dictator, 독재관)를 임명할 수 있는 권한이 주어지며, 이 딕타토르는 최고 6개월 동안 임페리움(Imperium, 국가의 최고권력자)이 되었는데 실제로 딕타토르가 임명된 경우는 아주 드물었다.

처음에는 콘술만이 임페리움을 행사했으나 B.C. 386년경에 콘술보다는 격이 좀 떨어지나 역시 임페리움을 지닌 프라이토르(Praetor, 법무관, 뒤에는 집정관)직이 창설되었다. 프라이토르는 원래 로마 시에서 사법행정을 맡았는데, 뒤에 로마가 팽창해 속주(屬州)들이 생겨남에 따라 점점 그 수가 늘어났다. 또한 켄소르(Censor, 감찰관)는 5년마다 2명이 선출되었는데 이들은 인구와 재산을 조사하고, 도덕이 문란해지지 않도록 감찰하는 일을 맡았다. 행정이 차츰 복잡해지자 재정을 담당하는 콰이스토르(Quaestoe, 재무관)와 공공건물을 관리하고 축제행사를 책임지는 아이딜리스(Aedilis, 안찰관) 등 더 많은 관리직이 신설되었다.

그림 8-5. 로마 프라이토르

로마인은 아주 일찍부터 법에 대해 관심을 가졌다. B.C. 8세기 무렵 이미 전쟁에 관한 법이 있었다고 하며, B.C. 5세기 중엽에는 로마 최초의 성문법(成文法)인 이른바 12표법(十二表法)이 제정되어 12개의 청동판에 새겨졌는데, 이것은 모든 법의 원천으로 간주되었으며 더할 나위 없이 중요했다. 이 법은 그때까지 법이 구전되어오던 것을 행정관들이 멋대로 적용한다고 비난해 온 평민의 요구에 따라 콘술 대신에 B.C. 451년과 B.C. 450년 두 차례에 걸쳐 뽑힌 데켐비리(Decemviri, 10인 위원회)가 만든 것으로 보인다.

공화정에서 드높은 권세를 누린 원로원(Senatus, 세나투스)은 왕정시대의 원로원에 뿌리를 두고 있었다. 형식적으로는 콘술이 소집하고 또한 콘술의 협의에 따르는 기관이었으나, 실제로는 공화정에서 가장 안정된 최고권력기관이었다. 원로원은 원래 유력한 씨족들의 우두머리로 구성되었으나 곧 모든 전임 행정관들도 원로원에 들어가게 되었다. 원로원 의원은 처음에는 콘술이, 뒤에는 5년마다 1번씩 켄소르가 임명했다. 임기는 종신이었고 의원들의 서열은 그들이 지냈던 직책의 등급에 따라 정해졌다. 원로원은 민회에서 이미 표결된 법률들을 비준할 뿐이었으나, B.C. 4세기 후반부터는 민회에 법률을 제안하는 권한까지 가졌다. 또한 원로원은 행정관에게 조언을 했는데, 행정관들은 대체로 그 조언을 따라야만 했기 때문에 실질적인 법 효력을 갖게 되었다. 공화정 말기에는 속주를 다스릴 행정관을 배치하는 중요한 기능도 맡았다. 원로원에게는 그밖에는 외국으로 보낼 사절을 뽑는 권한도 있었다. 원로원은 종교문제에도 관여해 인습적인 의식과 제식을 유지시켰으며, 국고(國庫)를 도맡아 공공재정을 운영했고, 지출과 과세를 최종 결정했다. 이처럼 원로원이 절대적인 영향력을 행사했으므로 로마 공화정은 사실상 과두정부였다. 대토지를 소유한 원로원 의원들은 유능한 행정가들이었다. 그들의 진정한 어려움은 이민족을 정복한 이후 넓은 제국을 통치해야 하는 책임을 떠맡게 된 데 있었다.

이러한 체제 아래서 플레브스(Plebs, 평민계층)들은 자신들의 권리를 인정받기 위해 온갖 노력을 기울였다. 공화정의 첫 2세기 동안 그들은 참정권을 얻어내 파트리키(귀족)만의 특권을 하나씩 잠식했다. 싸움은 경제문제에 있어서도 플레브스들은 정복으로 늘어나는 국유지를 자신들도 점유해야 한다고 주장했던 것이다. 그들은 공화정 초기의 B.C. 493~492년 전쟁에서 돌아오다가 무장한 채로 성산(聖山)으로 몰려가 플레브스의 권리를 보호해줄 정부관직을 창설하라고 원로원에 요구했다(성산사건). 그 결과 만들어진 신성불가침의 트리부누스(호민관)는 행정력의 남용으로 피해를 입는 플레브스를 도울 수 있었으며 콘술이나 원로원·민회의 결정을 거부할 권한도 가졌다. 플레브스 계급의 조직은 코미티아 켄투리아타[兵士會]처럼 재산에 따라서가 아니라 주거지에 따라 조직된 평민회(Concilium Plebis)가 생겨남으로써 마무리되었다.

그림 8-6. 로마 원로원

로마의 이탈리아 통일

그러는 가운데 로마는 대외적으로 팽창해갔다. 에트루리아족이 라티움에서 밀려났으나, 아직 힘이 약했던 로마는 라틴 동맹에 가입해 동맹이 결정한 정책을 따라야 했다. 그러나 로마는 로마 특유의 문제 때문에 동맹과 별개로 행동했다. B.C. 5세기에 로마는 아펜니노 산맥 중부에 살던 여러 종족의 침략을 물리쳤고 동시에 에트루리아인의 도시 베이를 마침내 손에 넣었다. 그러나 그 뒤 로마는 켈트족의 침입을 받아 로마 시가 함락당하는 재난을 입었다. 다행히 얼마 안 되어 켈트족은 북쪽으로 물러갔고 로마가 함락 당할 때 전혀 도와주지 않았던 라틴 동맹이 내분을 겪자, 로마는 이를 틈타 라티움의 이웃 도시들을 제압했다. 그 다음 로마가 삼니움족과 전쟁을 하자(제1차 삼니움 전쟁) 라틴 동맹은 로마에게 싸움을 걸었지만 그들을 물리친 로마는 동맹을 해체하고 라티움을 지배했다. 삼니움족이 계속 욕심내던 캄파니아에 로마가 세력을 뻗치게 되어 제2차 삼니움 전쟁이 벌어졌는데, 이번에도 승리를 거둔 로마는 중부 에트루리아로 진격했다. 에트루리아족·켈트족·삼니움족이 연합해 로마와 맞섰지만(제3차 삼니움 전쟁) 또 로마가 이겨 B.C. 263년 에트루리아 전역을 손에 넣었다.

로마가 남쪽으로 팽창하자 마그나그라이키아에서 가장 강력한 도시였던 타렌툼은 자극을 받아 에페이로스(에피루스)에 원조를 요청했다. 에페이로스는 로마군을 오래지 않아 패배시키고 당시 로마에 우호적이었던 카르타고에게서 시칠리아의 여러 도시를 빼앗았지만 얼마 안가 퇴각해야만 했으며, 타렌툼은 마침내 로마에게 항복했다. 이로써 로마는 지중해의 큰 세력으로 급속히 발돋움했고, 포에니 전쟁이 벌어지기 바로 전까지 헬레니즘 세계의 광범위한 경제 유통망에서 큰 몫을 차지해 그리스 세계로부터 경계심을 살만큼 중요한 상업 도시로 성장했다.

공화정 중기(B.C. 264~133)

제 1.2차 포에니전쟁

포에니 전쟁 때의 서부 지중해 지역 시칠리아는 이제 이탈리아를 통일한 로마와 카르타고 모두에게 매우 중요한 곳이 되었다. 외부 세력이 이탈리아 반도를 간섭하지 못하도록 방어하기 위해서 로마는 이웃한 시칠리아 섬이 강력한 나라에게 넘어가는 것을 막아야만 했다. 카르타고 역시 서부 지중해를 지배하려면 반드시 필요한 거점인 시칠리아를 정복해야 했다.

이탈리아와 시칠리아 사이의 해협을 장악하고 있던 메사나(메시나) 시에서 로마와 카르타고는 처음으로 맞섰다. 캄파니아 용병대는 무력으로 메사나를 장악했는데, 그 뒤 이웃한 시라쿠사에게서 압박을 받자 B.C. 264년 로마와 카르타고 양국에 원조를 요청했다. 이에 카르타고가 먼저 메사나를 점령하고 시라쿠사와 협약을 맺었으나 로마군은 강제로 카르타고군을 철수시켰다. 그결과 로마는 카르타고와 시라쿠사의 연합군을 상대로 싸우게 되었으나, 메사나를 공격한 연합군을 물리친 뒤 시라쿠사로 진격하여 시라쿠사와 협약을 맺고 동맹을 이루었다. B.C. 260년에 처음으로 대함대를 건설한 로마는 코르시카에서 카르타고 세력을 몰아내고(B.C. 259) 여러 해전에서 카르타고 해군을 쳐부순 뒤 아프리카에 상륙했다(B.C. 259). 카르타고는 휴전을 요청했으나 로마가 내건 조건이 너무 가혹하자 새로이 군대를 소집해 마지막 결전을 감행해 카르타고가 크게 승리를 거두었다. 그 뒤 시칠리아에만 힘을 쏟았던 로마는 야전(野戰)에서는 크게 이겼으나 해전에 패한 데다가 폭풍으로 해군이 큰 손실을 입자 시칠리아 공격을 미루게 되었다. 한편 카르타고도 전쟁으로 궁핍해져 병력을 줄여야 했으므로 반격을 하지 못해 전쟁은 소강상태에 빠졌다. 그러나 그동안 해군을 강화한 로마는 B.C. 242년 시칠리아의 릴리바이움을 봉쇄하고, 카르타고의 지원군을 무찔러(B.C. 241. 3. 10) 시칠리아를 장악했다. 카르타고는 시칠리아와 리파리 제도를 로마에 넘겨주고 전쟁배상금 3,200 탈렌트를 지불하는 조건으로 로마와 평화조약을 맺었으며 이로써 제1차 포에니 전쟁은 끝났다.

그림 8-7. 로마의 이탈리아 반도 통일

카르타고는 제해권(制海權)을 빼앗김으로써 서부 지중해에 대한 패권을 잃었다. 게다가 로마가 공격을 재개할 경우 카르타고의 해상제국은 괴멸될 것이므로 카르타고는 로마를 분쇄해야만 했다. 이에 카르타고는 하밀카르 바르카 장군의 주도 아래 시칠리아·사르데냐·코르시카를 잃은 보상을 얻기 위해 히스파니아(스페인)에 신제국을 수립하고 있었다. 하밀카르는 B.C. 237년 조국 카르타고에서 히스파니아로 건너왔는데, 당시 9세이던 그의 아들 한니발이 아버지의 유업을 이어받았다고 한다. 이를 경계한 로마는 히스파니아에서 카르타고와 분쟁을 일으켜 제2차 포에니 전쟁이 시작되었다.

그림 8-8. 포에니 전쟁 당시 지중해

한니발은 로마 영토의 중심부를 공략해 이탈리아 동맹을 분열시키려 했다. 로마가 해상권을 장악하고 있었기 때문에 그는 히스파니아에서 갈리아를 거쳐 알프스를 넘는 매우 힘겨운 육로를 통해 이탈리아로 침입했다. 로마군은 카르타고군이 북이탈리아로의 침략을 전혀 예상치 못했기 때문에 B.C. 218년 한니발은 로마군을 연파하고 북이탈리아를 점령했다. B.C. 217년에는 에트루리아에서도 로마에게 대승을 거두어 로마 시를 위협했다. 그러나 한니발은 병력을 더 강화한 다음에 로마 시를 공격하기로 하고 남부로 진출했기 때문에 로마는 반격할 여유를 갖게 되었다. 그 후 남부 이탈리아의 여러 도시가 로마에게 등을 돌리게 되었지만 그래도 로마의 힘은 완전히 꺾이지 않았고, 더구나 로마 내부에서 플레브스와 파트리키 사이에 갈등이 있어왔는데 이것이 해소되어 단결할 수 있게 되었다.

그러나 그 뒤로도 로마는 카르타고군에게 정면으로 대응할 힘이 없었고, 한니발은 새로운 동맹자들을 보호해야 하는 의무 때문에 로마 공격에 투입할 병력이 없었다. 전쟁은 잠시 중단되었다. B.C. 214년 카르타고 주력부대는 풀리아에서 타렌툼으로 옮겨가 남부 해안지대를 공략했다. 그러나 B.C. 212년 로마군은 카푸아를 봉쇄하고 이듬해 함락시켰다. B.C. 209년 타렌툼을 되찾은 로마는 한니발을 서서히 반도 남쪽 끝으로 몰아내기 시작했다. B.C. 207년에는 히스파니아에서 카르타고의 지원군이 침입해 이탈리아 중부에서 한니발군과 로마 시를 공격하도록 되어 있었다. 메타우루스에서 카르타고 지원군에게 결정적인 승리를 거두었다. 이 전투로 이탈리아에서 사실상 전쟁이 끝나 B.C. 203년 카르타고군은 이탈리아에서 철수하고 한니발은 아프리카로 돌아갔다.

제2차 포에니 전쟁 동안 이탈리아 국외에서는 제1차 마케도니아 전쟁(B.C. 214~205)이 있었다. 칸나이 전투에서 로마는 패배했지만 마케도니아와 카르타고의 동맹을 막을 수 있었다. 로마는 식량공급원인 사르데냐와 시칠리아 전투에서 카르타고를 물리쳤다. 한편 카르타고의 보급창인 히스파니아에서는 로마가 졌으나 카푸아를 장악해 이탈리아에서 히스파니아로 병력을 옮겼다. B.C. 210년에는 당시 로마에서 가장 훌륭한 장군인 대(大)스키피오가 사령탑을 맡으면서 전세는 역전되었다. 스키피오는 카르타고군의 이탈리아 진출을 막지는 못했지만 히스파니아에 남아 있던 적군을 분쇄해 B.C. 206년 말 히스파니아를 완전 정복했다. B.C. 205년 콘술이 된 스키피오는 여세를 몰아 카르타고의 본거지를 공격하고 크게 승리했다. 한편 카르타고는 다시 한니발을 기용해 전투를 벌였으나 마지막 결전지인 자마 전투에서 로마군 기병의 활약으로 스키피오군이 승리를 거두었다. 카르타고는 스키피오의 조건을 받아들여 전함뿐 아니라 지중해의 여러 섬을 로마에 양도했고 전쟁배상금으로 1만 탈렌트를 지불했으며, 전쟁과 외교에 관한 자주권을 포기했다.

그림 8-9. 알프스를 넘는 한니발

헬레니즘 세계 제패

서부 지중해를 장악한 로마는 이제 헬레니즘 세계로 눈을 돌렸다. B.C. 205년 마케도니아와 화약을 맺은 로마는 제2차 포에니 전쟁이 끝나자 그리스 해방을 위해 B.C. 200년 마케도니아에 전쟁(제2차 마케도니아 전쟁)을 선포했다.

로마는 아이톨리아 동맹과 펠로폰네소스 반도의 아카이아 동맹을 확보하고, 소아시아에서 마케도니아 때문에 자극 받고 있던 페르가몬·로도스를 동맹세력으로 끌어들인 뒤 마케도니아로 쳐들어가 B.C. 197년에 승리를 거두고 평화협정을 맺었다. 그러나 헬레스폰토스 해협의 유럽 쪽에 영토를 갖고 있던 시리아가 소아시아 서부로 진격해 들어오고 로마에 반기를 든 아이톨리아 동맹의 요청을 받아들여 그리스까지 건너오자, 로마는 다시 그리스로 군대를 투입해 시리아와 전쟁을 벌여 승리한 뒤 B.C. 190년 평화협정을 맺고, 시리아가 아시아의 타우루스 강 서쪽과 유럽에 갖고 있던 영토를 넘겨받았다. B.C. 189년에는 아이톨리아 동맹도 로마에 항복해 예속된 동맹자가 되었다. 같은 해 로마는 소아시아의 갈라티아도 정복했다. 한편 로마와 아카이아 동맹 사이에 스파르타 문제를 둘러싸고 분쟁이 있었으나, 뒤에 아카이아가 로마에 대한 무조건적 지지를 표시해 전쟁이 일어나지는 않았다.

제3차 마케도니아 전쟁을 일으킨 책임은 상당 부분 로마에 있었다. 시리아와의 전쟁 때 마케도니아는 로마에게 적극적으로 협력했으나 로마는 그에 걸맞는 보상을 해주지 않았다. 게다가 마케도니아의 왕·세자(世子)와 로마에 인질로 잡혀 있던 왕자 사이를 이간질해서 마케도니아 왕가를 분열시키려 하여 마케도니아의 분노를 샀다. 로마는 마케도니아의 북방 팽창을 이탈리아 침략에 대한 준비로 보고 경계하는 한편, 마케도니아가 북방 팽창 정책에서 그리스인에 대한 유화정책으로 방향을 바꾸자 의심은 더욱 고조되었다. 그리하여 B.C. 171년 제3차 마케도니아 전쟁이 일어났다. B.C. 168년 마침내 로마는 이 전쟁에서 이겨 마케도니아를 4개의 독립공화국으로, 그리고 마케도니아를 편든 일리리아를 3국으로 나누었다. 또 로마는 페르가몬과 아카이아 동맹, 로도스 등을 마케도니아의 동조국으로 의심해 인질을 요구했는데, 특히 로도스의 경우에는 협박을 해서 영토를 빼앗았다. 로마는 이전에도 시리아를 무찔러 시리아 해군세력을 약화시킨바 있는데, 이번에는 로도스 세력을 위축시켜 해상 질서를 바로잡던 세력들을 없애버림으로써 지중해는 해적의 천국이 되었다. 그 결과 다음 세기에 로마는 그 대가를 톡톡히 치러야만 했다.

그림 8-10. 마케도니아 전쟁 이후 로마제국 최대영토

로마는 이집트와 시리아의 세력균형을 유지하기 위해 B.C. 168년 시리아의 이집트 침략을 막았고, B.C. 151~146년에는 카르타고·마케도니아·아카이아 동맹과 맞서 싸워 그들을 복속시킴으로써 아프리카와 발칸 반도까지 영토를 넓혔다. 아프리카에서 카르타고는 누미디아가 그들 영토에 침략해오고 로마군이 잇달아 도발해 왔음에도 로마와 맺었던 조약을 충실하게 지켜 군사적 대응을 삼갔으며, B.C. 2세기경에는 그들의 상업 활동이 매우 빠르게 회복되었다. 로마인들은 그에 경계심을 품어 이제는 카르타고를 멸망시켜야 한다는 여론을

앞세웠다. B.C. 150년 카르타고가 누미디아의 공격에 맞서 저항하자 로마는 조약을 위반했다는 구실로 카르타고를 공격해 B.C. 147년에 마침내 함락했다. 로마는 포로를 노예로 팔아넘기고 도시를 완전히 파괴한 뒤 B.C. 146년에 카르타고 영토를 아프리카 속주로 만들었다. 마케도니아는 B.C. 149년에 일어난 반란을 계기로 B.C. 146년 속주로 개편되었고, 같은 해 코린트를 중심으로 한 아카이아 동맹은 스파르타 독립 문제로 로마와 싸웠으나 패하여 로마에 병합되었다. 한편 독립왕국이었던 페르가몬은 B.C. 133년에 후계자를 남기지 못한 마지막 왕이 죽으면서 나라를 로마에게 기증함으로써 7번째 속주인 아시아 속주가 되었다.

로마 제국은 이처럼 속주를 점점 넓혀가면서 발전해갔다. 각 속주에는 그 속주를 정복한 장군이 10명의 원로원 의원으로 이루어진 위원회와 협의해 제정한 헌법이 있었는데, 거기에는 각 도시의 지위와 세금에 대한 규정이 들어 있었다. 속주를 다스리는 총독은 명칭을 프라이토르라고 했는데, 로마의 프라이토르(법무관)와 비슷한 기능을 맡았다. 따라서 속주가 늘어남에 따라 프라이토르의 수도 증가했으나, 전쟁 때문에 군대를 지휘할 더 많은 프라이토르가 필요해지자 총독인 프라이토르의 임기를 늘리는 경우가 많았다. 이 경우 총독은 1년 동안 프라이토르를 지낸 뒤 임페리움을 그대로 지닌 채 칭호만 프로프라이토르 또는 프로콘술로 바뀌었다. 콘술(집정관)은 속주에서 큰 전쟁이 벌어질 때에만 그 속주의 총독으로 파견되었다. 제국에 대한 통치권은 원로원에게 있었으나 아직은 명목상일 뿐이어서 속주에서 실정과 부패가 생겼다는 확실한 증거가 있을 때에만 비로소 속주 통치에 개입했다. 로마의 경제는 로마가 전쟁에서 이겨 새로운 속주들을 획득한 결과 빠르게 팽창했으나, 속주에서 무더기로 흘러들어온 값싼 곡물은 이탈리아 농업에 타격을 입혔다. B.C. 167년에는 이탈리아 반도의 로마 시민에 대한 재산세가 철폐되어 시민 모두에게 얼마간 혜택이 돌아갔다. 속주들 가운데 섬 지방은 로마 정부를 거의 괴롭히지 않았으나, 히스파니아에서는 B.C. 154년부터 줄곧 전쟁을 치러야 했다. 그 밖에도 오랫동안 갈리아인과 싸워 이탈리아 북부를 평정하는 가운데, 라틴인들을 요충지에 이주시키고 군사 목적으로 커다란 도로를 건설했으며, 남부 이탈리아에서는 해안 방어를 위해 주요지점에 로마인을 정착시켜 소규모 식민도시를 건설했다.

로마 자체에서도 통치체제에 틀이 잡혀갔다. 역사가인 폴리비오스(Polybios)는 로마가 성공한 요인으로 로마인의 국가에 대한 충성심과 전통 존중, 그리고 로마군의 두드러진 효율성을 들었다. 무엇보다도 그는 군주정(콘술)과 귀족정(원로원)·민주정(코미티아)의 3가지 요소가 안정된 세력균형을 이루고 있는 것에 크게 감탄했으나 콘술의 지위를 너무 과장해 쓰기도 했다. 실제 주권은 원로원과 로마 인민(Senatus Populusque Romanus)에게 있었는데, 원로원 의원은 5년마다 뽑히는 켄소르(감찰관)가 전임 행정관들과 기존 의원들 가운데서 지명했고, 그 명단에서 가장 앞머리에 나오는 의원을 제1원로(프린켑스 세나투스)라 했다. B.C. 2세기 초에는 공직 승진규칙이 마련되었다. 이에 따르면 프라이토르를 거쳐야 콘술이 될 수 있었고, 각급 행정관이 될 수 있는 연령의 하한선이 규정되었으며, 콰이스토르가 되려면 반드시 일정기간 군대에 복무해야 했다. 콘술 2명이 모두 로마에 있을 때는 그들이 달마나 번갈아 원로원을 관리했으나, 근 진쟁으로 2명의 콘술이 다 외지에 나가 있을 때는 프라이토르가 그 자리를 대신했다. 콘술은 매해 말에 실시되는 선거를 관리했는데, 그들이 자리를 비워 로마로 돌아올 수 없는 경우에는 딕타토르(독재관)를 임명했다. 콘술과 프라이토르는 점점 더 많은 군지휘관과 총독이 필요해지면서 1년 임기를 채운 뒤에도 임페리움을 그대로 지니는 경우가 많았다.

민회가 있기는 했지만 주된 정치 문제는 원로원에서 논의되었다. 원로원은 일정한 유력가문이 지배했는데, 이들은 코미티아 켄투리아타(병사회)에 영향을 미쳐 자기 가문 출신이 콘술과 프라이토르로 뽑히게 하여 자신들의 세력을 유지했다. 원로원은 제2차 포에니 전쟁을 승전케 함으로써 더욱 권력을 강화시킬 수 있었다. 전쟁을 선포하고 평화조약을 맺는 것은 명목상 인민의 권한이었으나 평화조약이 맺어진 뒤에 따르는 업무는 원로원이 맡았다.

민회 가운데 가장 오래된 코미티아 켄투리아타는 민주적인 회의체는 못 되었다. 재산에 따라 나누어진 5개 계급에서 가장 높은 계급과 귀족에게 코미티아 켄투리아타를 이루는 193개의 투표권 가운데 88개나 주어졌기 때문이었다. 코미티아 트리부타(트리부스회)는 좀 더 민주적인 기구였지만, 농촌 트리부스(부족)에 속한 사람들은 부자를 빼고는 대개 투표를 하기 위해 로마까지 오기가 힘들었으므로 투표 결과는 부자와 귀족에게 유리하게 작용했다. 그러나 B.C. 2세기에는 몰락한 농민이 로마로 몰려들었는데, 이들은 원래의 트리부스에 그대로 속한 상태여서 코미티아 트리부타는 평민회와 마찬가지로 로마 시민들의 회의체나 다름없었다. 코미티아 켄투리아타와 코미티아 트리부타는 원로원이 이미 승인한 법안만을 표결할 수 있었으나, 평민회는 B.C. 287년 호민관들의 권한 아래 독자적으로 입법할 권리가 주어졌다. 하지만 제각기 거부권을 지닌 10명의 호민관 가운데 상층계급이 1~2명을 회유하기란 쉬운 일이었고, 투표가 공개로 이루어지는 한 유권자들을 협박해 투표를 통제할 수도 있었다. 매우 일찍부터 로마 시민은 인민으로부터 탄핵을 받은 뒤에야 처형당할 수 있다고 규정되어왔으므로, 코미티아는 로마의 최고 형사법정 기능을 갖고 있었지만 후에는 프라이토르가 관장하는 상설 형사법정에 그 임무가 넘어갔다.

B.C. 218년에는 원로원 의원과 그 아들들이 필요 이상의 상업활동을 하는 것이 법적으로 금지되었으나, 원로원 자체는 제국의 상업 팽창에 관심을 갖지 않았던 것 같다. 다만 뒷날 에퀴테스(기사계급)로 발전한 계층은 국가의 하청을 받아 도로를 닦고 광산을 경영하며 군대에 납품을 하는 등 사업에 큰 관심을 보였다. 그러나 이탈리아에 나타난 가장 큰 경제적 변화는 대농장인 라티푼디움의 발전이었다. 부자들은 국유지를 점유하는 한편 몰락해 가는 소농의 땅을 싸게 사들여 대농장을 만든 뒤 곡물을 재배하는 대신 값싼 노예로 대규모 목축을 경영하여 수많은 농민들이 땅을 잃고 로마로 몰려들었다. 한편 동부 지중해에서 사치품과 노예가 많이 수입됨에 따라 로마인은 동부로 많이 이주해갔고, 서부 속주에는 주로 군인을 중심으로 한 많은 로마인이 정착했다.

로마는 일찍부터 그리스 문화의 영향을 받았는데, 동부 지중해를 손에 넣은 후 그 영향력은 더욱 커졌다. 상류층은 그리스어를 배우기 시작했고 작가들은 그리스 문학을 수용·모방했다. 한편 로마 종교와 달리 인간을 닮은 신을 섬기는 그리스 종교와 당시 그리스에 널리 퍼져 있던 회의주의(懷疑主義)는 로마인들에게 충격을 주었다. 보수주의자들은 이러한 그리스의 영향이 로마의 전통을 파괴한다고 걱정했고 젊은이들은 그리스 문화에 매료되었으나, 뒷날 로마가 쇠락해 갈 때에는 모든 로마인이 그리스를 정복함으로써 로마의 건전한 기풍이 약해졌다고 생각했다. 그리스가 로마에 별로 영향을 미치지 못한 영역은 법률 뿐으로, 로마 법은 12표법을 바탕으로 하여 독자적으로 발전했던 것이다.

공화정 후기(B.C. 133~31)

승리의 결과

B.C. 146년에 있었던 카르타고와 코린트의 함락은 로마 역사의 전환점이 되었다. 이로써 높은 문명을 지닌 세력에 맞선 대규모 전쟁이 끝을 맺었던 것이다.(히스피니아에서 계속되었던 전쟁은 B.C. 133년에 일단 끝을 맺었음) 그에 따른 결과는 제국의 행정 부분에서 가장 먼저 나타났다. 속주는 군사력을 기반으로 통치되었기 때문에 총독은 속주에서 절대적인 임페리움을 지닌 군사령관이었다. 이러한 절대적 권력이 종종 남용됨에 따라 원로원의 속주 통제가 요구되었고, 이에 원로원은 로마 시를 넘어 제국 전체에 대한 책임을 지게 되었다.

대규모 전쟁이 끝나고 다량의 전리품이 더 이상 들어오지 않게 되자 사회 기강이 흐트러졌고 이제껏 잠복해 있던 사회적·경제적 문제들이 노출되기 시작했다. 카르타고와의 전쟁으로 황폐해진 남부 이탈리아에서는 대농장 경영이 급속히 늘어났고, 로마 부근에서는 속주에서 들어온 값싼 곡물 때문에 곡물경작이 쇠퇴·붕괴되었다. 심지어는 그러한 영향을 비교적 적게 받았던 북부에서도 농민들의 장기간 종군으로 땅을 제대로 경작하지 못하게 되어 어려움을 겪게 되었다. 그러므로 수많은 농민이 땅을 잃고 도시로 몰려들었으며 부자들은 몰락한 농민의 땅을 사들여 상당한 면적의 토지를 확보했다. 게다가 땅을 잃고 유랑하는 농민을 병사로 징집할 방법이 없었기 때문에 자연히 군대는 약화되었다.

그라쿠스 형제의 개혁(B.C. 133~121)

이 문제를 해결하기 위해 개혁운동이 전개되었다. B.C. 133년에 호민관으로 뽑힌 티베리우스 그라쿠스(Tiberius Gracchus)는 개인이 점유할 수 있는 공유지 면적을 500유게라(약 1,214㎡)로 제한하는 법안을 내놓아 나머지 국유지를 땅이 없는 시민들에게 나누어주려 했다. 대토지 소유자들로 이루어진 원로원이 이에 반대하자 그는 평민회에 법안을 직접 제출했다. 그러나 귀족 편으로 기울어진 호민관 마르쿠스 옥타비우스가 거부권을 행사했다. 이에 평민회는 그라쿠스의 주도 아래 옥타비우스의 호민관직을 박탈했는데 이것은 전례 없는 일이었다. 그 뒤 더욱 강경한 내용의 법안이 통과되었다. 원로원파는 평민회의 개표 장소로 몰려가 티베리우스를 살해했고 피비린내 나는 탄압이 뒤따랐다. 하지만 티베리우스가 시작한 개혁은 계속되었고, 시민들이 갖고 있던 초과 공유지가 더 이상 남지 않게 되자 시민이 아닌 이탈리아인들이 점유한 공유지까지 분배 대상이 될 위험에 처했다. 이탈리아인들은 이에 항의했고 개혁파는 그들에게 시민권을 주어 문제를 해결하려 했으나 좌절당했다.

티베리우스의 동생 가이우스 그라쿠스는 B.C. 123년 호민관이 된 뒤 전반적인 개혁에 착수했다. 그는 공공수입을 늘려 그 혜택을 인민에게 돌리려 했고, 한편 에퀴테스에게 아시아 속주의 주요세금을 거두는 책임과 행정관의 부패를 다루는 특별법정을 맡겨 원로원을 견제하려 했다. 그는 2번째로 호민관직에 오른 뒤 더 많은 사람에게 시민권을 주려 했으나 실패했으며, 이듬해에는 호민관 선거에서 졌다. 그는 B.C. 121년 무력으로 개혁을 밀어붙이려고 준비하던 도중에 폭동으로 목숨을 잃었고 그를 따르던 많은 사람이 처형되었다. 그 뒤 10년 동안 인민을 위한 많은 법안들은 대부분 철폐되었으나 에퀴테스를 위한 규정들은 정치적 이유 때문에 보존될 수 있었다.

그림 8-11. 로마 시대 라티푼디움(광대한 토지) 묘사 그림

공화정(B.C. 121경~91)

B.C. 120년에는 로마의 속국 누미디아에서 왕위계승을 둘러싸고 분쟁이 일어나 이를 계기로 로마는 누미디아와 전쟁에 들어갔다. 전쟁이 장기화되자 일부 호민관들은 귀족들이 적에게서 뇌물을 받았다고 소문을 냈는데, 가이우스 마리우스는 이틈에 부상할 기회를 잡았다. 에퀴테스 출신인 마리우스는 프라이토르를 거쳐, B.C. 107년 귀족과 맞선 호민관과 에퀴테스의 도움을 받아 콘술이 되어 누미디아와의 전쟁 지휘권을 받았다. 그는 전쟁을 잘 이끌어 가지 못했지만 휘하에 있었던 루키우스 술라(Lucius Cornelius Sulla,

B.C.138-B.C. 78)의 활약으로 B.C. 105년 승리를 거둘 수 있었다. 그에 앞서 북쪽에서는 게르만족이 남부 프랑스로 쳐들어와 로마군을 잇달아 격파해 로마를 두려움 속에 몰아넣고 있었는데, 바로 이때 마리우스가 승리했다는 소식이 로마에 알려졌고, 그는 법의 제한을 뛰어넘어 B.C. 104년 또다시 콘술이 되었다. 게르만족이 이탈리아 공격을 늦추고 있는 동안 그는 콘술로 재선되었고, B.C. 102~101년에는 마침내 게르만군을 쳐부쉈다.

한편 전통적인 징병제로는 병력을 충원하기가 매우 어려움을 깨달은 마리우스는 재산이 있어야만 병사가 될 수 있다는 자격을 무시하고 빈민들 사이에서 많은 의용군을 모집해 병적(兵籍)에 넣었다. 동시에 그는 호민관 루키우스 사투르니누스의 제안을 받아들여 퇴역 군인들에게 주둔 지역의 토지를 나눠주었다. 그러나 이를 통해 인기를 얻은 사투르니누스는 B.C. 99년에 다시 집정관직에 올라 온갖 폭력과 살인을 저질렀다. 마리우스는 이제 선택을 해야 했다. 사투르니누스를 편든다면 계속 플레브스와 에퀴테스의 지지를 얻을 수 있었지만, 마리우스는 제1시민(프린켑스)이 되어 한때 그를 경시했던 사람들에게서 높이 떠받들어지길 원했다. 그 때문에 원로원파가 그에게 이제까지 그의 편이었던 혁명파에게서 나라를 구해달라고 요청하자 마리우스는 거절하지 못하고 혁명파를 적으로 돌렸다. 그러나 대가는 보잘 것 없어서 그는 플레브스의 지지를 잃었고 위기에서 벗어난 과두정에게도 외면당했으며 위신을 크게 잃었다. 한편 옛 부하 술라는 더 많은 지지자를 모아 마리우스를 공격했다.

전쟁과 독재(B.C. 91경~80)

대외적으로 B.C. 90년대에는 아시아가 문제였다. 아시아에서 폰투스가 흑해 주변에 제국을 세워 로마와 맞섰으며, 더구나 아시아 속주에서는 이탈리아인 사업가와 로마의 징세관들이 부정·부패를 저질러 심각한 문제가 되고 있었다. 원로원은 이를 척결하려 했으나, 가이우스 그라쿠스 이후 법정을 장악하고 있던 에퀴테스에게 오히려 역공(逆攻)을 당해 실패했다. 한편 이탈리아에서도 불만이 점점 고조되어 가이우스 그라쿠스가 시민권을 확대하려 했던 시도는 좌절되었고 마리우스 때도 역시 마찬가지였다. 그 결과 이탈리아인 사이에서는 불만이 더욱 커져갔는데, B.C. 91년에 호민관이 된 마르쿠스 리비우스 드루수스는 농업과 관계있는 입법으로 빈민의 지지를 얻어 이탈리아인에게 시민권을 줄 것과, 법정을 원로원의 주도 하에 두는 대신 원로원에 에퀴테스 300명을 새로 들여보내는 타협안을 내놓아 사법권에 관한 문제를 해결하려 했으나 실패했다. B.C. 90년 이탈리아인들이 반란을 일으키자(동맹 시 전쟁), 로마는 재빨리 정책을 바꾸어 모든 이탈리아인에게 시민권을 개방하는 법을 통과시켜 반란을 누그러뜨렸다.

이처럼 로마가 어려움을 겪고 있는 틈을 타 폰투스는 강력한 공세를 취해 로마 영토로 쳐들어왔다. 로마에서는 여러 장군이 그 전쟁의 지휘권을 두고 겨룬 끝에 B.C. 88년 콘술이 된 술라가 지휘권을 따냈다. 그러나 당시 호민관이었던 푸블리키우스 술피키우스는 새로 시민이 된 이탈리아인들에게 투표권을 주려고 계획하고 있었는데, 마리우스는 그를 지지하는 대가로 지휘권을 넘겨받았다. 술라는 예상을 뒤엎고 군대를 통솔하여 로마로 쳐들어와 술피키우스를 처형했으며, 마리우스는 도망쳤다. 마리우스의 군사개혁은 장군 개인에게 충성하는 사병(私兵)부내를 만들어냈는데, 이들 사병부대가 이제 처음으로 로마를 점령했던 것이다. 공화정의 종말은 눈앞에 다가와 있었다.

로마를 점령하고 몇 가지 법을 통과시킨 술라가 동방에 가 있는 동안 마리우스는 다시 로마를 점령했으나 얼마 뒤 죽었다. 한편 술라는 폰투스와 싸워 이겨 화약을 맺고는 B.C. 82년 이탈리아로 되돌아왔다. 딕타토르(독재관)로 뽑힌 술라는 공포정치를 시작해 수많은 사람을 재판 없이 처형하고 그들의 재산을 몰수하는 한편 포괄적인 개혁을 시행했다. 그는 호민관, 켄소르, 속주 총독, 에퀴테스의 권한을 줄이고 원로원의 권위를 드높였다. 그러나 그 목적은 단순한 반동이 아니라 정부에 다시 안정을 가져오는 데 있었다. B.C. 80년 초 술라는 딕타토르를 그만두고 콘술이 되었으며 그 해 말에는 콘술직도 사퇴했다. B.C. 78년 술라가 죽자 그의 체제는 곧 공격을 받았지만 젊은 그나이우스 폼페이우스(Gnaeus Pompeius Magnus, B.C.106-B.C.48)의 활약에 힘입어 공격은 곧 격퇴되었다.

술라 이후 20년 동안의 로마(B.C. 79~60)

폼페이우스는 기회주의적인 인물로 원래 술라의 반대파였다가 전향해 출세를 했으나 다시 술라를 배반했다. 그러나 그는 이미 술라 체제에 커다란 이해관계가 얽혀 있어 그 체제가 무너지도록 방관할 수 없는 입장이었다. 한편 이베리아 반도에서는 프라이토르(법무관)를 지냈던 퀸투스 세르토리우스가 반란을 일으켜 독립정부를 세웠다. B.C. 77년 원로원은 폼페이우스에게 세르토리우스를 진압하는 임무를 맡겼고, 그는 오랜 싸움 끝에 B.C. 72년 승리를 거두었다. B.C. 74년에는 폰투스가 다시 로마에 도전했는데, 그 전쟁의 지휘권은 온갖 잡음 끝에 술라의 친척인 루키우스 루쿨루스에게 넘어갔다. 동시에 동부지중해에서 해적들을 소탕할 책임은 마르쿠스 안토니우스에게 넘어갔고, 스파르타쿠스가 일으킨 노예반란(B.C. 73) 진압은 마르쿠스 크라수스가 자원했다. 그러나 크라수스가 반란 노예들을 거의 격퇴 했을때(B.C. 71) 폼페이우스는 히스파니아에서 돌아와 남아 있는 노예군을 궤멸시킨 뒤 반란진압 공로를 가로채려 했다.

폼페이우스와 크라수스는 이제 제각기 콘술직을 요구하며(B.C. 70) 맞섰으나 결국 힘을 합치기로 하고 둘 다 콘술이 되었다. 그들이 콘술로 있는 동안에는 술라 체제의 정치적 결정이 철회되었고, 호민관의 권한이 완전히 되살아났으며 술라 집권 이후 켄소르가 처음 선출되었다. 이로써 술라가 로마 공화정에 마련해놓으려 했던 법과 탄탄했던 권력의 기반들이 무너졌다. 선동정치가가 다시 등장했고 장군들은 개인적인 야심을 위해 무력을 행사할 수 있게 되었다. 게다가 합법정부를 지킬 수 있을 만한 사람들은 이미 예전에 술라에게 제거되었기 때문에 술라가 고치려고 애썼던 상황은 오히려 더욱 심각할 정도로 악화되었다. 뇌물과 무질서가 난무했으며 속주에서는 부정부패가 만연했다. 원로원은 원래 외국 땅을 로마에 병합하는 것에 대해서는 전통적으로 반대해왔으나 이 관례마저도 개인적인 야심 때문에 사그러 들었다.

정치적으로 B.C. 60년대는 폼페이우스의 시대였다. 그는 B.C. 69년 관례에 어긋나게도 속주 총독으로 부임하기를 거부하고 기회를 기다렸다. 그는 B.C. 67년 해적 소탕의 책임을 맡아 매우 뛰어난 성과를 거두었다. 한편 루쿨루스는 폰투스와 싸워 승리했으나 자신의 부하들에게 인기를 잃어 정치적으로는 몰락했다. B.C. 66년에 동방 군대 총지휘권을 넘겨받은 폼페이우스는 폰투스에게 대승해 동방을 석권했다. 동방은 대부분 그에게 돈을 바치게 되었고, 그는 로마에서 가장 부유한 사람이 되어 돌아왔다.

로마에서는 정권을 장악하려는 크라수스가 주도한 음모와 폭력이 난무하고 있었다. 또한 빈곤과 부채가 심각해져 혁명이 일어날 가능성도 높아졌는데, 이는 민중파였던 포풀라레스(populares)에게 기회를 마련해주었다. 실제로 B.C. 63년 말 카틸리나라는 정치가가 쿠데타를 시도했으나, 콘술이었던 키케로에게 진압 당했다. 그러나 로마에서 폼페이우스의 이익을 대변했던 키케로는 그에 대한 보상을 받기는커녕 폼페이우스와 귀족들 모두에게 냉대를 받았다. 동부에서 평화롭게 되돌아온 폼페이우스는 독재가 아니라 명예를 원했다. 그래서 그는 군대를 해산하고 권력을 내놓았으나, 자신이 거느린 병사들에게 토지를 나누어주고 동방에서 그가 이루어놓은 일들을 비준해 달라는 주요요구들을 모두 거절당했다. 바로 이때 가이우스 율리우스 카이사르가 히스파니아(스페인)에서 돌아왔다. 젊은 시절에 이미 뛰어난 재능과 드높은 야심을 드러냈던 그는 어느 누구도 적으로 만들지 않으려 했고, B.C. 63년에는 프라이토르도 지내지 않은 몸으로 폰티펙스 막시무스[大神官]로 뽑히는 놀라운 성공을 거두었다. 카이사르는 B.C. 62년에 프라이토르가 된 뒤 총독으로서 히스파니아를 잘 다스렸고, 로마로 돌아와 B.C. 59년에는 콘술이 되었다.

로마 공화정의 몰락(B.C. 59~44)

카이사르는 콘술직에 있는 동안 크라수스와 폼페이우스 모두에게 신뢰를 얻어 정권을 장악했다. 3명 모두 그들이 바라던 것을 얻었는데, 특히 카이사르는 갈리아 전쟁의 지휘권을 5년 기한으로 얻어 갈리아로 떠났으나 로마는 이제 옛 공화정 체제로 돌아갈 수 없었다. 키케로는 3명 사이의 연합을 깨뜨리려고 애썼지만 B.C. 56년 그들은 밀약을 맺었고, 로마는 또다시 그들에게 무릎을 꿇었다. 카이사르는 갈리아군 지휘권을 5년 더 연장할 수 있었고, 폼페이우스는 히스파니아 전역에 대한 특별 지휘권을 얻었으며, 크라수스는 돈과 명예를 얻고 싶었으므로 파르티아를 공격했다. 키케로는 마침내 권력 앞에 고개를 숙여 그들의 충실한 대변자가 되었다.

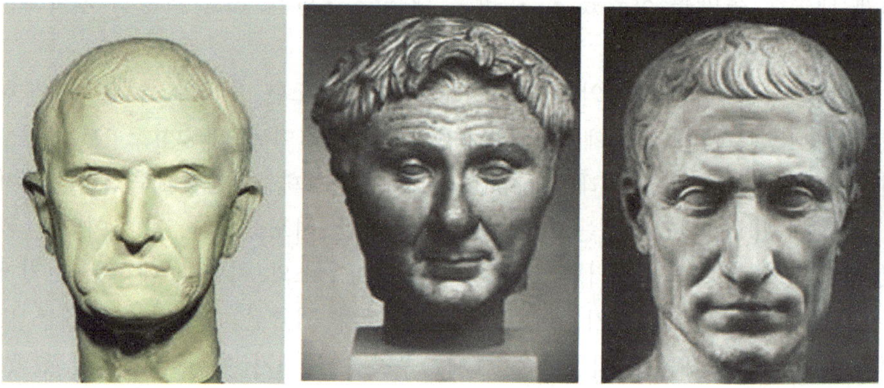

그림 8-12. 좌측부터 크라수스, 폼에이우스, 카이사르

폼페이우스와 결혼했던 카이사르의 딸 율리아가 B.C. 54년 죽고 이듬해 크라수스까지 세상을 떠나자 폼페이우스와 카이사르는 정면으로 대립하게 되었다. 카이사르는 갈리아 정복으로 폼페이우스에 못지 않은 위신과 부를 쌓아 많은 지지자를 거느리고 있었다. 폼페이우스와 당시 과두정부는 서로의 이익 때문에 결탁하게 되었고 이로써 카이사르는 고립되었다. 원로원은 카이사르를 로마로 소환하려 했으나 응하지 않자 그를 범법자로 탄핵했다(B.C. 49). 이에 대항해 카이사르는 군대를 이끌고 이탈리아와 갈리아의 국경선이었던 루비콘강을 건너 이탈리아에 침입해 내란에 뛰어들었다. 폼페이우스는 카이사르의 신속한 행동으로 2개월 내에 이탈리아를 넘겨주고 그리스로 퇴각했다. 그는 히스파니아에도 군대를 거느리고 있었기 때문에 카이사르는 그리스로 건너가 폼페이우스를 패배시켰다. 폼페이우스는 이집트로 도망갔으나 그곳에서 암살당했고, 카이사르는 남아 있는 폼페이우스의 군대를 아프리카에서 궤멸시킨 뒤 히스파니아에서 폼페이우스의 아들들이 일으킨 봉기도 진압했다. 그는 권력을 독점했으나 적들에게 관대한 처분을 내렸다. 빈곤과 부채를 다소 경감시켰지만 전반적인 부채 말소나 재산의 재분배는 전혀 이루어지지 않았다. 그는

또 개혁하려는 계획도 전혀 갖고 있지 않았을 뿐만 아니라 모든 명예와 권력을 장악하고 1인 독재를 행사해나갔다. 그 결과 그에게 반감을 품은 사람들에 의해 원로원에서 암살 당했다(B.C.44년 3월 15일).

그림 8-13. 암살당한 카이사르

삼두정치와 옥타비아누스의 권력독점

암살의 주역인 브루투스와 카시우스는 로마인이 자유를 되찾아 기뻐할 것이라고 여겼지만 사실상 자유를 찾게 된 것은 지배계급이었고 인민들은 큰 관심을 갖지 않았다. 반면에 군대는 카이사르에게 충성했고 원로원도 카이사르를 따르는 사람들로 가득 차 있었다. 마르쿠스 안토니우스는 점차 로마 시 전체를 장악해갔고 암살자들은 동부로 도망쳤다. 그러나 안토니우스는 곧 카이사르의 양자(養子) 옥타비아누스(Octavianus Gaius Julius caesar, B.C.27-B.C.14)의 도전을 받았다. 옥타비아누스는 아직 20세도 안 되었지만 키케로가 주도하는 원로원과 협력해 안토니우스에 대항했고, B.C. 43년에는 안토니우스를 패배시켰다. 그러나 상황이 변해 권력을 독점할 수 없게 되자 그는 안토니우스와 레피두스를 끌어들여 5년 기한의 3두정(三頭政) 체제를 이루었다. 그들은 브루투스와 카시우스를 격퇴한 뒤 로마 세계를 분할 통치했다. 이탈리아를 맡게 된 옥타비아누스는 누이인 옥타비아를 안토니우스와 결혼시켜 동맹을 맺은 뒤 이탈리아 부근의 섬들을 폼페이우스의 아들에게서 빼앗고, 세력을 키우려던 레피두스를 제거했다. 이로써 옥타비아누스는 서부를, 안토니우스는 동부를 장악하게 되었다. 그들은 제각기 자기 영역에서 원정에 나서 더욱 영토를 넓혔는데, 안토니우스는 클레오파트라와 결혼해 이집트를 그의 군사적·정치적 기반으로 삼으려 했다. 옥타비아누스는 안토니우스가 로마 세계를 이집트에 넘겨주려 한다고 선전함으로써 많은 사람이 안토니우스에게 등을 돌리게 만들었다. 마침내 B.C. 31년 옥타비아누스는 콘술이 되어 그리스를 건너 안토니우스를 공격했다. 악티움 해전에서의 승리로 옥타비아누스는 안토니우스와 클레오파트라를 파멸시켰다.

그림 8-14. 악티움 해전

제정 초기(B.C. 31~AD 193)

제정 수립

그림 8-15. 초대황제, 아우구스투스

이제 옥타비아누스는 로마 지배권을 쥐고 로마의 첫 황제가 되었다. 이집트를 합병해 재정이 넉넉해졌으므로 그는 마음대로 재건사업에 착수할 수 있었다. 그가 계획한 정치체제는 군사독재가 아니라 자신의 지휘가 보편적으로 인정받도록 하는 것이었는데, 그는 이 문제를 훌륭하게 수행했다.

그는 많은 군대를 해산하고 콘술을 정기적으로 뽑게 했다. 그는 자기가 콘술루 선출되자 사퇴하려고 했지만 원로원은 오히려 그의 사퇴를 거절하고 10년 동안의 히스파니아(스페인)·갈리아·시리아 통치를 위임했으며, 아우구스투스(Augustus : 존엄한 사람)라는 칭호를 부여했다. 아우구스투스는 군사력을 독점한 데 이어 콘술이 됨으로써 군사(軍事)와 민사(民事)를 모두 손에 넣었다.

그러나 콘술직을 계속 맡는 것은 원로원의 반발을 살 염려가 있어 그는 B.C. 23년 콘술직을 사퇴하고 호민관의 권한(tribunicia potestas)을 비롯해 원로원과 민회를 소집·주재할 권한도 얻었다. 호민관직은 전통적으로 시민을 보호하는 역할이었기 때문에 반감을 사지 않을 뿐만 아니라 임기가 1년이긴 하나 계속 중임할 수 있었다. 한편 그가 다스리는 속주와 군대 통수권도 법률적으로 뒷받침되었다. 원로원이 프로콘술의 임페리움을 그에게 부여했던 것이다. 이는 시한적이었지만 그 기간이 자동으로 갱신되었으며, 동시에 이탈리아와 로마 안에서도 유효했고 다른 어떤 임페리움보다 우월한 것이었다. 아우구스투스의 지위를 확고하게 한 것은 바로 이러한 임페리움이었다. 따라서 그 뒤로는 아우구스투스가 공화정 시대에 가질 수 있었던 예외적 권력의 직책들(딕타토르, 종신 켄소르, 콘술)을 차지할 필요가 없었다. 물론 그는 명예로운 제의를 받아들여 콘술이 지닌 몇몇 권한을 획득하고(B.C. 19), 폰티펙스 막시무스가 되었으며(B.C. 12), 1년 중 8번째 달을 그의 이름으로 부르도록 하고(B.C. 2), 조국의 아버지라는 칭호를 받아들였다. 그의 이름인 임페라토르 카이사르 아우구스투스는 뒷날 황제를 가리키는 칭호가 되었으나, 그와 그의 뒤를 이은 4황제에게는 칭호가 아닌 이름이었다. 아우구스투스가 지닌 칭호 가운데 하나인 프린켑스(제1시민)는 비공식적인 것이었는데, 그가 만들어낸 통치체제는 이 이름을 따서 프린키파투스(Principatus)라 부른다.

원로원은 전과 다름없는 위엄과 권한을 지닌 듯했으나 실권은 없었다. 아우구스투스는 실질적으로 군사와 재정을 장악하고 있었으며, 특히 원로원 의원직을 자기 마음대로 할 수 있었다. 그러나 그는 원로원을 전통과 여론을 대변하는 기관으로서 높이 평가했고, 원로원에 정책 자문을 구했다. 마찬가지로 그는 행정관을 임명하는 데 결정적인 영향력을 행사했지만, 원로원을 존중해 원로원 의원과 에퀴테스로 이루어진 특별위원회가 프라이토르와 콘술을 뽑게 했고, 코미티아 켄투리아타(Comitia Centuriata)는 자동적으로 그것을 승인하도록 했다. 또한 콘술의 임기는 6개월로 줄었는데, 이는 더 많은 원로원 의원이 고위직에 오를 수 있게 하는 동시에 콘술의 책무가 대체로 의례적인 것이 되었음을 보여주는 것이다. 하지만 보수를 받는 직책들은 대부분 에퀴테스에게 돌아갔고 그들은 제국 안에서 강력한 계급을 이루게 되었다. 동시에 그들은 원로원 의원이 되기도 했는데, 에퀴테스는 로마나 이탈리아에만 한정되지 않고 제국 전역에 걸쳐 퍼져 있었으므로 원로원은 점차 로마와 이탈리아의 틀을 벗어나게 되었다.

아우구스투스는 일반적인 로마 시민에게는 별로 관심을 기울이지 않았다. 또한 인민에게 식량을 배급하고 오락거리를 제공했지만 실제 권력은 허용하지 않았다. 민회는 이따금 회의를 열어 이미 결정된 사항을 형식적으로 승인할 뿐이었다. 이 때문에 이탈리아의 로마 시민과 속주민 사이의 구별은 불분명해졌다. 하지만 아우구스투스는 이탈리아의 우위를 강조해 곡물공급을 보장하고 도로건설을 비롯한 공공사업을 벌이며 재정과 통화를 안정시켜 이탈리아의 경제를 발전시켰다. 그러나 그가 이룬 더 큰 업적은 로마의 기풍을 되살리고 나라를 통합시킨 것이었다. 그는 공화정 말기의 반목과 타락을 뿌리뽑고 이탈리아의 전통적인 가치와 종교를 부활시켰으며, 이탈리아를 로마와 완전히 하나가 되게 했다.

오래 전부터 있던 속주들은 공공(公共) 속주라 하여 원로원이 통제했으나, 편입한 지 얼마 안 되는 그 밖의 속주들은 황제가 통제했다. 황제는 그가 통제하는 속주에 군대를 주둔시켰고 속주 총독직에는 원로원 의원뿐만 아니라 에퀴테스도 임명했다. 속주는 직접세와 간접세를 로마에 바쳤으나 기본적으로는 각각 자체의 민회와 참사회, 관리를 거느린 키비타스(civitats)를 단위로 자치가 이루어졌다. 속주의 상황은 제정 때 속주에 파견된 관리의 수준이 높아졌고 감독이 강화되었으며 평화가 정착되어 더 나아졌고 로마 시민권을 받으면서 무니키피움으로 승격되었다.

이러한 평화에 대해 많은 사람이 아우구스투스와 그의 가문을 숭배함으로써 감사를 표시했다. 그러나 그의 실질적인 권력기반은 바로 그에게 개인적인 충성을 서약한 군대였다. 군대는 레기온(군단)·변경주둔군·황실근위대·제국함대로 이루어졌다. 아우구스투스 치하에서 황실근위대의 병사는 대개 이탈리아인이었으나, 많은 레기온과 거의 모든 변경주둔군의 병사는 주로 황제가 다스리는 서부 속주 출신이었는데 이러한 추세는 점점 더 증가했다. 그러나 레기온은 입대하는 날로, 변경주둔군은 제대하는 날로 시민권을 얻었고, 더구나 변경주둔군에서 제대한 병사들은 종종 그들이 주둔했던 속주에 정착했으므로 이는 제국 전역을 로마화하는 데 크게 이바지했다.

아우구스투스는 악티움 해전에서 승리한 뒤 평화정책을 펴는 듯했으나 오래지 않아 자연적인 국경을 확립하기 위해 많은 전쟁을 벌였다. 그는 많은 지역을 정복했으나 로마화가 비교적 쉬운 지역만을 속주로 병합해 도로를 건설하고 역참(驛站)제도를 시행한 반면, 로마화가 어려운 지역은 위성국가로 만들어서 방어에 따르는 비용을 줄였다. 그러나 영토를 확장하는 더 쉬운 방법으로 전쟁보다는 위성국가를 만든 뒤 속주로 병합하는 경우도 있었다. 아우구스투스는 아라비아 사막, 사하라 사막, 아틀라스 산맥을 남쪽 경계로, 대서양을 서쪽 경계로, 유프라테스 강과 아라비아 사막의 북쪽을 동쪽 경계로, 도나우 강과 엘베 강을 북쪽 경계로 삼으려 했다. 그러나 유프라테스 강 북쪽으로는 자연 경계가 없었고 특히 아르메니아를 확보하지 못했으므로 동쪽 경계는 매듭짓지 못했으며, 북쪽 경계도 도나우 강은 겨우 유지되었으나 엘베 강은 아주 불안정해 라인 강으로 물러나게 되었다. 그러나 변경 지역 이외에는 평화가 유지되어 해적이 진압되고 도로가 놓였으며 통화가 안정되어 교역이 크게 발달했다. 이에 따라 지중해 세계는 전에 없이 하나로 통합되었다.

아우구스투스 때 로마는 매우 선명하게 이탈리아적인 성격을 띠었고 이는 문학과 예술에도 나타났다. 로마의 문학과 예술은 그리스를 모방했으나 내용은 이탈리아적인 것이었다. 그 시대의 문화수준은 높았지만 아우구스투스가 소박한 덕목들을 강조해 지적인 창조성과 도덕적 정열은 얼마간 사라졌다. 아우구스투스는 공화정 때도 있었던 직책들을 오랫동안 겸임하며 사실상 황제가 되었으나 군사독재를 시행하지는 않았다. 그는 원로원과 우호적인 관계를 유지해 대체로 온건하고 효율적인 통치를 했다. 더구나 그는 56년 동안 통치하며 그동안에 이후 200년 가까이 존속할 입헌정부를 만들어냈다. 그러나 제위 계승의 원칙이 없었기 때문에 아우구스투스는 일찍부터 이 문제에 관심을 두기 시작했다. 군대는 부자상속에 정통성을 두었으므로 그는 왕조를 세우려 했으나 그에게는 아들이 없었고 가까운 친척들도 그보다 먼저 죽었다. 결국 그는 어쩔 수 없이 티베리우스를 양자로 삼아 후계자로 지명하고 호민관의 권한을 주었다. AD 14년 아우구스투스가 죽은 뒤 티베리우스가 자동적으로 제위에 올랐다.

티베리우스(Tiberius Caesar Augustus, 14~37 재위)는 대체로 유능한 황제였지만 인간적인 신뢰는 얻지 못했다. 그가 죽자 친척인 가이우스, 즉 칼리굴라(Caligula, 37~41 재위)가 뒤를 이었다. 칼리굴라는 동양적 전제 원로원을 모욕하며 낭비를 일삼는 등 과대망상적인 폭군이 되어 결국은 암살당했다. 칼리굴라의 숙부로 그 다음 황제가 된 클라우디우스 1세(Claudius I, 41~54 재위)는 정부의 중앙집권화를 크게 진척시켰고 대외팽창에 많은 관심을 보여 브리튼을 합병했으며 서부 속주들의 로마화를 촉진시켰다. 그는 전제정치를 해 인기를 얻지는 못했지만 재무관리를 강화하고 재판제도를 개혁했다. 그의 뒤를 이은 사람은 16세밖에 안된 의붓아들 네로(Nero, 54~68 재위)였다. 네로는 가족을 비롯해 여러 사람들을 살해하고 그리스도교를 최초로 박해했지만 반란이 일어나자 자살했다.

그림 8-16. 그리스도교도를 화형에 처하는 네로황제

제국의 성장

네로가 죽은 뒤 내란이 벌어졌고, 이 내란의 마지막 승리자인 베스파시아누스(Titus Flavius Vespasianus, 69~79 재위)와 두 아들이 플라비우스(Flavius) 왕조(69~96)를 이루었다. 베스파시아누스는 내란으로 약해진 변경 수비를 강화하고 재정을 튼튼하게 했으며 원로원에 대해 정중하지만 단호한 태도를 보이면서 원로원을 행정관 배출 기구로만 취급했다. 그의 아들 티투스

(Titus Flavius Vespasianus, 79~81 재위)는 많은 인기를 누렸으나 얼마 안가 죽었고, 뒤이어 그의 동생 도미티아누스(Titus Flavius Domitianus , 81~96 재위)가 제위에 올랐다. 그는 유능하지만 고압적(高壓的)인 인물로서 군대의 충성을 확보하고 제국의 복지를 증진시켰다. 그러나 그의 전제로 말미암은 불만 때문에 96년 암살당함으로써 플라비우스 왕조는 막을 내렸다. 플라비우스 왕조는 변경주둔군을 그들의 출신 속주에서 멀리 떨어진 지역에 배치했고, 레기온을 일정한 장소에 주둔시켜 변경주둔군과 비슷한 성격을 부여했다. 이 군대로 그들은 브리튼에서 지배 영역을 넓히고 라인 강 유역을 되찾았으며, 실패로 끝났으나 도나우 강 지역도 회복하려 시도했고 동쪽 변방도 강화했다.

도미티아누스를 암살한 자들은 군대의 반발에도 불구하고 마르쿠스 코케이우스 네르바(Marcus Cocceius Nerva, 96~98 재위)를 황제로 추대했다. 네르바의 가장 중요한 시책의 하나는 구빈계획(救貧計劃, alimenta)으로서 이는 이탈리아의 소농민을 돕고, 가난으로부터 구제해 출생률을 높였다. 그러나 그에게는 2가지 약점이 있었다. 즉 아들이 없었고, 군대의 인망을 얻을 만한 군사적 경험이 없었다. 그리하여 그는 군인인 마르쿠스 울피우스 트라야누스(Marcus Ulpius Trajanus, 98~117 재위)를 양자로 삼아 후계자로 세웠다. 속주 출신의 첫 황제인 트라야누스는 법규를 준수하고 겸손해 인민과 군대 모두에게서 인기를 얻었으며, 제국 전체의 복지를 향상시키기 위해 필요하다면 원로원까지도 거리낌 없이 무시하면서 독단적인 결정을 내렸다. 하지만 지방자치 쇠퇴와 비대한 관료체제를 낳게 되었다. 그는 대외적으로는 도나우 강 지역과 동쪽 변경을 평정하는 업적을 남겼으나 중동에서 반란을 진압하다가 죽었다.

그의 뒤를 이은 사람은 그의 가장 가까운 친척인 푸블리우스 아일리우스 하드리아누스(Publius Aelius Hadrianus, 117~138 재위)였다. 그는 다재다능 했으며 영토 팽창에 반대하고 평화를 추구해 변경수비 강화에 치중했다. 그는 속주를 지킬 주둔군을 그 속주 자체에서 충원했고 레기온과 주둔군의 차이를 없앴으며, 군대를 감독하기 위해 자주 몸소 시찰을 다녔다. 한편 레기온이 이처럼 주둔군과 다름없어지자 기동작전을 위해 새로운 부대가 필요하게 되었는데, 이 부대는 많은 경우 제국 주변의 이민족으로 충원되었다. 하드리아누스는 민사에서도 업적을 남겼다. 그의 치세 때 관료제가 정착되었는데, 그의 법률적 업적 특히 영구고시록(永久告示錄 edictum perpetuum : 법무관의 고시에 따라 해석되는 법)의 법전화는 현저한 것이었다. 또 새로운 형식의 라틴 시민권을 창설해 이 권리를 얻은 도시의 모든 지방 원로원 의원에게 로마 시민권을 주어 로마 원로원의 많은 성원이 속주의 귀족으로 보충되었다. 아들이 없었던 그는 AD 136년 티투스 아우렐리우스 안토니누스 피우스를 새로이 양자로 삼았다. 안토니누스 또한 처의 조카 마르쿠스 아우렐리우스와 베루스의 아들 루키우스 베루스를 양자로 삼았다.

하드리아누스가 죽은 뒤 제위에 오른 안토니누스(Antoninus Pius, 138~161 재위) 때 로마 제국은 세계주의의 성격을 뚜렷하게 띠면서 조용한 번영을 누렸으나 동시에 변경지역이 침략을 당하고 반란이 일어나 위험스러운 징조를 보였다. 그의 뒤를 이은 마르쿠스 아우렐리우스(Marcus Aurelius Antoninus, 161~180 재위)는 루키우스 베루스를 공동 황제로 지명해 하드리아누스의 뜻에 충실히 따랐으나 이는 제국의 동서 분리를 예고하는 것이었다. 더구나 그의 치세에는 이민족이 강력하게 침략해왔다. 동쪽 변경에 밀어닥친 위험은 무마시켰으나 게르만족의 도나우 강 지역 침입은 동부에서 벌어진 반란과 함께 오랫동안 아우렐리우스를 괴롭혔다. 그는 게르만족을 진압하는 도중에 죽었고, 뒤를 이어 황제가 된 그의 아들 콤모두스(Lucius Aelius Aurelius Commodus, 180~192 재위)는 무능하고 변덕스러우며 쾌락만 추구하다가 암살 당했다.

2세기의 제국

2세기의 원수정은 아우구스투스 시대의 그것과 거의 다르지 않았고, 사람들은 이제 황제가 필요하다는 것을 보편적으로 인정하게 되었다. 동시에 옛 공화정 시대의 귀족가문은 사라져갔고, 따라서 출신 성분이 황제가 될 자격을 좌우하지 않게 되었다. 그러나 황제들은 자기 가문을 신격화함으로써 권력을 정당화하려 했는데, 이는 곧 절대군주정에 이르는 길이었다. 황제들은 처음에는 원로원을 통해 법을 정했으나 2세기에는 원로원과 민회의 손을 빌리지 않고 직접 법을 제정했으며 점차 입법권을 독점해갔다. 그러나 이러한 변화는 본질이 아니라 정도의 문제였을 뿐이다. 한편 공화정의 제도는 쇠퇴했고 제국 관리의 중요성은 더 커진 반면 도시의 행정관이 지닌 권위는 쇠락했다. 원로원의 지위가 낮아지는 동시에 더 많은 속주 출신이 원로원에 들어오게 되었으며, 관료층을 이룬 에퀴테스는 점점 더 중요한 위치를 차지하게 되었다.

로마에는 제국 전역에서 사람들이 모여들었는데, 그들은 대부분 빈민이었으며 사회 이동이 무척 활발하게 이루어졌다. 로마의 상업은 발달했지만 산업이 보잘것없어 일자리가 충분하지 못했기 때문에 빈민문제가 심각했다. 이 문제는 대규모 건설공사가 전개되어 얼마간 누그러졌다. 이탈리아는 특권적 지위를 잃었고 경제적 중요성도 낮아져갔다. 반면 속주의 상황은 평화가 유지되는 가운데 점점 더 나아졌다. 제국 내의 수많은 여러 종족은 제각기 제나름의 방식대로 살아가도록 허용 받았고, 도시 단위로 지방자치가 이루어졌다. 하지만 2세기의 황제들은 제국 전체에 걸쳐 정의를 실현한다는 의무를 스스로 떠맡아 가부장의 입장에서 지방자치에 간섭한 결과 도시의 유력자들이 도시의 공직을 맡지 않으려는 경향이 나타나 사람들에게 강제로 공직을 맡겨야만 하는 사태까지 벌어졌다. 한편 속주의 사회구조 역시 로마에서처럼 사회이동이 상당히 활발하긴 했지만 빈부격차에 의해 뚜렷하게 계층화된 사회구조를 이루었다. 속주들은 특히 하드리아누스 때부터 빠르게 로마화 했다. 로마 시민은 군대에 들어가기를 꺼려했으므로 속주민에게는 입대하는 대가로 시민권이 부여되었는데, 이는 로마화를 촉진하는 동시에 군대 충원의 문제를 더욱 심각하게 만들었고 결국 군대가 제국 바깥에서 충원되지 않을 수 없는 상황을 낳았다. 극단적인 빈부격차는 물질주의를 낳는 동시에 내세를 지향하는 풍조를 널리 퍼뜨려 제국에 대한 충성심을 약화시켰다. 서부에서는 주로 주둔군대로 인해 도시화와 라틴화가 크게 이루어졌으나, 하드리아누스 때부터는 속주 주둔군이 자체 속주에서 충원되었기 때문에 군대가 라틴화에 기여하는 경우는 거의 없어졌다. 반면에 동부에서는 그리스어가 공식어였고 종교에도 로마가 거의 영향을 미치지 못했다. 이러한 차이는 뒷날 동·서 로마 분열의 전조가 되었다.

제국 정부는 교역 활성화를 지향하지는 않았으나 평화를 유지함으로써 교역 발달이 촉진되었다. 경제는 전반적으로 발전했지만 사치와 심각한 빈부격차, 노예제의 모순, 기술 정체, 전쟁에 따른 인구감소 때문에 압박을 받고 있었다. 문화는 창조력을 잃어갔다. 속주의 로마화로 속주 출신 작가가 많이 나왔고, 동부에서는 그리스 문학이 부흥했으나 독창성이 없었고 말재주에 지나지 않는 인위적인 수사학과 냉소적인 풍자가 인기를 끌었다. 문화적 측면에서도 동부는 서부와는 달리 라틴화에 저항해 분열을 예고했지만 더 중요한 문제는 독서인구 자체가 줄어든 것이었다. 철학 부문에서는 스토아 철학이 가장 번창했는데, 마르쿠스 아우렐리우스 자신도 스토아 철학자였다. 예술에서는 로마인의 기풍에 알맞는 건실한 사실주의적 표현이 강조되었으나, 하드리아누스 때부터는 이탈리아가 특권적인 지위를 잃음에 따라 이탈리아적인 기풍이 사라져갔고 이는 고전예술의 종말을 예고했다. 로마는 예술에서도 동부보다 서부에 훨씬 크게 영향을 미쳤지만 건축에서만은 동부에 아주 커다란 영향을 미쳤다. 동부는 콘크리트와 아치를 사용한 로마의 거대하고 육중한 건물에 깊은 인상을 받았던 것이다.

제정 말기

세베루스 왕조(193~235)

192년 12월 31일 콤모두스가 암살 당한 뒤 벌어진 내란에서 도나우 주둔군이 193년에 추대한 셉티미우스 세베루스가 마지막 승리를 거두었다(197). 트리폴리 출신인 그는 동부인과 자신의 세력기반인 군대를 우대한 반면 이탈리아인과 원로원을 무시했다. 그는 군대를 증강하고 병사의 봉급을 인상하며 상여금을 많이 주어 군대를 특권계급으로 만들었다. 또 그는 관료제를 강화해 중앙권력을 강화함으로써 관료층인 에퀴테스를 우대하는 동시에 지방자치를 더욱 압박했다. 이러한 조치로 지출이 크게 늘어나자 그는 이탈리아에도 세금을 물렸다. 그의 황제권은 사실상 군대에 의존해 있었으며, 세습에서 황제의 정통성을 찾으려 한 그는 두 아들을 후계자로 지명했다. 211년 그가 죽자 뒤를 이은 큰아들 카라칼라(211~217 재위)는 아버지의 정책을 그대로 따랐으나 재정이 계속 궁핍해져 악성 인플레를 낳았다. 그는 또한 제국의 거의 모든 주민에게 시민권을 확대해 제국의 통합을 강화했으나, 동시에 시민권의 가치를 줄이고 군대 충원을 훨씬 더 어렵게 만들었다. 그는 동방정복을 꿈꾸고 원정을 나갔다가 부하인 마르쿠스 오펠리우스 마크리누스의 지령을 받은 자객에게 암살 당했다.

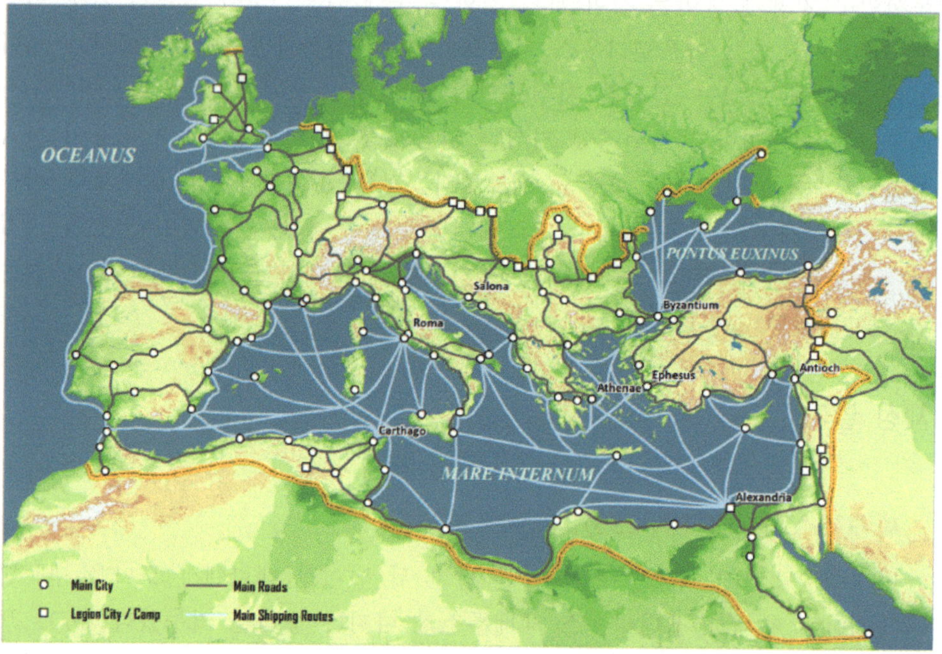

그림 8-17. 로마제국의 육·해상 도로

이어 마크리누스가 황제에 올랐으나 군대의 지지를 얻지 못했고 곧 세베루스 가문의 반란으로 218년 살해당했다. 그뒤 황제가 된 세베루스 가문의 바시아누스는 그가 모시던 신(神)의 이름을 딴 엘라가발루스로 더 잘 알려져 있다. 14세였던 그는 로마인에게 낯선 신을 광적으로 숭배하고 지나친 낭비를 했기 때문에 결국 미움을 사 222년에 살해당했고 이로써 세베루스 왕조는 끊어졌다.

3세기의 종교와 문화

로마의 전통 종교는 아우구스투스 이래로 거의 변하지 않았으나 활력을 잃어갔다. 하층민들 사이에서는 너무 '정치적'이고 거대한 신보다 유용하고 지역적인 군소 신들에 대한 믿음이 존속·강화되었고, 황제 숭배가 전통 종교에 깊이 침투해 있었다. 하지만 3세기의 가장 독특한 현상은 당시 음울한 분위기에 걸맞게 내세를 지향하는 동방 종교들이 세력을 넓히고, 모든 신을 하나의 절대신으로 통합하는 경향이 종교적 열정과 더불어 나타난 것이었다. 한편 그리스도교는 1~2세기에 주로 유대인 사이에서 서서히 확산되어갔다. 로마인들은 그리스도교가 신비에 싸여 있고 하층 계급들이 주로 믿으며 특정한 종족과 연결되어 있지 않다는 점에서 그리스도교를 이해할 수 없고 비천하며 위험하다고 여겼다. 그러나 1세기말에는 그리스도교가 로마에도 상당히 널리 퍼졌고, 2세기에는 지식인들 사이에도 침투하기 시작했다. 그러나 제국 정부는 그리스도교를 탄압했다. 그리스도교를 박해한 네로 이후 플라비우스 왕조 치세 때는 그리스도교를 범죄로 보는 관념이 자리잡았으며, 셉티미우스 세베루스(Lucius Septimius Severus Pertinax) 는 최초로 체계적인 박해를 시작했다. 한편 문학은 쇠퇴기로 접어들었고, 2세기에 부활한 그리스 문학과 학문이 법률 분야를 제외한 모든 영역을 지배했다. 철학은 종교적 신비주의에 크게 기울어 신(新)플라톤 철학이 등장했고 그리스도교 신학도 등장하기 시작했다.

군사적 혼란과 제국의 해체(235~270)

세베루스 알렉산드르가 죽은 뒤부터 클라우디우스 2세에 이르는 기간은 제위 찬탈과 이민족(barbariano) 침입으로 점철되었다. 최초의 본격적인 군인황제 막시미누스(235~238 재위) 때부터 이른바 군인황제 시대가 시작되었다. 이후에는 원로원이 푸피에누스와 발비누스를 함께, 그리고 다음에는 13세인 고르디아누스 3세를 황제에 지명했으며 고르디아누스가 살해당한 뒤에는 군인 2명이 차례로 제위에 올랐다. 그 뒤 253~268년에는 원로원 의원인 발레리아누스와 그의 아들 갈리에누스(260~268 재위)가 통치했다. 갈리에누스는 재위 기간 내내 야만족의 침입을 막아야만 했으나 몇 가지 개혁을 단행하기도 했다. 그는 원로원 의원들을 군대에서 배제했고, 에퀴테스에게 군지휘권과 속주 총독직의 대부분을 맡겼으며, 이민족의 침입을 막기 위해 강력한 새 기병대를 창설했다. 그러나 그리스도교를 막기 위해 그리스의 종교와 신플라톤 철학을 적극 후원한 탓에 많은 반감을 사 268년 암살 당했다. 그를 죽이고 새 황제가 된 클라우디우스 2세(268~270 재위)는 이민족을 2차례 격파했으나 270년 전염병으로 죽었다. 이 시대에는 제국이 지닌 주된 결함 가운데 하나인 제위계승 원칙이 없었기 때문에 군대가 정계에서 압도적인 영향력을 행사하게 되었던 것이다. 본질적인 개혁이 필요했고 갈리에누스는 그 점을 알았으나 개혁을 추진하기에는 너무 힘이 약했다.

한편 이 시대에는 이민족의 대규모 침략이 행해졌다. 게르만족은 본거지였던 스웨덴에서 남동쪽으로 이동해 로마로 쳐들어왔으며 특히 서부에서는 히스파니아(스페인)까지 침범했다. 그 틈을 타서 마르쿠스 카시아니우스 포스투무스는 갈리아를 장악하고 스스로 황제임을 선포했다. 동부에서는 사산 왕조가 흥기해 로마는 카라칼라 때 얻었던 메소포타미아를 잃고 유프라테스 강으로 물러서야 했다. 이때 팔미라 군주였던 오다이나투스는 저항 세력을 조직해 사산조를 이란으로 다시 몰아내고 페르시아를 상대로 계속 싸우면서 팔미라 왕국을 세웠다. 그가 267년 살해당하자 아들인 바발라투스가 어머니 제노비아를 섭정으로 하여 뒤를 이었는데, 그녀는 갈리에누스와 클라우디우스 2세가 죽은 틈을 타 270년 이집트와 소아시아 일부를 침략했고 이듬해에는 아들을 황제로 선포했다. 272년 아우렐리아누스가 동부 속주들을 다시 제국에 통합했으나 메소포타미아를 되찾지는 못했다. 이러한 외침과 내란은 경제와 사회를 위기에 빠뜨렸다. 많은 지역이 황폐화했고 강도와 해적이 들끓었으며 전염병으로 인구가 줄어들었다. 제국은 빈곤에 빠졌다. 그와 함께 자치시도 어려움에 부딪혀 영역이 축소되었고 상업이 쇠퇴했으며 농업과 수공업도 사회의 혼란과 세금부담의 증대로 피해를 입었다. 황제들은 어려운 상황을 알고 있었으나 당장 물적·인적 자원을 끌어대기 위해 강력한 강제수단을 동원해 후기 제정을 군사

독재정으로 만들었다. 한편 도시 중산층은 몰락해갔고 얼마 안 가 도시 관리(官吏)의 도주(逃走)를 강제로 막아야 할 필요까지 생겼다. 원로원 의원들은 정치적 권력을 잃었으나 사회적 위신은 유지했고 그들이 지닌 대농장을 더욱 넓혀갔으며 도시를 떠나 농촌에 있는 별장으로 옮겨갔다. 에퀴테스는 이제 관료층으로서 지배적인 지위에 올랐다. 하층계급은 공식적으로는 국가의 보호를 받았으나, 사회가 전반적으로 가난해짐에 따른 영향을 피할 수는 없었다. 국가는 재정적인 필요에 따라 농민을 토지에, 수공업자를 작업장에, 상인을 장사에 묶어두려 했으므로 사회 전체가 화석화(化石化)되었다.

제국의 회복과 전제정의 성립(270~337)

클라우디우스 2세가 죽은 뒤 270~284년에는 일리리아 출신의 황제들이 제국을 다스렸는데, 그들은 훌륭한 장군으로서 제국의 균형을 되살리려 애썼다. 아우렐리아누스는 이탈리아 북부를 침략한 이민족을 격퇴시키고 팔미라 왕국을 점령하는 한편, 이집트에서 일어난 반란을 진압하고 갈리아 제국을 패퇴시킴으로써 제국을 다시 통일시켰다. 그는 또한 제국 안에서도 질서를 회복시키고 인플레이션을 억제하려 애썼다. 그는 이따금 공식적으로 '주인이자 신'(dominus et deus)으로 불렸는데, 원수정은 이제 완전히 전제정으로 바뀌었던 것이다. 그는 275년에 살해당했고 뒤를 이은 원로원 의원 타키투스는 불과 2~3개월 제위에 있었다. 그 뒤에는 역시 일리리아 출신인 프로부스가 제위에 올라 갈리아에서 침입자를 물리치고 경제회복에 힘썼지만 282년 암살 당했다. 다음에 황제가 된 카루스는 페르시아와의 전투에서 죽었고 그의 아들 카리누스는 디오클레티아누스에게 패해 죽음을 당했다.

284년에 동부 주둔군이 황제로 선포한 디오클레티아누스는 개혁을 통해 후기 제정을 확립했다. 그는 막시미아누스를 공동 황제(Augustus)로, 콘스탄티우스와 갈레리우스를 부황제(Caesar)로 지명했다. 이들 황제는 제각기 군대를 이끌고 할당된 지역을 방어하게 되어 막시미아누스는 이탈리아와 아프리카를, 콘스탄티우스는 갈리아와 브리튼을, 갈레리우스는 도나우 지역을, 디오클레티아누스는 동부를 책임졌다. 그러나 실제적으로 모든 결정권은 디오클레티아누스에게 있었다. 그는 황제들을 신격화함으로써 정권의 안정을 도모했으며 황제 4명으로 이루어진 체제가 지속적으로 유지되도록 보장할 필요를 느꼈다. 그러나 그는 막시미아누스와 함께 퇴위했고 바로 그 날 두 부황제가 제위에 오르는 동시에 세베루스와 막시미누스 다이아가 새로운 부황제로 지명되었다. 세습 원칙을 무시한 점에서 디오클레티아누스는 커다란 모험을 한 셈이었다. 그 자신이 확립한 황제 신격화의 절대군주정은 권력세습을 필요로 하는 것이었고, 곧 드러나게 되었듯이 군대와 대중들도 세습 원칙을 지지하고 있었던 것이다. 한편 디오클레티아누스는 보다 효율적인 속주 행정을 위해 속주의 수를 크게 늘려 그 대부분을 민사권만을 행사하는 에퀴테스 출신의 총독에게 맡겼다. 심지어는 이탈리아도 속주와 비슷한 여러 단위로 나누었고, 4 황제가 각기 자기 지역에서 집무함에 따라 로마는 실질적인 수도에서 격하되어 이탈리아가 누려온 여러 특권을 모조리 박탈당했다. 도시는 자치권을 잃었으며 세금은 정부의 직접적인 통제 하에 징수되었다. 속주는 여러 개씩 묶여 관구(diocese)를 이루었다. 중앙정부에서는 관리들이 많이 늘어 관료제가 더욱 깊이 뿌리내렸다. 디오클레티아누스는 또한 변경 강화에 노력을 기울여 병력을 늘리고 황제 직속군이라 할 수 있는 일종의 기동타격군을 창설했다. 그 부대는 대부분 총독이 아니라 군사권을 가진 지휘관에게 맡겨졌으며, 주로 군인 자제와 이민족으로 군사를 충원했다. 이와 같은 군대의 강화는 여러 차례 전쟁에서 승리를 거두게 해주었다. 그러나 전쟁과 개혁 및 관료제의 팽창은 재정을 압박했으며 인플레이션은 재정 위기를 더 심각하게 했다. 디오클레티아누스는 이를 해결하기 위해 인구와 재산 상태를 상세하게 조사하고 세제를 개혁해 공평한 과세와 징세로 국가수입을 늘릴 수 있었다. 또한 인플레이션을 억제하기 위해 양화(良貨)를 주조하고 가격 제한제를 도입했다. 그러나 세수를 확보하기 위해 정부는 국민을 출생지에 묶어놓아 사회이동을 금했다. 반면에 원로원 의원들은 대토지 소유자로서, 그리고 기사계급은 관료로서 비교적 자유로웠다.

한편 디오클레티아누스는 치세의 말기에 그리스도교를 무자비하게 박해했다. 그리스도교는 그전에도 몇 차례 박해를 받았지만 일시적으로 움츠러들었을 뿐 계속 발전해왔다. 그러나 4두제정(四頭帝政)의 종교적 기반을 인정하지 않는 종교가 확산되는 것은 마침내 갈레리우스의 분노를 불러일으켰고, 갈레리우스는 다시 디오클레티아누스의 마음을 움직여 그리스도교에 대한 유례 없는 박해를 자행했다. 그 박해는 동부에서 더 강력하게 그리고 지속적으로 이루어졌다. 하지만 제국의 백성이 더 이상 그리스도교를 맹목적으로 증오하지 않았기 때문에 그리스도교를 말살하지는 못했다.

305년에 끝난 첫 번째 4두제정에 이어 들어선 2번째 4두제정은 오래가지 못했다. 306년 콘스탄티우스가 죽자 갈리아와 브리튼의 군대는 그의 아들 콘스탄티누스(Constantinus I, 306-337 재위)를 황제로 선포했다. 막시미아누스의 아들 막센티우스는 즉각 로마에서 스스로를 황제로 선포하고 아버지를 다시 황제로 복귀시켰으며 세베루스를 제거했다. 이에 로마는 308년 갈레리우스가 콘스탄티누스에 맞세워 황제로 선포한 리키니우스와 아프리카에서 반란을 일으킨 도미티우스 알렉산드르를 포함해 7명의 황제를 갖게 되었다. 뒤이어 복잡한 내란이 벌어졌으나 마지막으로 남은 사람은 동맹을 맺은 콘스탄티누스와 리키니우스였다. 이 둘은 316년 디오클레티아누스가 죽지 세습 원칙을 되살려 각기 아들을 부황제로 임명했지만 세습제는 하나의 황제만을 요구했다. 대립이 불가피해 324년 둘 사이에 전쟁이 벌어지게 되었는데 그 결과 콘스탄티누스가 제국을 모두 장악했다.

콘스탄티누스는 막센티우스와 싸울 때 십자가가 하늘에서 빛나는 환영(幻影)을 보고는 그리스도교로 개종했다. 콘스탄티누스의 그리스도교 우대정책으로 인해 그리스도교 세력은 급속히 팽창해갔다. 교회는 이제 수많은 특혜를 부여받은 반면 이교는 냉대와 억압을 당했다. 그러나 교회는 곧 황제의 세속 권력에게 간섭을 받지 않을 수 없었다. 콘스탄티누스는 특히 그리스도교의 삼위일체설을 의문시하는 아리우스파 이단 문제에 적극 개입했다. 그 문제를 해결하기 위해 콘스탄티누스는 니케아 공의회를 소집했고, 공의회는 아리우스파를 이단으로 탄핵했다. 그러나 콘스탄티누스가 정통과 아리우스파 사이에서 여러 차례 마음을 바꾸었으므로 아리우스파 이단은 사라지지 않았다. 콘스탄티누스는 디오클레티아누스의 노선을 따라 개혁을 계속했으며 행정수도이자 '

새로운 로마'인 콘스탄티노플을 건설했다.

콘스탄티누스 이후 4세기의 로마 제국

콘스탄티누스가 죽은 뒤 그의 세 아들이 제국을 분할해 다스렸으나 그 가운데 2명이 차례로 세상을 떠난 뒤 353년에는 콘스탄티우스(Flavius Iulius Constantius, 337-361재위)가 제국을 통합했다. 그의 치세에 로마는 페르시아의 위협에 맞서 대항했으나 페르시아를 격퇴시키지 못했다. 또한 황제의 사촌 율리아누스(Flavius Claudius Julianus, 361-363재위)의 활약으로 갈리아는 방어했으나 도나우 지역을 평정하지는 못했다. 콘스탄티우스는 주로 종교문제에 관심을 두었는데 그의 간섭은 '황제교황주의'(caesaro-papism)를 낳았다. 하지만 그는 아리우스파에 기울어져 있었는데 이는 교회에 불리한 것이었다. 361년 그가 죽자 율리아누스가 콘스탄티누스 가문의 마지막 황제로서 뒤를 이었다. 이교(異教)를 믿은 율리아누스는 이교신앙을 되살리고 그리스도교를 약화시키려 했으며, 자유로운 원수정을 복귀시키려고 애썼으나 페르시아를 공격하다가 패해 전사했다. 그의 뒤를 이은 요비아누스는 그리스도교도로서 페르시아와 화약을 맺고 종교에 대해 관용정책을 폈다. 그러나 364년 갑자기 죽었다.

새로 황제가 된 발렌티니아누스는 동생 발렌스를 공동황제로 지명해 제국을 서부와 동부로 분리했는데, 제국이 실제로 분리된 것은 이때가 처음이었다. 서부를 맡은 발렌티니아누스는 이민족을 물리치고 여러 차례 반란을 진압하는 등 대외적으로 훌륭한 업적을 쌓았을 뿐만 아니라 대내적으로는 종교에 대한 관용을 선포하고 하층계급 보호정책을 폈다. 그러나 국가의 필요 때문에 사회의 화석화 추세를 가속화시킬 수밖에 없었다. 반면에 동부를 다스린 발렌스는 무능했고, 광신적인 아리우스파로서 이교도와 정통 그리스도교를 탄압해 반발을 샀으며, 도나우 지역으로 침입해온 서고트족과 동고트족과의 전투에서 378년 죽었다.

발렌티니아누스가 375년 갑자기 죽자 그의 아들인 16세의 그라티아누스가 뒤를 이었다. 그는 379년에 발렌스의 후임으로 테오도시우스를 동부 황제로 선포하고 고트족과 프랑크족을 제국 안의 영토 안에서 살도록 허용했다. 테오도시우스는 곧 그라티아누스를 압도해 주도권을 잡고서 아리우스파와 이교도를 척결하기 위한 싸움에 뛰어들었다. 이단과 이교에 대한 이러한 탄압은 서부에서 많은 반발을 불러일으켰고, 이를 틈타 갈리아와 브리튼의 군대는 383년 지휘관인 막시무스를 황제로 선포한 뒤 그라티아누스를 살해했다. 테오도시우스는 막시무스를 황제로 인정했으나 388년 막시무스가 테오도시우스를 공격하다 죽었으므로 제국 모두를 테오도시우스가 지배하게 되었다. 몇 년 뒤 이교 세력이 마지막 저항을 시도하다 실패했다. 395년 테오도시우스가 갑자기 죽은 뒤 그의 두 아들인 아르카디우스와 호노리우스가 각각 동부와 서부를 물려받았다. 이로써 동·서 로마의 분리는 결정적인 사실이 되었다. 테오도시우스는 대외적으로는 로마에 안정을 가져다주었으나 대내적으로는 별로 개혁을 단행하지 않았다. 오히려 제국의 상황은 계속 악화되어 세금 부담이 더욱 늘고 경제는 줄곧 쇠퇴해갔으며 전제정이 더 강화되었다. 심지어 군대는 지휘관들까지도 주로 이민족으로 구성되었다.

4세기 동안에 황제가 지닌 권력은 이론상 절대적이었고 황제에 대한 신격화가 그것을 뒷받침했지만, 사실은 군사적 승리만이 황제의 지위를 정당화할 수 있었고 관료제가 황제의 권력을 제한하고 있었다. 전쟁과 관료제가 민생을 압박하고 경제가 쇠퇴한 데다 세금 부담이 무거워지자 하층계급 사이에서는 불만이 팽배해져 유력한 자의 보호를 구하는 성향이 나타났다. 이러한 성향은 중세의 봉건제를 예견케 하는 사적인 의존관계를 확산시켰다. 한편 주교들은 그리스도교 세력이 강화되면서 점점 더 큰 권력을 소유하게 되어, 약자에 대한 보호를 둘러싸고 계속 유력자들과 경쟁을 벌여 5세기에는 세속적인 통치권의 상당 부분을 차지하게 되었다. 농촌에서는 독립적인 중소 농민이 무거운 세금 부담과 대토지 소유자들의 압력에 못 이겨 몰락해갔다. 그들은 자기 땅을 팔아 넘기거나 보호를 받는 대가로 유력자에게 땅을 넘긴 뒤 소작인으로 전락해 땅에 매임으로써 자유를 구속당했다. 농촌의 상황은 중세 농노제를 지향해가고 있었던 것이다. 하지만 여기서도 동·서 로마는 뚜렷한 차이를 보였다. 이민족의 침략에 큰 영향을 받은 서로마에서는 도시가 쇠퇴하고 사회가 농촌화하는 성향이 분명했던 반면, 침략의 영향을 덜 받은 동로마에서는 도시가 보존되고 농민들도 어느 정도 자유를 누릴 수 있었다.

그림 8-18. 동·서로마의 분리

그리스도교의 확산이 이교문학의 번창을 가로막지는 못했으나 이교문학은 대부분 과거에 매달려 고전작가나 옛 의식(儀式)을 연구하고 토론하는 데 그쳤다. 그리스도교 교회는 제국의 행정단위를 바탕으로 조직을 갖추었는데 각 도시에는 주교가, 각 속주의 수도에는 대주교가, 그리고 아주 큰 도시에는 총주교가 자리잡았다. 한편 교회는 엄청나게 부유해졌고 세속 당국의 사법권에서 제외되는 불입권(不入權)을 획득했다. 황제는 종교문제에 간섭할 권리를 주장했으나 테오도시우스 황제 때 서로마 교회는 교권(敎權)과 속권(俗權)이 분리되어야 하며 교권이 더 위에 있다고 주장했다. 그러나 비잔틴 제국에서는 콘스탄티누스가 보여준 황제교황주의가 우세했다. 이교는 탄압을 받았지만 주로 농촌지역에서 5세기까지도 존속했다. 정통 그리스도교는 강력한 이단에 대해 승리했으나 다른 이단들이 계속 모습을 드러냈다. 한편 고트족은 아리우스파로 개종함으로써 침략 이후에 다가올 갈등을 예고했다. 이집트에서는 3세기 말에 수도원이 탄생했는데, 수도원은 금욕적 성격이 누그러지면서 다른 곳으로 퍼져나갔다. 교회 문학은 4세기에 뚜렷한 발전을 보였다. 특히 서로마 교회에서는 교부(敎父)라 부르던 성 암브로시우스와 성 히에로니무스, 성 아우구스티누스가 뛰어난 저술을 남겼다.

서로마 제국의 몰락(395경~500)과 게르만족의 이동

테오도시우스가 죽은 뒤 호노리우스(Flavius Honorius, 393-423재위) 가 서로마를 통치했다. 그는 반달족의 피가 섞인 유능한 장군 스틸리코(Flavius Stilicho, 359-408)에게 자신을 도와 서로마를 통치하게 하고 아르카디우스가 맡은 동로마와 서로마의 통합을 떠맡겼다. 스틸리코는 그의 개입을 거부하는 동로마에 여러 차례 간섭하려 했으나 그때마다 게르만족의 침입으로 뜻을 이루지 못했다. 그리하여 동·서로마 제국의 분리는 이제 돌이킬 수 없는 것이 되었다. 그러는 가운데 게르만족이 물밀듯이 제국으로 침략해 들어왔다. 402년 스틸리코에게 저지당했던 서고트족의 알라리크는 곧 다시 침략해 410년 로마를 함락하고 약탈을 자행한 뒤 남쪽으로 진격했으며, 그 뒤를 이어 아타울프는 이탈리아를 떠나 갈리아로 쳐들어갔다. 한편 406년 12월 31일에는 게르만의 여러 부족이 얼어붙은 라인 강을 건너 갈리아로 침입했고 409~415년에는 그들 대부분이 히스파니아로 건너갔다. 이 무렵 갈리아로 들어간 서고트족은 호노리우스의 요청으로 반달족을 공격하기 위해 히스파니아로 건너갔다. 그동안 로마 장군 콘스탄티우스는 갈리아를 어느 정도 평정한 뒤 421년에 공동황제로 선포되었다. 얼마 뒤 그가 죽고 나서 423년에 그의 아들 발렌티니아누스 3세는 호노리우스의 뒤를 이어 455년까지 통치했다.

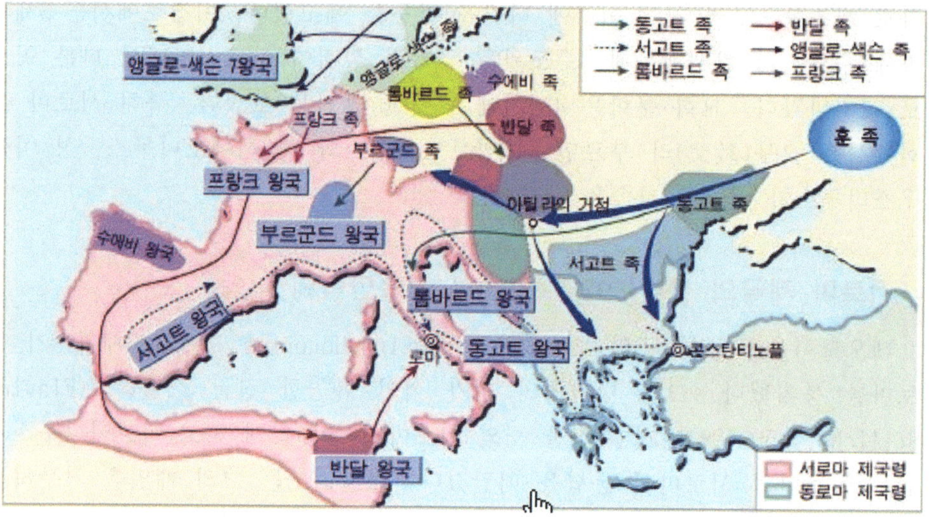

그림 8-19. 4세기경 민족 대이동

5세기 초반에는 로마 장군 아이티우스가 소규모 군대를 지휘하여 이민족으로부터 제국을 지키려고 온갖 노력을 기울였으나 여러 속주에 자리잡은 이민족을 물리칠 수는 없었다. 브리튼은 앵글족·색슨족·주트족에게 넘어갔고, 히스파니아는 수에비족·서고트족이 왕국을 건설했다. 반달족은 428년 히스파니아에서 아프리카로 건너가 로마, 시칠리아, 비잔틴 제국의 서로마를 위협했다. 450년에는 훈족이 갈리아와 이탈리아를 침략했으나 이미 서부에 자리잡은 이민족의 도움을 받은 아이티우스에게 격퇴 당했다.

454년과 455년에 아이티우스와 발렌티니아누스 3세가 차례로 죽은 뒤에는 게르만족 출신 장군이 정권을 장악했고 황제는 꼭두각시에 지나지 않았다. 마침내 476년 게르만 출신인 오도아케르 장군이 로물루스 아우구스툴루스 황제를 폐위하고 스스로를 왕으로 선포함으로써 서로마 제국은 막을 내렸다.

한편 그러는 사이 아프리카에는 반달족 왕국이, 히스파니아·갈리아·루아르 지역에는 서고트족 왕국이, 그 북쪽으로는 살리 프랑크족과 알레만니족 왕국이 자리를 잡았으며 5세기말에는 강력한 두 왕국이 새롭게 들어섰다. 갈리아에서는 클로비스가 가톨릭으로 개종해 주교의 지지를 얻어 활발한 정복에 나서 큰 영토를 차지하고 프랑크 왕국을 건설했다. 한편 동고트족의 테오도리크(테오도리쿠스)는 동로마 황제 제노의 요청에 의해 오도아케르를 이탈리아에서 쫓아낸 뒤 494년 왕으로 즉위했다. 그는 고트족이 차지한 북부를 제외한 나머지 지역에 옛 제국의 제도를 유지했으며, 대외적으로는 프랑크 왕국이 지중해까지 팽창하는 것을 막고 동고트 왕국을 론 강 유역까지 팽창시켰다. 그러나 그가 죽은 뒤 동고트 왕국은 동로마 황제 유스티니아누스의 이탈리아 재정복으로 멸망했다.

로마 제국의 몰락은 일반 국민의 낮은 생산 및 생활수준에 비해 고대 세계로서는 너무나 무거운 상부구조와 세금을 들 수 있다. 군대는 많은 유지비가 필요한 반면 규모는 충분하지 못했고 심지어 인구도 줄어들었던 것으로 보인다. 그러나 가장 직접적인 원인은 이민족의 대규모 침략이었다. 여기서 서로마는 몰락한 반면 동로마는 보존될 수 있었던 이유를 살펴볼 필요가 있다. 이 시기 동로마는 부유하고 인구도 조밀했으며 국가구조도 서로마보다 건전했다. 서로마는 소작인을 착취하는 대토지 소유자들의 손아귀에 놓여 있었고, 국민은 국가에 대한 충성심이 없이 무관심을 드러내고 있었다. 동로마는 또한 외부로부터 별로 위협을 받지 않았을 뿐더러 방어하기도 쉬웠다. 반면 서로마는 국경을 가지고 있어서 엄청난 비용이 드는 대규모 군대의 유지와 수많은 요새가 필요했고, 일단 변경이 침략 당하자 핵심지역인 갈리아와 이탈리아는 걷잡을 수 없는 전쟁에 시달리게 되었던 것이다.

제 9장 고대 로마의 문화

로마의 철학과 사상

로마인은 주로 현실적 필요에 따라 그리스 사상을 존중하고 모방하였다. 줌고되는 철학자는 키케로(Marcus Tullius Cicero, B.C.106-43), 세네카(Lucius Annaeus Seneca, B.C.4-A.D.65), 루크레티우스(Lucretius Carus, B.C.99-55), 마르쿠스 아우엘리우스(Marcus Aurelius, 121-180)등이었다.

그림 9-1. 키케로

대체로 로마 철학은 헬레니즘 시대의 학파들을 계승했다고 볼 수 있다. 삶에 대한 물질적 해석을 합리화한 에피쿠로스 학파는 규율과 종교를 기피하는 젊은 귀족층의 공감을 샀다. 전통적 방식을 존중하는 로마 지식인에게는 개인의 자제력과 의무감 및 정신적 평화를 존중하는 스토아 학파가 큰 호소력을 지녔다. 대표적인 학자는 키케로인데 그는 헬레니즘 사상에 심취하여 그리스 철학서를 라틴어로 번역하고 철학용어와 사상을 보급하였다.

포에니 전쟁 기간 중에 대두하기 시작한 로마의 스토아 학파는 2세기까지 큰 영향을 미쳤다. 이 시기에 활동했던 세네카는 일신론과 영생불사의 관념을 가진 철학자로 단테와 초서 등 후세의 작가들에게 많은 영향을 끼쳤다. 또한 마르쿠스 아우렐리우스는 5현제의 마지막 황제이며 「명상록, Eisheauton」을 저술하였다.

로마 스토아 학파가 후세에 큰 영향을 끼친 것은 자연법사상이었다. 자연법은 우주를 지배하는 항구불변의 법으로 인간 사회의 합리적 기반이 된다고 보았다.

로마 제정 시대에는 신플라톤주의가 주목할 만하다. 대표적인 신플라톤주의자는 이집트 출신으로 로마에서 가르친 플로티누스(Plotinus, 204-270)였다. 그는 플라톤 사상에 근거하여 물질계보다 정신계가 더 우월하며, 정신적 실체로서 최고의 존재가 있다고 강조하였다. 신플라톤주의에 나타난 이러한 철학과 종교의 융합은 장차 있을 그리스도교의 성장을 위한 비옥한 토대가 되었다.

라틴 문학

로마 초기에는 많은 그리스 문학 작품이 라틴어 번역을 통해 현재까지 잔존해있다. 이 점에서 유럽 사상의 매개체로서 라틴 문학의 역할이 컸다고 할 수 있다. 라틴어는 근대 유럽 각 국어의 발달에 기여하였고 프랑스어·이탈리아어와 같은 로만스어에 직접적인 영향을 끼쳤다. 심지어 영어 단어도 절반 이상이 라틴어에 기원을 두고 있음을 볼 때 그 영향이 얼마나 컸는가를 짐작할 수 있다.

B.C.300년대부터 A.D.100년까지의 라틴 문학의 발달사는 형성기(B.C.300-100), 전성기인 금의 시대(B.C.100-A.D.14), 쇠퇴기인 은의 시대(A.D.14-138) 3단계로 나눌 수 있다. A.D.140년경 이후는 로마 사회의 정치적 불안정 때문에 주목할 만한 작품이 생산되지 못한 쇠퇴기였다.

라틴 문학의 형성기에는 현재 20개의 희극이 남아있는 희극작가 플라우투스가 대표적인데, 그의 작품을 통해 B.C.3세기 로마의 관습이나 생활을 알 수 있다. 또한 그의 희극은 셰익스피어나 몰리에르와 같은 후세 작가들에게 영향을 끼쳤다.

키케로는 로마 최대의 산문작가였다. 그는 그리스 사상을 소개하는 한편, 스토아 철학에 힘입어 57개의 연설문과 700여개의 서간을 남겼다. 그의 문체는 르네상스 휴머니스트들에게 직접적인 영향을 끼쳤으며, 18세기 영국의 기번(Edward Gibbon, 1737-1794)이나 존슨(Samuel Johnson, 1709-1784)에까지 영향을 주었다. 키케로의 라틴어는 아름다움과 고전적 취향 때문에 '키케로식 라틴어'라 불리고 있다.

라틴 문학 황금기의 후반은 아우구스투스 시대(B.C.31-A.D.14)라고도 한다. 아우구스토스는 시와 산문의 발달을 적극적으로 지원하였다. 베르길리우스(Publius Vergilius Maro , B.C.70-19)는 아우구스투스의 후원을 받아 그의 업적을 선전하는 작품 활동도 했지만, 말년의 10년 동안 로마 최대의 국민 서사시라 할 「아에네아스, Aeneas」를 창작하였다. 호메로스의 서사시를 본뜬 이 서사시에서 그는 로마의 세계 지배가 신이 정한 질서임을 입증하고자 하였다. 그 외에 서정 시인 호라티우스(Quintus Horatius Flaccus, B.C.65-8), 오비디우스(Publius Naso Ovidius, B.C.43-A.D.17)등도 활동하였다.

그림 9-2. 카르타고를 건국한 디도 여왕과 로마 신화의 아이네아스

아우구스투스 대제의 죽음에서부터 하드리아누스 대제의 죽음에 이르는 시기(A.D 14-138)는 일반적으로 로마 문학의 하강기였다. 이를 '은의 시대' 라고 한다. 이 시기에는 전반적으로 풍자나 비극이 많이 나왔으며, 극장이 성황

을 이루었다. 이 시기의 대표적인 작가로는 세네카, 타키투스(Publius Cornelius Tacitus, A.D.55-117)등이 있었다. 한때 네로 황제의 개인 교사를 지낸 스페인 출신 세네카는 그리스 시대 이래의 가장 위대한 비극작가라는 평을 들었으며, 르네상스 이후 프랑스와 영국의 비극에까지 영향을 끼쳤다.

공화정 시대의 그리스 출신 역사가 폴리비우스는 B.C.167-151년 로마에 인질로 잡혀 살았다. 그는 로마가 세계 세력으로 팽창한 과정을 서술한 「로마발전사」(40권 중 5권 잔존)에서 역사의 참다운 목적은 훈계와 조언에 있다는 입장을 밝혔고, 역사서술에 실용성의 개념을 도입하였다. 한편, 갈리아 지역을 통치한 체험을 기록한 카이사르의 「갈리아 전기, Commentarii de Bello Gallico」는 간결하고 힘찬 문체로 쓴 작품으로, 당시 역사를 알려주는 중요한 사료이기도 하다.

아우구스투스 시대의 역사서술은 교훈적인 측면을 중요시하였다. 대표적인 역사가는 리비우스(Titus Livius Patavinus , B.C.59-A.D.17)였는데, 그가 쓴 「로마사」는 로마 시 창건기인 B.C.753년부터 A.D.9년에 이르는 로마 공화정의 역사였다. 이 서술은 초기 로마의 역사를 알려주는 극소수의 중요한 사료 중 하나이며 현재는 142권 중 35권이 남아 있다. 그는 여기서 사실과 허구를 뒤섞어 공화정 시대 로마의 정치이념을 서술하였다.

한편, 타키투스(Publius Cornelius Tacitus, 56-117)는 A.D.98년에 펴낸 「게르마니아」라는 저술에서 로마 사회의 미래를 비관하고, 게르만 민족의 사회 · 제도 · 풍습에 관해 기록하였다. 타키투스와 거의 동시대인으로 그리스 출신인 플루타르코스(Plutarchos, 46-120)는 그리스-로마 시대의 위인 46명의 전기, 이른바 「플루타크 영웅전, Plutarch’ s Lives」을 저술하였다.

로마법의 발전 과정

흔히 로마인은 무력 · 법 · 종교를 통해 세계를 세 번 정복했다고 한다. 로마법은 몇 단계에 걸쳐 서서히 발전되었으며, 체계적으로 완성되기까지는 약 1천년이 걸렸다. 로마법의 첫 단계는 불문법의 단계로서, 종교적 관습과 혼합되어 매우 엄격한 신법(jus divinum)의 시기였다. 이 법의 관점은 좁고 그 판

결이 가혹하였다.

시간이 흐르고 생활이 점차 복잡해짐에 따라 로마법은 시민법(jus civile)으로 전환되었다. 로마 시민법은 그리스의 법 체계에 자극을 받아 시작되었을 것이다. 최초의 시민법인 12표법은 B.C.450년 평민 계급의 요구에 따라 제정되었다. 그 후 시민법은 더욱 복잡하게 발달하여 원로원령·황제칙령·법정관 고시를 비롯해서 예로부터의 관습적인 관례도 포함이 되었다.

로마의 지배를 받는 지역이 확대됨에 따라 이민족의 관습이 고려되고, 피지배 민족에게 적용될 수 있는 만민법(jus gentium)이 나오게 되었다. 시민법을 보오나 확대한 만민법은 국적에 상관없이 적용되는 법을 의미하였다. 만민법은 상이한 관습을 고려하여 시민과 비시민, 로마 민족과 이민족을 다 같이 대상으로 하는 법률 관계를 규정한 법이었다.

만민법은 다시 스토아 철학의 영향을 받아 자연법으로 확대 발전하였다. 자연법은 인간의 이성과 상식을 중요시하였다. 스토아 철학에 따르면, 자연법은 우주만물을 지배하는 보편적인 법으로서 인간 사회의 법도 이에 합치되어야 한다는 것이었다. 자연법을 착상한 키케로는 「공화국론」에서 '참다운 법은 자연과 일치하는 올바른 이성이요, 만인에게 퍼져 있는 일정하고 영원한 법'이라고 하였다.

일반적으로 자연법의 특색은 네 가지이다. 먼저 지역과 시대를 초월한 항구불변의 보편법이다. 다음으로 자연법은 실정법보다 우월하다. 끝으로 그것은 인간 이성에 의해 인식될 수 있는 이성의 법이었다. 이와 같은 자연법 개념에 의거해서 세계 제국으로서의 로마는 가장 포괄적이며 본질적인 법 체계를 갖추게 되었다.

그러나 만민법으로까지 확장되는 과정은 다양하고 복잡하였다. 왕정 시대의 관습법을 비롯하여, 공화정 시대 원로원의 의결과 관리의 고시까지 모두 만민법에 포함되었다. 공화정 말기에는 민회의 의결도 법적 효력을 낳게 되었으며 제정 시대에 들어와서는 황제의 칙령은 물론이고, 아우구스투스 이래로 소송사건을 해결하는 과정에서 나온 법학자들의 견해도 중시되었다. 하드리아누스 황제(Pablius Aelius Hadrianus, 76-138 재위)때의 법학자인 가이우스(Gaius,

110-179)의 「가이우스 강요」는 후의 「유스티니아누스 강요」의 기초가 되었다.

결국 4세기에는 방대한 양의 사례들이 축적되어 정리하지 않고서는 도저히 활용할 수 없는 상태에 이르렀다. 따라서 법의 집대성 및 체계화된 법전 편찬을 위한 시도가 여러 차례 있었고, 마침내 유스티니아누스(Justinianus, 527-565)대제에 이르러 완결되었다.

로마의 건축

공화정시대의 로마의 신전은 그리스와 에트루리아의 요소들이 독특하게 혼합되어 있다. 이들의 평면은 포르투나 비릴리스 (Fortuna Virilis) 신전처럼 직사각형이거나 시빌 (Sibyl) 신전처럼 원형이다.

포르투나 비빌리스 신전, 로마, BC 2세기 말

이 직사각형 신전은 전면에만 입구를 둔 에트루리아식의 높은 기단 위에 서 있다. 큰 셀라는 깊은 현관 뒤에 자리하며, 그 폭은 건물 전면의 폭과 같다. 이는 현관 기둥들이 독립적으로 서 있다는 것을 의미한다. 한편, 다른 기둥들은 장식적이며 지지 기능이 없다. 이것은 벽면에 부착된 고전적 오더와 벽기둥의 초기 형태이다.

건물의 전체적인 디자인은 기둥과 주두를 포함해서 그리스의 이오니아 오더로 구성된다. 셀라는 그리스 신전보다 더 크고 단일한 통일 공간으로 되어 있는데, 그 이유는 로마 사람들이 이 내부 공간을 신의 조상뿐만 아니라 전리품(동상, 무기 등)을 진열하는 데도 사용했기 때문이다.

그림 9-3. Fortuna Virilis

포르투나 프리미게니아 성역, 프레네스테, BC 2세기

중세에 건설된 이 도시는 1944년의 폭격으로 대부분 파괴되었다. 그러나 이 폭격은 그 도시 아래 묻혀 있던 고대의 성역을 드러내 주었다. 그때까지만 해도 이 성역은 전혀 알려지지 않았던 것으로 이제는 완벽하게 발굴되어 있다.

로마의 남쪽 지역 (오늘날의 팔레스트리나)에서 결정적인 승리를 거둔 술라 황제가 이 성역을 건설했다는 설도 있었다. 이 성역은 두 기존 요소를 결합시키고 있다. 곧, 기원전 3세기에 지어진 포르투나 프리미게니아(Fortuna Primigenia) 원형 신전과 약 100m쯤 아래에 있는, 쥬피터(Jupiter)와 쥬노(Juno)를 무릎에 앉힌 포르투나 여신의 조각상이다.

반원형의 열주 현관은 고대 신전에 덧붙인 것으로, ‘캄파냐(campagna)’를 굽어보는 ‘극장’을 감싸고 있다. 주변 경관을 잘 이용한 점이 눈에 띈다. 남북 방향의 카르도(cardo)는 먼바다 쪽으로 시야를 이끌며, 동서 방향의 계곡은 데쿠마누스(decumanus:전형적인 로마 식민 정착지의 동서로 난 도로. p62 그림 참조)처럼 성역에서 아래로 향하는 축을 가로지른다. 성역은 이러한 방식으로 질서가 부여된 영역을 지배하며, ‘극장’은 우주의 의미를 받아들이고 이해하는 장소가 된다. 포르투나 여신의 제단은 이 ‘극장’의 ‘무대’ 위에 서 있었을 것이다.

그림 9-4. Santuario della Fortuna Primigenia 복원도

잇달아 난 계단, 경사로, 테라스들은 방문자에게 절정을 위한 준비를 시킨다. 여기에서 준비란 미리 계획해 놓은 구성에 따라 공간을 계속해서 통과해 가도록 한다는 뜻이다.

성역으로는 대칭으로 놓인 계단 양쪽에서 오를 수 있는데, 일단 열주 현관과 분수를 가진 일종의 ‘프로필레아’에 다다른다. 여기에서 주축과 직교하는 긴 경사로가 시작한다. 이 경사로는 도리스 오더의 열주랑을 배경으로 하는 긴 테라스로 이어진다. 양쪽 테라스의 한가운데에 이오니아 오더의 엑세드라(exedra)가 삽입되어 있는데, 서쪽의 것은 제단(altar)으로 사용되며, 동쪽의 것은 쥬피터와 쥬노를 무릎에 앉힌 포르투나 여신상을 위한 것이다.

중앙의 계단을 오르면, 또 하나의 긴 테라스가 나오는데, 그 벽면은 부착된 이오니아 오더와 반원형 니치(niche)들로 분정되어 있다. 중심 축선상에 자리한 또 하나의 계단을 오르면, 세 면이 코린터 오더의 열주랑으로 둘러싸인 넓은 평지가 나타난다. 이곳에 다다르면 드디어 극장 위로 포르투나 신전과 반원형의 열주 현관이 눈에 들어온다.

프레네스테 성역 형태의 기본적인 특성은 순차적인 연속성이다. 이 성역은 그리스처럼 개개의 독립적인 조소적 형태들로 이루어지지 않고, 테라스, 열주랑, 경사로, 계단들이 하나의 통합된 전체를 이루면서 통일되었다.

공간적, 조형적 연속성은 전체를 지배하는 축과 결합한다. 연속해 있는 주요 구성 요소들은 최종의 목표를 향해 상승한다. 거대한 석축 위로 첫 번째 테라스가 자리하며, 다음으로 도리스, 이오니아, 코린트 오더를 이용하여 주된 단계들을 형성한다. 각 단계별 요소는 역동적인 전체에 종속되는 한편, 단계별로 의미를 지닌 행동 양식을 구체화한다.

그림 9-5. Santuario della Fortuna Primigenia 정면도

포르투나 프리미게니아 성역의 건축적 형태

나일강의 지형을 반영하는 이집트 건축의 주된 특징은 단일한 직선이었지만, 여기에서는 직선의 축에 직교하는 이차 축들을 부가함으로써 그 교차점에 여러 개의 중심을 형성한다. 이는 그 중심에 로마 시를 둔 로마제국을 표상한다. 여기에서 중심과 통로는 처음으로 건축적으로 통일되었다.

주된 구성 원리는 연속성으로서, 잘 계획된 순서에 따라 계속 진행하면 절대적으로 확실하게 절정에 도달할 수 있다. 축에 의한 배치로 균형과 대칭을 이루었다. 리듬의 적정한 사용은 디자인의 통일성에 기여한다.

고도로 질서 잡힌 정적인 외부 공간은 아크로폴리스의 자유롭고 동적인 외부 공간과 대조적이며, 그 각각은 대조되는 두 문명의 기본적인 가치를 반영한다.

성역은 신전부터 '읽어' 나가야 한다. 로마의 통로는 중심에서 뻗어 나간다. 이집트 건축에서 통로는 '일시적으로 거치는 것' 이었지만, 로마 건축에서는 '출발', '정복', '복귀' 의 수단으로 사용된다.

포르투나 프리미게니아 성역의 건축적 의미

이 성역의 건축 형태는 무엇보다도 무질서한 세계 속의 절제된 질서를 전달한다. 가파른 접근로는 자신을 초월하려는 인간의 영원한 열망을 전달한다. 반원형의 열주 현관과 그 아래 중정을 둘러싸는 열주랑의 내뻗은 팔 모습은 그러한 몸짓에 담긴 의미를 전달한다. 곧, 아버지의 포옹과도 같은 느낌과 함께 전체 배치의 절정을 이루는 여신의 비호 아래 하계의 땅을 정복하고 지배한다는 의미로 전달한다.

이 성역은 전형적인 로마인의 가치들, 곧 질서, 인내, 목표 달성을 위한 집요함, 야만족에 대한 우월함, 특출한 정복 기질 등을 모두 구체화하고 있다.

폼페이

AD 79년에 일어난 베수비우스 화산의 폭발은 말 그대로 폼페이(Pompeii)를 잿더미 아래 묻어버렸다. 이 재난은 뜻하지 않게 고대 도시의 생활을 그대로 '동결' 시켜, 후세를 위해 보존해주었다. 이 도시의 배치와 건축은 로마 공화정 시대의 것임을 나타낸다. 발굴은 18세기에 시작되었다.

폼페이는 이상적인 카스트룸(castrum)형식의 배치를 취하고 있지 않다. (p62의 팀가드 참조). 그보다는 다소 불규칙하고 성장하는 도시 형태를 보인다. 폼페이는 작은 정주지에서 시작되었고, 후에 삼니움인(Samnium, 이탈리아 중부의 고대국가)에게 정복되어 일시적으로 점령되었다. 삼니움인은 그리스의 도시 계획의 영향을 받아 이 도시를 요새화하고 재계획했다.

그러나 그리스식의 격자 체계는 엄격하게 적용되지 않았다. 그 결과 도시의 주도로들은 직각으로 교차하지 않으며, 주도로들 사이의 '섬(도시 구획)' 들도 비정형이다.

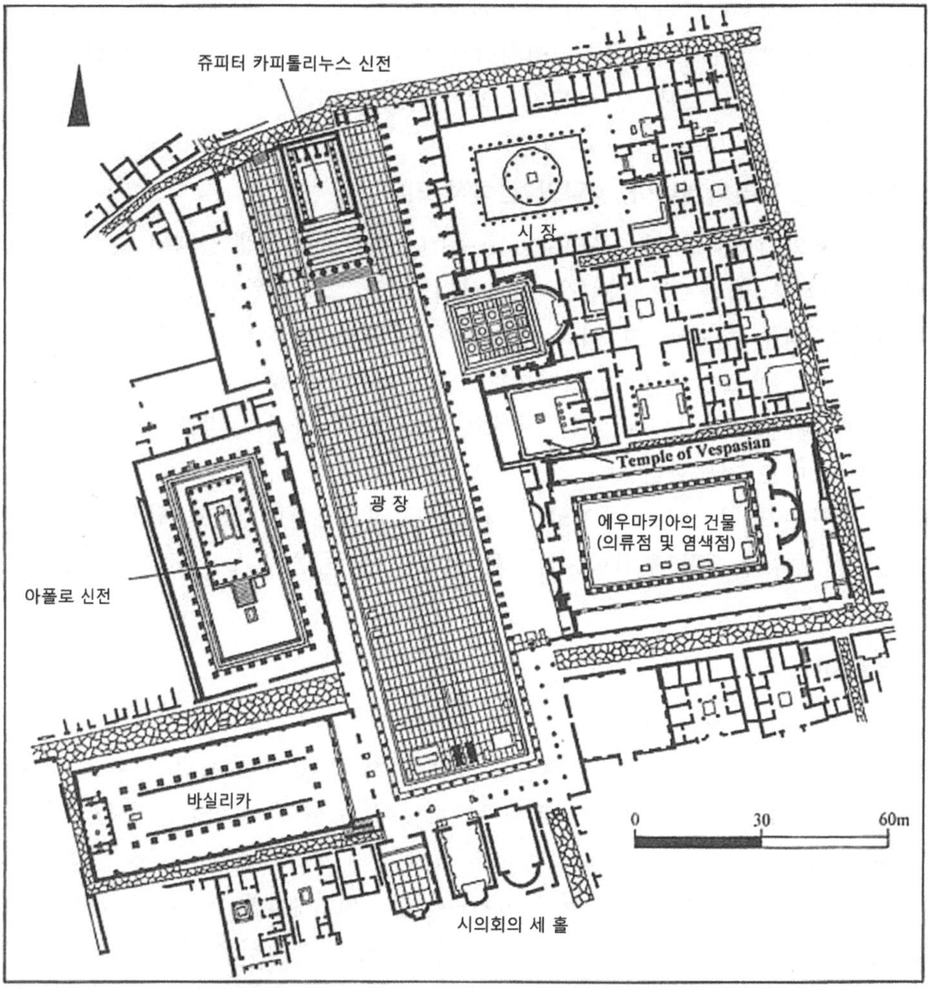

그림 9-6. 폼페이 광장 배치도

술라 황제가 이 도시를 정복하면서 BC 80년에는 로마 식민지로 되었다. AD 62년에 이 도시는 지진으로 일부 파괴되었다.

폼페이 광장은 로마눔 광장(Forum Romanum) 다음으로 초기 로마의 도시 중심을 잘 보여주는 중요한 예이다. 3.5:1의 비례로 된 직사각형 중정의 세 면은 2층 높이의 연속적인 열주랑으로 둘러싸인다. (이와는 대조적으로 로마눔 광장은 기념적인, 그러나 개별적이고 연속되지 않은 건물들로 경계가 지어진다.) 대부분의 로마 광장처럼 이 광장도 주요 간선도로와 분리되어 있으며, 마차는 광장으로 들어가지 못한다. 이 광장의 긴 남북의 축은 카피톨리움(Capitolium)이 지배하는데, 이 건물은 높은 기단 위에 세운 커다란 신전으로서 정면에 출입구가 나 있다.

남쪽 단부에는 시민의 권위를 대표하는 쿠이라(Curia, 시의회)의 세 홀과 법과 사업의 중심이 되는 BC 100년경에 지어진 바실리카가 있다. 따라서 이 광장은 종교적, 상업적, 행정적 중심의 기능들을 결합하며, 도시의 심장부를 이룬다. 같은 방식으로 이 광장은 제국 중심의 축소판이기도 하다.

가로 형태는 불규칙하고 좁으며 무거운 판석으로 포장했다. 도로를 가로지르는 보행자용 디딤돌들은 마차바퀴가 지날 수 있게 간격을 띄웠다. 대부분의 교차로에는 물이 항상 흐르는 분수대를 두었다. '스트라디 델리본단찌(Strada dell' Addondanza)'는 작은 상점, 사무실, 선술집, 빵집 등이 들어선 상가이다. 연이은 상점들 사이사이에 개인 주거로 들어가는 문이 나 있다. 이 개인 주거는 상점 뒤쪽으로 넓게 펼쳐지는데, 완전히 둘러싸여 있어서 상점과도 분리되고 거리의 먼지나 소름도 차단되어 있다.

폼페이의 로마 시대 개인 주거

판사(Pansa)의 주택 같은 부유층의 도시 주거는 보도에 바로 면해 있다. 좁은 문을 가진 현관을 지나면 중정(atrium)이 나온다. 이 중정을 덮는 지붕의 중앙에는 개구부가 나 있으며, 그 아래쪽 바닥에는 빗물받이를 파놓았다.

건물의 양쪽으로 작은 방들이 만들어져 있다. 중정이 끝나는 부분에는 작은 알라(ala: 측실)가 양쪽에 자리잡는다. 중정을 지나면 가문의 중요 문서나 조상 등을 보관하는 타블리눔(tablinum)이 나온다.

타블리눔은 막히거나 페리스타일(peristyle) 쪽으로 가는 통로가 나기도

한다. 이 페리스타일은 헬레니즘 건축에서 유래한 열주랑을 가진 넓은 중정이다. 이 중정에는 분수들과 정원이 만들어져 있는데, 그 주위로 가족의 사적인 구역들을 배치한다. 이곳을 지나면 채소밭이나 과수원으로 이어지기도 한다.

주거 바깥쪽으로 가로에 면해 개구부를 낸 방들은 상점으로 사용한다. 주거는 전체적으로 안쪽을 향하지만, 중정, 타블리눔, 페리스타일 같은 다양한 중심들은 입구에서 시작되는 축선 위에 일렬로 배치된다.

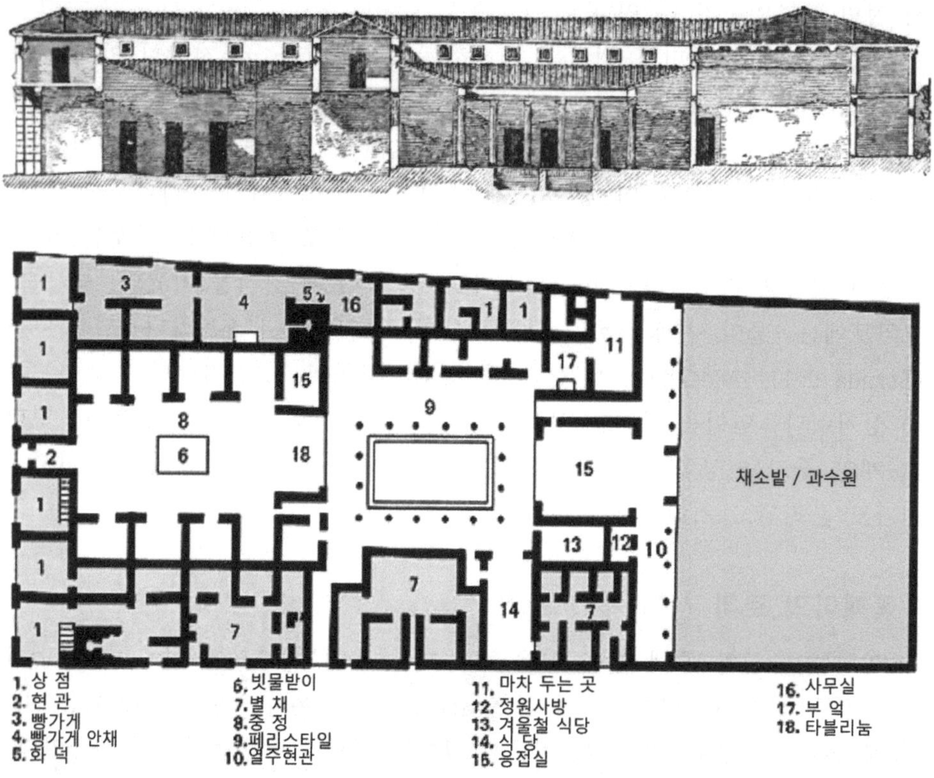

그림 9-7. House of Pansa

주거 건축은 로마 제국시대 전반에 걸쳐 고도로 발달했다. 로마인 종교의 가정적 성격은 가정과 가족과 신성한 화덕을 중시하는 이탈리아의 전통적인 정서에서 비롯하는 것으로, 그들이 주거 건축에 세심한 배려를 한 이유를 설명해준다.

BC 2세기경 폼페이 근처에 지어진 '신비의 별장 (Villa of Mysteries)' 같은 로마의 시골 별장은 탁 트인 시골 별장을 볼 수 있게 도시 주거의 후면을 열주랑으로 변형시켰다. 이 별장 역시 중정과 페리스타일로 이어지는 축을 따라 배치되는데, 때때로 중정과 페이스타일의 순서가 바뀌는 경우도 있다.

로마 시대의 집합주거

초기 제정시대의 로마 시 인구는 거의 백만에 육박한다. 그에 따라 넓은 지역으로 확산되어 가던 중정식의 주택들은 다층의 집합주거 건물 '인술라(insula: 섬)' 로 대치되어야 했다. 이 다층의 집합주거는 로마 시 인구의 90%를 수용했다. 대부분 벽돌로 지어졌지만 일부 콘크리트로 지어지기도 했다. 일층은 상점으로 사용되며, 위층은 아파트로서 개별적인 계단을 통해 올라가게 되어 있다. 아파트는 꽤 넓으며, 두 층에 걸쳐 방을 열두 개씩이나 갖는 것도 있다.

대개 이 인술라는 중정을 둘러싸고 지었으며, 많은 아파트들이 발코니를 갖고 있다. 사치스러운 아파트에만 전용 화장실을 두었다. 인술라에는 전용 욕실이 없지만, 그 대신 공중목욕탕들이 도시 전체에 편리하게 위치해 있었다. 난방 시설은 전혀 되어 있지 않다.

로마의 항구 도시인 오스티아(Ostia)에 남아있는 로마의 아파트 주거 유적 중 일부가 복원되어 당시 건물들의 모습을 알 수 있다. 이 아파트들은 트라야누스 황제, 하드리아누스 황제, 안토니우스 피우스 황제 등이 통치하던 AD 2세기경에 세워졌다. 이 연대는 아파트 건설에 사용된 벽돌에 제조일이 찍힌 각인이 남아있기 때문에 정확하다.

로마 시의 아파트 주거들은 대부분 네로 황제 때의 대화재가 일어난 AD 64년 이후에 세워졌다. 이 이후에 로마는 개인 주거인 도무스(domus)를 사이사이에 끼워 넣는 인술라식 도시 구획 체계를 채택한다.

그림 9-8. Ostia 집합주거

갸르 다리, 님므 부근, 남부 프랑스, BC 1세기

로마인은 최초로 급수 체계를 조직적으로 발전시켜 이를 도시 계획에 통합했다. 물은 수원지에서 도시로 중력으로 흐르기 때문에 조금씩 아래로 경사지는 연속된 수로가 필요했다. 이러한 수로들은 길이가 80km를 넘는 경우도 많다.

갸르 다리 (Pont du Gard)는 로마의 공학이 만들어낸 가장 인상적인 구조물이다. 대형 아치 사이의 간격은 평균 19.2m로서, 무게가 2톤이나 나가는 석괴들을 시멘트를 사용하지 않고 쌓았다. 수로를 받치는 맨 위의 작은 아치들은 그 아래의 커다란 아치 하나당 세 개씩 두어 빠른 리듬을 만들어내는데, 로마 기술자가 실용적인 면뿐 아니라 미적인 면에도 안목이 있음을 보여준다. (현대의 이탈리아 건축가이자 구조기술자인 네르비를 로마의 건축가 - 기술자 전통의 가장 정통적인 후계자로 볼 수 있다).

물을 운반하는 석조 수로는 1km당 35cm의 경사도를 갖는다. 아래쪽 지지기둥은 물살의 압력을 줄일 수 있도록 앞뒤를 마름모꼴로 만들어서 보호했다. 주목할 것은 강을 가로지르는 아치의 간격이 양쪽 가장자리의 19.20m에서 중앙부에서는 24.50m로 증가한다는 사실이다. 이러한 리듬은 두 번째 층에서도 반복된다. 세 번째 층의 아치 간격이 균일해 보이는 것은 동일한 단위를 하나 더 끼워 넣었기 때문이다.

이 수로가 완성되자 님므의 거주자들은 일인당 하루 100갤런의 물을 공급받았다. 이와 같은 서비스 시설들은 로마의 지배에 들어온 많은 종족들에게 로마라는 실질적인 권력을 추종함으로써 얻을 수 있는 이점과 로마화함으로써 얻을 수 있는 혜택을 분명하게 일깨워 주었을 것이다.

그림 9-9. Pont du Gard

팀가드, 북 아프리카, AD 100년경 건설

바다에서 160km 떨어진 주요 군사도로를 따라 건설된 도시인 팀가드(Timgad)는 애초에 이 지역 주민을 감시하는 임무를 띤 수비대를 수용할 목적으로 세웠다. 그러나 본래의 기능은 곧 확장되었으며, 이 작은 도시를 이 지역의 주민을 위한 매력적인 중심으로 만들기 위해서 많은 비용을 아낌없이 투자했다. 다른 많은 식민 정착지와 마찬가지로 팀가드로 로마화 과정의 핵심 역할을 했다.

그림 9-10. 팀가드의 개선문

이 도시는 매우 정밀하게 계획되었는데, 그 설계는 로마식의 병영배치, 곧 카스트룸(castrum)에 기초한다. 로마의 전형적인 지방 도시는 정사각형 모양으로서, 직각으로 만나는 두 개의 주 간선도로에 의해서 동일한 크기의 네 구획으로 나누어진다. 카르도는 남북 축을, 데쿠마누스는 동서 축을 형성하며, 이 교차점 부근에 광장이 위치한다. (팀가드에서는 카르도가 데쿠마누스에서 끝난다. 폼페이도 마찬가지이다.)

네 구획은 다시 정사각형의 작은 구획들로 세분되며, 광장, 극장, 목욕탕,

도서관 등의 공공건물들은 작은 구획 몇 개를 차지하면서 자리잡는다. 몇 개의 기념적 문을 통해 이 도시로 들어올 수 있으며, 도시의 가로는 열주랑으로 되어 있다. 이 도시는 30에이커의 면적을 가지고 있으며, 원래 인구는 이천 명이었으나 곧 만오천 명으로 늘어났다. 이 도시는 트라야누스 황제가 군사기술자에게 명해 건설했다.

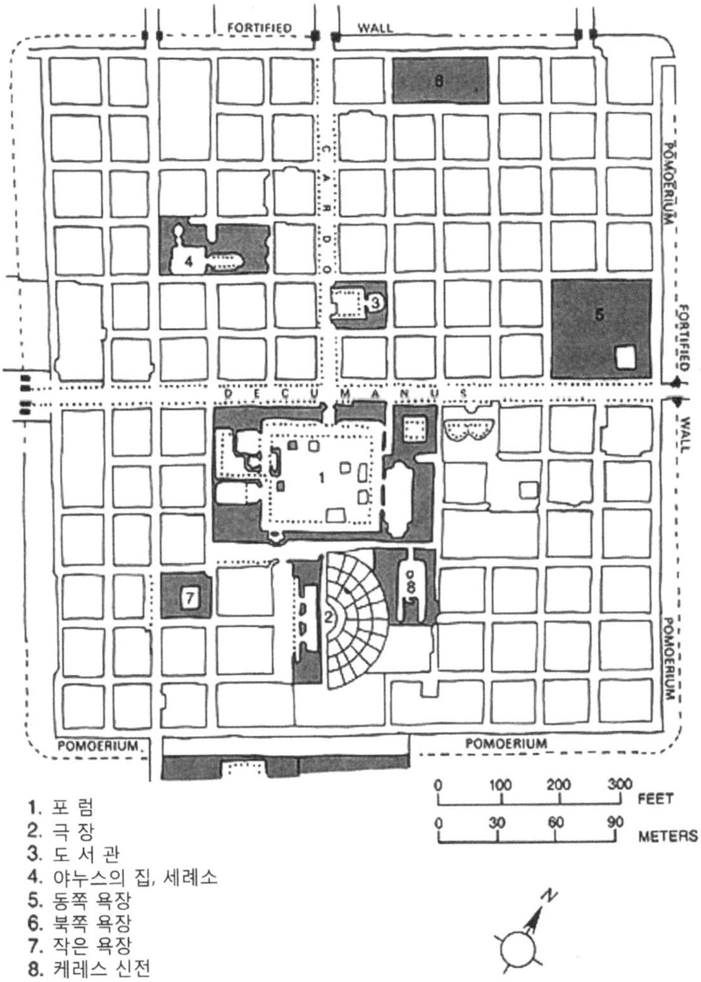

1. 포 럼
2. 극 장
3. 도 서 관
4. 야누스의 집, 세례소
5. 동쪽 욕장
6. 북쪽 욕장
7. 작은 욕장
8. 케레스 신전

그림 9-11. 팀가드의 배치도

도서관은 돔을 얹은 반원형의 건물로서, 전면에 열주랑을 가진 직사각형의 옥외 중정이 있다. 도서관의 채광은 반원형의 정면 벽에 난 개구부를 통해 이루어진다.

전체적인 도시 계획은 근본적으로 히포다모스의 방식을 변형시킨 것이지만, 광장이 주 교통망에서 떨어져 위치하는 등, 원래보다 훨씬 경직된 질서와 체계로 되어 있다.

이러한 식민 정착지들은 대부분― 북 아프리카에서나, 소아시아에서나, 영국에서나― 동일한 방식으로 계획되었으며, 이는 절정기에 이른 로마 제국의 통일성과 중앙 집중된 권력을 다른 어떤 건축 유형보다 확실하게 나타낸다.

콜로세움, 일명 플라비우스 원형 경기장, 로마, AD 70~83년

콜로세움은 베스파시아누스(Vespasian) 황제 때 시작되었는데, 그의 후계자 티투스 (Titus) 황제 때 완성하여 그에게 헌정했다. 이는 그리스 극장을 원형 극장으로 확장한 것으로, 로마인이 발명한 건물 형식이다. 이 타원형의 투기장(arena)은 오만 명 이상의 관중을 수용할 수 있으며, 가파르게 솟아오르는 관람석으로 둘러싸여 있다.

투기장 하부는 방사상의 동심원 통로들로 복잡한 구조를 이루는데, 이 통로들 상부는 콘크리트로 만든 터널 볼트나 교차 볼트(groin vault)로 덮어서, 상부에 있는 관람석의 하중을 지지한다. 원래 건물의 상부에는 높은 장대들을 꽂아 두었는데, 이들은 그늘 차양을 치기 위한 밧줄을 지지한다.

투기장 하부의 지하실에는 서로를 싸우게 될 동물과 인간뿐만 아니라 동물 우리, 검투사 막사, 무대장치를 오르내릴 수 있는 기계장치 등이 있었다.

외부는 아치 형태의 개구부들로 독특한 모습을 보이는데, 아래층에서는 이 출입구들을 통해 짧은 시간에 넓은 관람석을 채우고 비울 수 있었다. 위층의 개구부들은 관람석의 열에 신중하게 맞추었으며, 이 관람석의 열은 외벽의 지지 기둥과 여기에 부착된 경사벽으로 지지한다.

외벽은 석재들을 건식 결합으로 쌓았는데, 그리스 건축처럼 금속 꺾쇠와 못으로 고정시켰다. 중세 때 금속을 얻기가 힘들어지자 금속 이음들은 약탈당했으며, 오늘날 차들이 내는 진동으로 돌들이 움직여 전체 건물이 붕괴할 위험에 처해 있다.

그림 9-12. 콜로세움

외벽 높이는 48m이며, 세 층은 각각 아치와 볼트의 축조 방식에 있어 로마의 특징적인 결합방식은 보인다. 각 아치는 두 개의 부착 기둥과 그 상부의 연속되는 인방으로 틀이 짜인다. 이러한 것은 로마식 아치-오더라고 부르는 것으로 벽면을 분절하는 수단으로 사용되었다. 이러한 수법은 이탈리아 르네상스 시대에 알베르티 등이 다시 사용했으며, 그 이후 신고전주의 건축에서도 사용되었다.

이러한 구성 방식은 구조적 목적을 가지지 않고, 오히려 미적 기능을 수행한다. 곧, 넓은 전면을 분절시키고, 이 분절된 단위로 틀이 짜인 아치들을 수직, 수평으로 율동적으로 반복시킴으로써 의미 있는 전체로 통합한다.

물론 로마식 오더의 세부적인 형태는 그리스에서 기원한다. 그러나 벽면을 분절시키는 방식은 로마의 것이다. 또한 도리스–이오니아–코린트 오더를 수직으로 중첩시키는 방식 역시 로마의 것이다.

가장 육중한 도리스 오더를 일층에 사용했는데, 시각적으로도 가장 무거운 하중을 가장 잘 지탱할 수 있어 보인다. 덜 육중해 보이는 이노니아 오더와 코린트 오더들은 2층과 3층에 사용했다.

로마인은 기술과 기능상의 위대한 성취를 의미 있고 균형 잡힌 형태적인 분절과 결합시킴으로써, 이 건물의 거대한 매스를 인간적인 스케일로 끌어내렸다.

그림 9-13. 콜로세움 단면 및 입면

바실리카 울피아, 로마, AD 122년경

바실리카 울피아(Basilica Ulpia)는 트라야누스 황제 광장의 일부분이다.

이 광장은 로마 제국에서 가장 큰 것으로, 실제적인 필요보다는 제국의 권력을 예찬하는 과시적 수단으로 건설했다.

그림 9-14. Basilica Ulpia 복원도

로마인이 발전시킨 가장 특징적인 건물 유형인 이 바실리카는 다양한 업무를 보는 많은 사람들을 수용하기 위해 계획한 건물로서, 일종의 '증권거래소', 법정, 사무실, 행정관청 등으로 이용되었다.

이 바실라카의 평면은 41.50×128m의 직사각형에 두 개의 반원형 앱스(apse)를 단변 쪽에 덧붙인 형태이다. 한쪽은 '노예들이 자유의 몸으로 풀려나는 곳(Shrine of Liberty)' 이었으며, 다른 한 쪽은 황제의 의식에 사용한 것으로 보인다.

출입구는 커다란 중정에 면한 장변 쪽에 나 있다. 이러한 건물의 향은 그리스도교가 바실리카 건물 형식을 교회로 채택하면서 바뀌게 된다. 채광은 클리어스토리(clerestory)의 창을 통해 이루어지는데, 이 창 부분은 목조 지붕으로 된 네이브(nave)를 열주랑으로 된 아일(aisle)보다 높여서 만들었다.

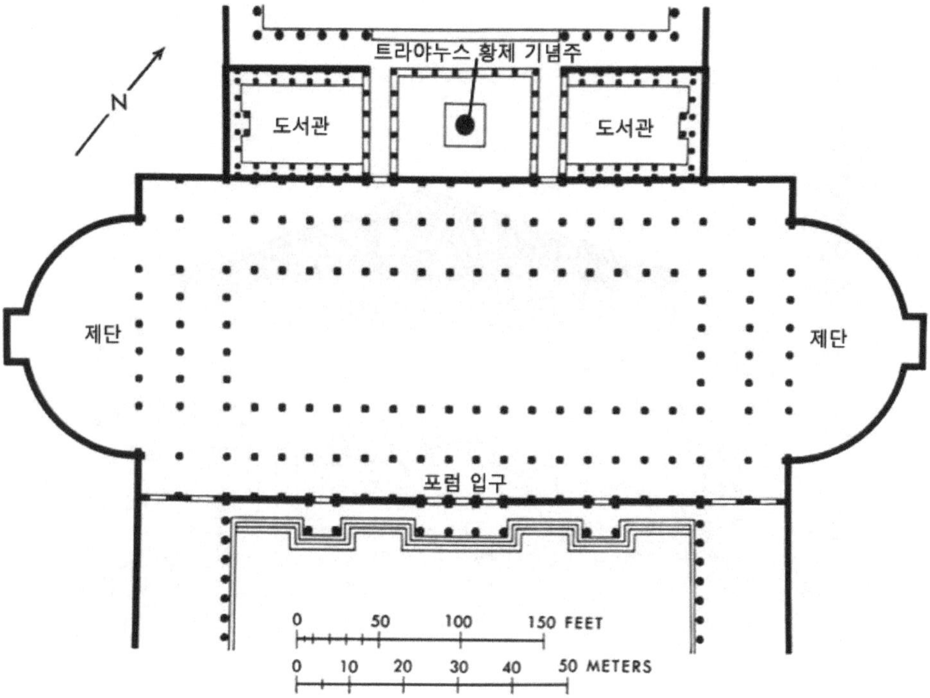

그림 9-15. Basilica Ulpia Plan

이 바실리카는 로마의 광대한 내부 공간을 전형적으로 보여주는데, 그리스 신전을 반전한 형태이다. 출입구 건너편에는 트라야누스 황제의 군사적 업적을 나선형 부조로 장식한 트라야누스 황제 기념주가 서 있다. 이 기념주는 직사각형의 중정에 자리하며, 중정 양쪽에 두 개의 도서관이 있다.

트라야누스 황제 기념주 너머로 그가 숭배한 신의 신전이 있다. 이 같은 신전은 소규모에서 나타난다. 케자르 황제 광장의 신전이 그 최초로서, 아우구스투스 황제나 네르바 황제 광장 신전의 표본이 되었다. 트라야누스 황제 광장의 신전은 반원형의 앱스가 부착된 또 다른 중정에 자리잡는다. 트라야누스 황제 기념주와 신전은 추우에 덧붙인 것으로 보이는데, 이들은 주된 공간 구성에서 벗어나 있기 때문이다. 바실리카 울피아 전면에는 넓은 직사각형의 중정이 있는데, 그 양쪽에 엑세드라를 두었다.

그림 9-16. Basilica Ulpia 내부 복원도

바실리카 울피아의 건축적 형태

트라야누스 황제 광장은 전체적으로 축 - 대칭의 배치를 취하는데, 이는 하트셰프수트 여왕 분묘 신전의 배치 방식에 비교할만하다(p.20~21 참조.) 단, 두 배치 방식 사이의 차이는 직교하는 2차축의 도입이다. 첫 번째 교차축은 넓은 중정의 중심과 엑세드라의 정점을 통과하며, 두 번째 교차축은 바실리카를 지난다. 바실리카의 전면 역시 로마 건축의 전형적인 구성 방식을 취하고 있다.

내외부의 모든 공간들은 강한 율동감을 가진 요소인 열주랑으로 구획된다. 군인이나 독재자들은 이러한 요소를 과도하게 사용할 만큼 매우 애호했던 것으로 보인다. 로베스피에르나 히틀러의 건축이 이를 잘 보여준다.

공간적 연속성은 프레네스테의 성역보다는 약화되어 있다. 전체적인 배치는 중세 성당 트란셉트(transept)의 선조로 볼 수도 있다.

바실리카 울피아의 건축적 의미

이 형태가 전달하는 주된 의미는 황제의 자기 예찬으로 생각된다. 이 건물은 공간적으로나 세부적으로나 엄청난 크기로 되어 있어서, 평범한 일반인들에 대한 고려는 전혀 없다. 견딜 수 없을 만큼 엄격한 질서는 황제의 권력과 지배와 권위를 나타낸다. 바실리카의 내부는 기본적으로 정적인 성격을 지니며, 이는 제국의 영원불변함을 전달한다. 이와 같은 정적이고 초인간적인 공간은 그리스의 동적이고 인간적 척도로 된 외부 공간과 대조를 이룬다.

판테온, 로마, AD 118~125년

프레네스테의 성역이 처음으로 외부 공간을 적극적으로 다루었다고 한다면, 판테온은 새로운 실존적 차원에서 내부 공간을 표현한다. 이 건물은 하드리아누스(Hadrian) 황제가 건설한 것으로 판테온(pan+the+on)이라는 말의 뜻 그대로 모든 신에게 봉헌 되었다.

판테온은 거대한 돔을 얹은 로툰다(rotunda)와 대형 열주 현관이라는 두 주된 구성 요소로 이루어진다. 디자인상 이 두 부분이 서로 잘 들어맞는지에 대해서는 논란의 여지가 있다. 열주 현관이 본래 열주랑으로 된 외부 중정의 일부라는 것을 감안한다면, 외부 공간과 내부 공간 사이의 놀라운 대조는 설계자가 미리 의도한 것으로 보인다.

직사각형의 입구 공간은 외부와 내부 사이의 전이 공간으로 사용되며, 동시에 전형적인 로마식의 축은 내부까지 이어진다. 또한 로마의 건물이 요구하는 정면성도 고려되어 있다. 원래 열주 현관 전면에는 계단이 있었다.

로툰다 내부는 드럼(drum)과 돔(dome)의 두 부분으로 구성된다. 내부 공간에는 지름 42.20m의 구를 내접시킬 수 있는데, 이 원이 평면과 단면에 대한 주된 기하학적 요소가 된다. 드럼은 다시 두 부분으로 나뉘는데, 고전적 부재들을 사용해서 분절시켰다. 드럼 하부는 깊은 니치와 독립한 코린트식 기둥들로 풍부하고 조소적으로 분절시켜 동적인 공간을 구현한다. 드럼 상부는 의인화한 부재들로 단순한 질서를 나타내는데, 박공을 가진 직사각형 니치와 정사각형 틀로 표면이 교대한다. 돔은 천상의 조화를 이룬 기하학적 완벽성을 보이며, 서양에서 돔을 사용하는 모든 건축의 시조이다.

그림 9-17. Pantheon

돔을 이루는 직사각형의 작은 천장 격자(coffer)들은 바닥 패턴에서 반복되는 원형과 직사각형의 주제와 잘 맞는다. 한편 이들은 콘크리트로 된 쉘(shell)을 구조적으로 보강한다. 천장 격자들은 구의 중심이나 상부의 중앙 개구부가 아닌, 아래 바닥의 중심과 그 곳에 서 있는 사람들과 관계한다.

로툰다는 조형적 대상이라기보다는 건축의 내부 공간을 담는 외피로 생각할 수 있다. 이처럼 광대한 내부 공간을 성취하는데 필요한 구조는 두터운 벽 속에 숨겨져 있다. 판테온은 내부 건축 공간의 발전에서 획기적인 전환점을 이룬다.

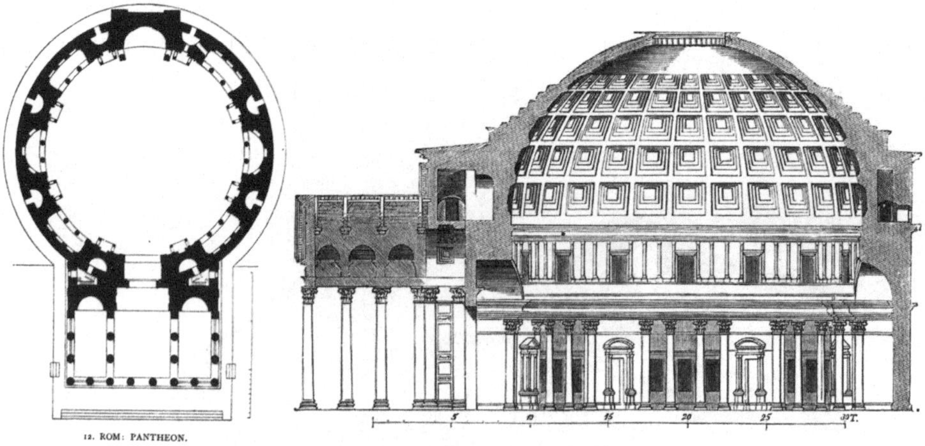

그림 9-18. Pantheon Plan / Section

판테온의 건축적 형태

판테온에서 수평축과 수직축은 성공적으로 통합되며, 통로와 목표는 의미 있는 전체를 형성한다. 주 수평축은 외부의 직사각형 중정에서 시작하여, 직사각형의 입구 공간을 가로질러 로툰다의 주 앱스에서 끝난다. 이 앱스 부분의 아치는 맞은편 입구의 아치와 마찬가지로 엔타블러춰를 뚫고 치솟아 있다. 이러한 모습의 두 아치는 전장에 나 있는 원령의 개구부와 연관되면서 주 수평축을 보강한다. 로툰다의 중심을 통과하는 교차축은 악화되어 있다.

수직축은 로툰다의 중심을 통과한다. 로툰다의 내부에서 수평축은 반구형 돔의 원형 공간이 만드는 중앙 집중 효과 때문에 불분명해지며, 이때 수직축이 중앙집중식 구성의 주된 구성 요소로 된다.

로툰다의 내부 공간은 율동적인 분절을 효과적으로 사용하고 있다. 수직 부분들간의 대조는 앞서 말한 바와 같으며, 균형과 조화를 이루고 있다.

그림 9-19. Pantheon 내부

판테온의 건축적 의미

"판테온은 하늘을 표상한다." 라는 누군가의 말은 이 건물의 주된 의미를 그대로 드러내고 있다. 로툰다의 내부 공간은 우리가 경험하는 하늘을 추상화한 것이다. 판테온은 수직의 성스러운 차원을 수평의 세속적 차원과 통합시키고 있다. 이곳에서 하늘과 세속이 교차한다.

판테온은 모든 인간에게 공통적인 영원한 열망, 곧 자신을 초월하고, 자신을 신성한 존재와 합치시키며, 이 공간에 봉헌된 신들과 함께 하고자하는 열망을 표현한다. 그럼에도 불구하고 이 건물 역시 근본적으로 바실리카 울피아처럼 제국과 신들의 영원함을 전달하는 정적인 공간으로 남아있다. 인간은 이 광대한 초인간적 공간에서 배제되어 있다. 내부 공간은 인체에 근거한 스케일로 분절되어 있지 않다. 그럼에도 이는 분명 고도로 발달한 내부 공간이다.

숱한 사연을 지닌 인간의 인생 여정은 이곳에서 모든 의미를 지닌 최종 목표에 도달한다. 실존적 공간의 근본 요소인 통로와 목표는 여기에서 처음으로 효과적으로 구현되었다.

카라칼라 황제 욕장, 로마, AD 212~216년

이 거대한 카라칼라(Caracalla) 황제의 욕장에는 볼트와 돔으로 이루어진 다양한 내부 공간들이 있을 뿐만 아니라, 이 공간들을 하나로 결합시켜 복합 건물로 만들려는 노력이 엿보인다. 이는 다양하게 분화한 기능상의 요구 때문인 것은 분명하지만, 기능적인 패턴만으로 이 건물을 설명할 수는 없다.

욕장 건물 자체는 110×214m의 직사각형으로서, 사방이 건물로 둘러싸인 450×450m의 넓은 정사각형의 대지에 독립하여 세웠다. 이들은 모두 남북방향 축을 공유한다.

대지를 둘러싸는 건물들은 깊이가 꽤 깊은데, 북쪽동에는 사무실과 거주 구역들이 있으며 한가운데에 주 출입구가 나 있다. 남쪽 동에는 수로의 연결부와 수조가 있다. 수조의 외벽에는 객석을 설치해서 욕장 건물 전면의 운동장에서 벌어지는 경기를 구경할 수 있다. 동쪽 동과 서쪽 동에는 강의실과 도서관을 포함하는 엑세드라가 자리하며, 그 사이는 운동장으로 되어 있다.

이 욕장 건물의 내부 공간은 매우 복잡하면서도, 대칭적으로 질서 있게 배열되어 있다. 두 축이 교차하는 곳이 건물의 중심이 되는데, 이곳에 교차 볼트로 된 냉탕실(frigidarium)이 자리하며, 네 개의 작은 구획에 냉수 욕조가

들어있다. 그 북쪽에는 옥외 수영장(natatio)이 있다. 남쪽으로는 온탕실(tepidarium)과 원형의 열탕실(caldarium)이 자리한다. 열탕실 양쪽으로는 같은 형태의 작은 한증실들이 붙어있다.

그림 9-20. 카라칼라 황제 욕장 복원도

욕장 건물 양단부에 각각 체력단련실이 있는데, 이곳의 갱의실 등으로 둘러싸인다. 옷을 갈아입은 이용자는 먼저 한증실을 거쳐 열탕으로 들어갔을 것이다. 여기서부터 주축을 따라 온탕, 냉탕을 거쳐 옥외 수영장에 이르게 된다. 따라서 교차하는 두 개의 주축은 기능적 패턴과 부분적으로만 일치함을 알 수 있다.

건물 밑은 통로로 된 지하 세계로서 어떤 부분은 마차가 다닐 정도로 넓다. 이곳에는 창고와 가열실이 있어 노예와 화부들이 일했다. 욕장의 수용 인원은 약 천육백 명이고, 이 건물 전체의 수용인원은 약 삼천 명이다. 이 황제 욕장은 육체적 휴식만을 위해서 사용되지 않았다. 대화를 통해, 혹은 강의실이나 도서관이 말해주듯이 지적 활동을 통해 마음을 계발하는 기회 역시 이 욕장은 제공한다. 또한 이 건물은 시민 생활의 진정한 중심으로서 정치적 토론이 행해지기도 했으며, 상점과 식당들도 있어서 사람들의 다양한 욕구를 만족시킴으로써 항상 사람들로 가득 찼다. 역대의 황제들이 가장 원했던 것은 바로 이러한 것이었다.

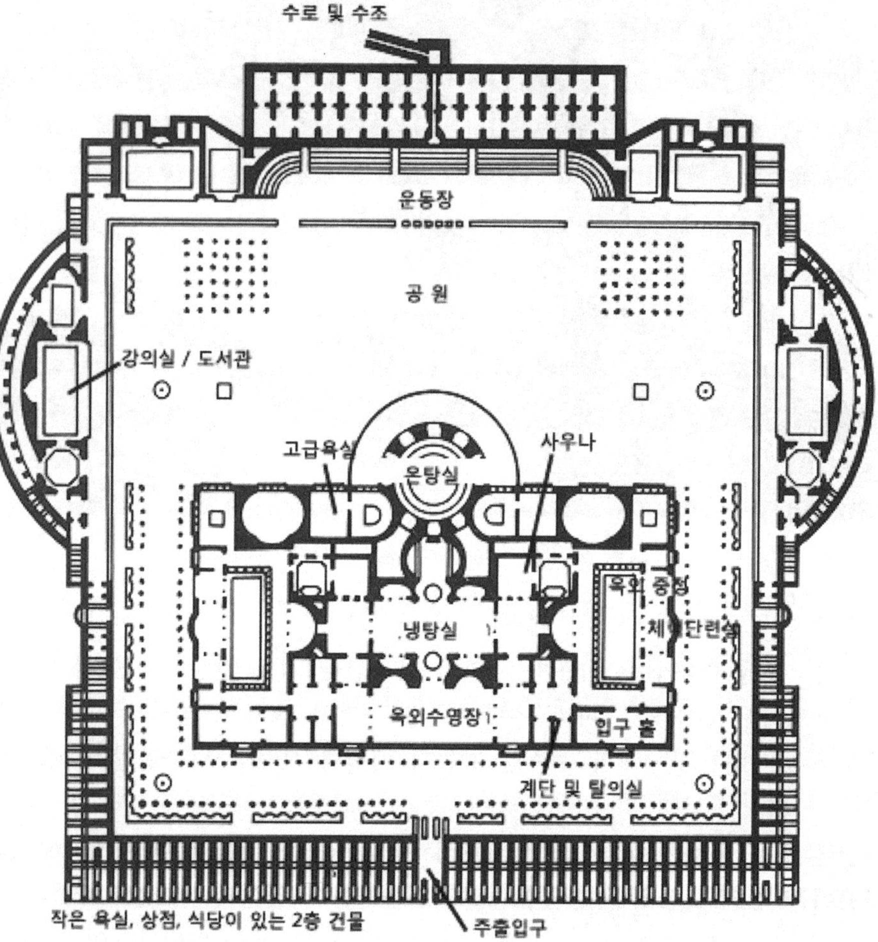

그림 9-21. 카라칼라 황제 욕장 평면도

카라칼라 황제 욕장의 건축적 형태

이 건물은 정사각형 안에 직사각형을 담은 배치를 취한다. 이 두 형태는 모두 남북축을 공유하며, 그에 따라 두 공간 모두 축 - 대칭을 이룬다. 두 건물 모두 동서 양쪽에 엑세드라를 두어서 디자인의 통일성을 도모하고 있다.

욕장의 절정은 주축이 끝나는 곳이 아닌 두 축의 교차점, 곧 볼트로 된 냉탕실에서 이루어진다. 이 건물은 두 개의 주축인 데쿠마누스가 일부만 통로로 되어있다는 점만 제외하면, 근본적으로 로마의 도시와 동일한 배치이다.

그림 9-22. 카라칼라 황제 욕장 종단면

카라칼라 황제 욕장의 건축적 의미

이 형태가 전달하는 주된 의미는 육체와 정신의 건강과 관리의 향유이다. 차고 덥고 뜨거운 신선한 물로 목욕과 수영을 하고, 운동을 즐기고 구경하며, 그리고 이 모든 것과 함께 좋은 동료나 가까운 친구들과 우정을 나누는 즐거움과 그러한 활동의 가치가 이 건물에 표출되어 있다. 그러나 이처럼 거대한 스케일로 고도로 질서 있고, 대칭적이고, 정적으로 디자인하는 것에는 통제를 향한 추구가 드러나 있다.

그림 9-23. 카라칼라 황제 욕장 모형

디오클레티아누스 황제 궁전, 스팔라토, AD 300~305년

아우렐리우스(Aurelius, AD 270~275) 황제는 외부의 압력 때문에 로마 시를 육중한 성벽으로 요새처럼 둘러쌓았다. 디오클레티아누스(Diocletianus, AD 284~305) 황제 궁전의 요새화한 배치가 같은 이유 때문이었는지에 대해서는 의견이 엇갈린다.

이 궁전은 로마식 병영 배치를 따르는데, 교차하는 두 축은 전체를 네 구획으로 나눈다. 북쪽의 두 구획은 실제로 군대가 주둔하는 목적으로 사용했지만, 남쪽의 구 구획은 황제의 요구에 따라 별궁과 궁전으로 변경했다. 달마시아(Damatian) 해안과 맞닿은 남쪽 면에 연속적인 로지아(loggia)를 세운 것은 같은 맥락에서였다.

요새화한 성곽의 전체 크기는 180×216m이다. 요소요소에 정사각형 탑들이 돌출해 있으며, 세 개의 성문 양쪽에는 팔각형 탑을 세웠다. 이 성문들을 지나면 열주랑으로 된 가로들이 이어지는데, 이들은 각각 카르도와 데쿠마누스에 해당한다.

그림 9-24. Diocletianus Paleis 복원도

남동쪽 구획에는 황제의 영묘가 있으며, 남서쪽 구획에는 쥬피터 신전과 작은 로툰다형 건물 두 개가 자리잡는다. 남북의 주축을 따라가면 원형의 현관과 직사각형의 커다란 알현실로 이어지는데, 바로 그 뒤로 바다가 내다보이는 남쪽 로지아가 연결된다. 이와 같이 축은 궁전 내에서 끝나지 않고, 궁전을 더 큰 자연 속으로 통합시킨다.

특히 흥미로운 것은 북쪽의 황금문(Golden Gate)에서, 열주 가로, 교차로를 바로 지나 있는 페리스타일(열주 중정), 돔을 얹은 현관, 알현실, 로지아 중앙부로 이어지는 공간적 연속성이다.

직교하는 두 개의 이차 축은 하나의 데쿠마누스가 형성하며, 다른 하나는 왕의 영묘와 쥬피터 신전이 형성한다. 두 번째 축은 방문객이 중정의 '영광의 문'을 통과하기 직전에 나타난다. 돔을 얹은 현관은 황제의전실(salutarium)로 사용되었다. 알현실은 동방의 영향을 받은 듯하다. 황제의 거처는 로지아를 따라 만들었다.

스팔라도(Spalato)의 궁전에서 후대에 영향을 준 혁신은 첫째, '영광의 문' 상부의 깨트린 형태의 페디멘트로서, 아래쪽 출입구의 아치 형태를 그대로 반영하고 있다. 둘째, 아치를 기둥 위에 직접 올리는 방식으로서, 초기 그리스도교 건축에 매우 큰 영향을 미쳤다.

기둥 위에 수평의 언타블러춰를 놓는 방식을 로마인들이 꺼려했다는 사실은 콜로세움에서 판테온과 칼라칼과 욕장을 거쳐 스팔라토에 이르는 발전 과정을 검토해 보면 알 수 있다. 아치굽(impost)이라고 부르는 벽돌은 수평적인 엔타블러춰의 잔재로 볼 수 있다.

디오클레티아누스 황제 궁전의 건축적 형태

이 궁전의 배치는 로마식 병영 배치로서, 직사각형 내부에 십자형 교차로를 두는 로마 식민지 도시의 전형적인 배치를 따른다. 주축은 남북 방향으로 달린다. 여기에 여러 개의 축이 교차하는데, 이들은 각각 데쿠마누스, 왕의 영묘와 쥬피터 신전, 돔을 얹은 의전실, 로지아에서 형성된다.

비록 전체적인 배치가—특히 궁전이 있는 남쪽의 두 구획에서— 엄격한 대칭을 이루지는 않지만, 전형적인 로마의 질서와 정형성이 이 형태 속에 나타나 있다.

의미있는 공간들을 연속시키는 방식은 구성 원리로서 효과적이다. 전체 디자인은 이러한 율동적인 구성을 통해 내적인 통합을 이룬다. 궁전을 둘러싸는 성벽은 세 가지 유형의 탑들로 분절되며, 궁전 전체에 탄탄한 통일성을 부여한다.

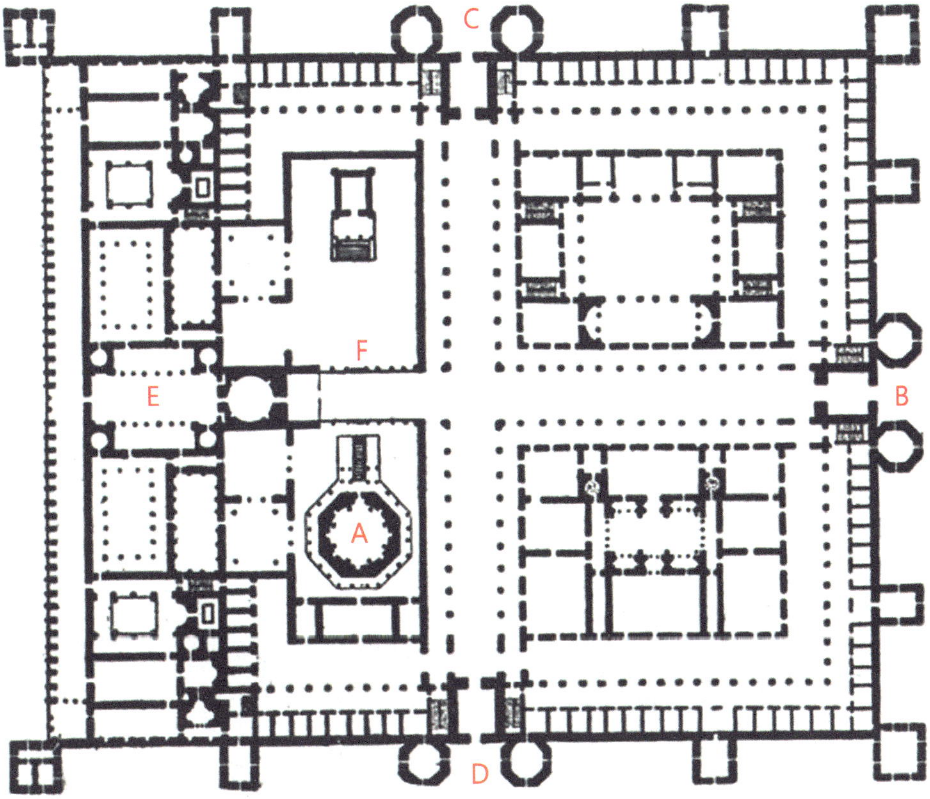

A: 디오클레티아누스 영묘 B : 황금문 C : 철의 문 D ; 은의 문
E : 영광의 문 F : 페리스타일 광장

그림 9-25. Diocletianus Paleis Plan

디오클레티아누스 황제 궁전의 건축적 의미

이 형태는 로마인의 질서 잡힌 서계에 대한 생각을 전달한다. 교차하는 통로는 이 세계를 다루기 쉬우며 안전한 부분들로 나눈다. 의식용의 길은 일단 의미 깊은 교차점으로 이끌며, 이곳에서 다시 신과 인간이 하나로 통합되는 신전과 영묘로 이끈다. 이 건물들은 황제의 인간적인 면뿐 아니라 신성함도 나타낸다.

신전은 해가 떠오르는 쪽을 바라보며, 왕의 영묘는 해가 지는 쪽을 바라본다. 이 둘은 시작과 끝을 의미한다. 황제 궁전의 의전실에 들어서려면, 인간 존재의 신비와 한계를 일깨우는 장소를 지나야한다. 적절하게도 이 신전과 영묘는 열주들로 차폐되어 있다.

'영광의 문' 은 황제의 우월함과 신성함을 나타낸다. 궁전은 신성한 세계 질서를 상징하며, 황제는 이 세계를 다스리는 절대권력을 가진 '우주 통치자' 로 상징화되었다. 궁전은 이러한 황제의 역할을 밖으로 표출한다. 이러한 권력은 신에서 나온다. 여기에서 신과 인간은 하나로 결합되어 황제라는 인격체로 나타나 있다.

그림 9-26. Diocletianus Paleis Peristylium

막센티우스 황제 혹은 콘스탄티누스 황제의 바실리카, 로마, AD 310~320년

이 바실리카는 볼트 천장을 갖는 새로운 형식의 건축을 만들기 위한 과감한 시도이다. 이 건물의 규모가 워낙 거대하기 때문에 곧바로 이를 계승한 건물은 없다. 이 건물은 막센티우스(Maxentius) 황제 때 짓기 시작해서 콘스탄티누스 황제 때 완성되었다. 초기의 그리스도교인들은 바실리카 울피아 같은 초기 바실리카의 형태를 교회 건축의 출발점으로 삼았다. 교차 볼트(groin vault)는 로마네스크 시대에만, 플라잉 버트레스(flying buttress)는 고딕 시대에만, 양쪽 아일에 직교 배럴 볼트(barrel vault)를 사용한 것은 만투아에 있는 성 안드레아 성당에서만 다시 나타날 뿐이다.

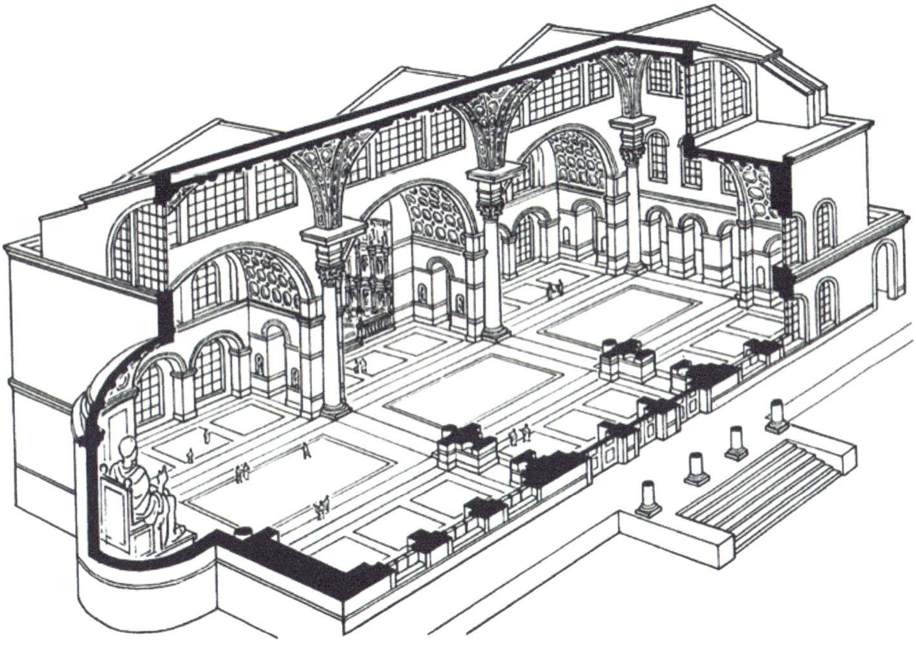

그림 9-27. Basilica of Constantine 복원도

이 구조물은 평면상으로 64.5×90m의 크기이며, 그로인 볼트로 되어 있는

네이브(nave)의 높이는 34.20m로서, 카라칼라 욕장의 냉탕실과 비슷하다. 중앙의 높은 볼트는 횡방향 축과 직교하는 배럴 볼트들이 지탱하는데, 이 배럴 볼트들은 일종의 아일(aisle)을 형성한다.

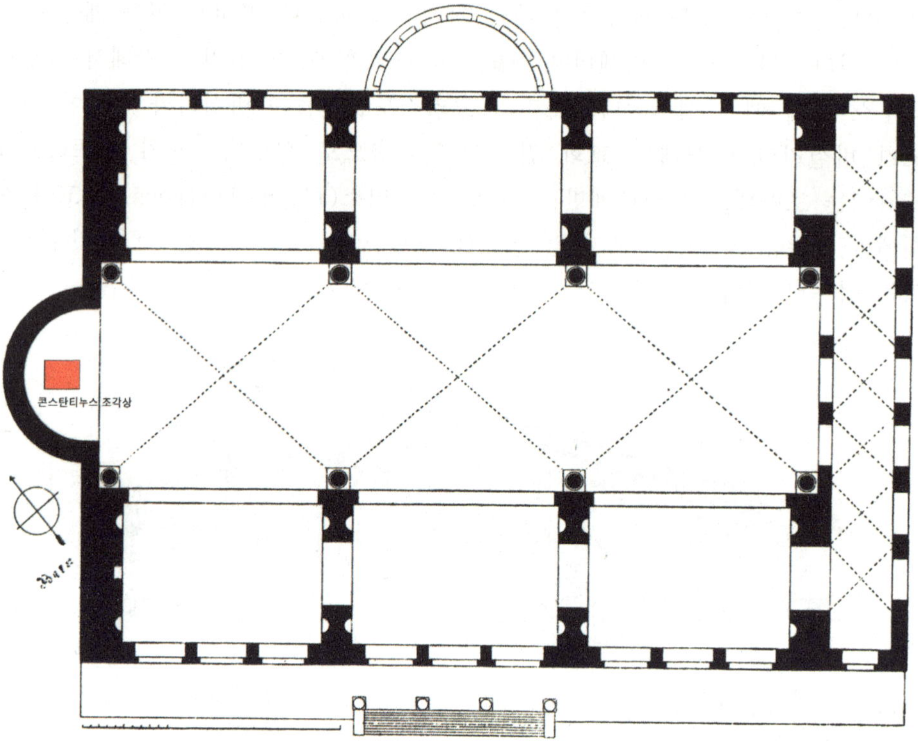

그림 9-28. Basilica of Constantine Plan

아일 지붕의 상부에는 플라잉 버트레스의 시초라 할 만한 것이 있는데, 이들은 주 볼트의 횡추력을 지탱한다. 주 볼트는 없은 아일 한 쪽이 아직도 남아있다. 벽두께는 6m로서, 천장 격자로 된 볼트를 지지한다. 클리어스토리 창은 아일의 지붕 위에 나 있으며, 이곳으로 충분한 빛이 네이브로 들어온다.

이 서로마 제국의 마지막 구조물은 웅장한 제국적 스케일로 명료한 내부 공간을 창출해낸 로마 건축가들의 탁월한 재능을 증거한다. 이 건물은 넓지만 충분한 채광이 되며, 수직 지지부재들로 공간이 단절되어 있지 않다. 또한 매우 조소성이 높고 융통성이 있고, 화재를 방지하는 재료를 사용해서 건설했다. 이런 점에서 이 건물은 고도로 발전한 문명 시대의 건축이 요구하는 모든 것을 만족시킨다. 이후 800년 동안 이와 대등한 건물은 서양에서 찾아볼 수 없다.

로마문명의 역사적 의의

로마는 전성기에 56개 속주와 7천5백만 인구를 가진 세계 제국이었다. 그 안에서 많은 도시와 민족들이 각자의 특성을 살린 상대주의적 문화권을 형성하였다. 지중해 세계를 통합한 로마는 그리스의 독창적 문화를 중개하고 전파하여 헬레니즘을 세계문화의 차원으로 높였다. 또한 로마는 그리스도교를 유럽화했으며, 로마법 사상을 통해 법과 권리의 개념을 체계화하였다. 종교와 법의 분야에서 로마 문화가 했던 창조적인 역할은 아무리 강조되어도 지나치지 않을 것이다.

대체로 로마 문화의 특징은 셋으로 나눌 수 있다. 먼저 로마의 문화는 그리스 문화를 바탕으로 헬레니즘 · 에트루리아 · 이집트 등 앞선 시기의 문화들을 흡수하여 이를 더 종합적이며 보편적인 형태로 체계화하였다. 다음으로 로마 문화에서 실용성이 두드러졌다. 도로 및 상하수도와 같은 토목공법이나 의학 · 과학기술 · 법률이 발달되었다. 로마인의 법 개념, 특히 자연법 체계는 이후 전 세계 법체계의 근간이 되었을 뿐 아니라 근대 유럽 정치사상의 기반이 되었다. 끝으로 로마는 문화적 교량 역할을 하였다. 로마 제국은 그리스 및 그 이전의 고전 문명을 라틴어를 매개로 유럽으로 확산시켰으며 이로 인해 라틴어는 여러 유럽 언어의 모태가 되었다.

제 10장 그리스도교의 발전

그리스도교의 성립

B.C.1세기 팔레스티나의 유대인 중에는 구세주가 나타나 이스라엘에 왕국을 재건한다는 믿음이 강하게 일고 있었다. A.D.27년 세례자 요한이 사람들에게 회개할 것을 요구하면서 구세주의 출현을 예언하였다. 이와 같은 유대인의 역사적 기대 속에 예수 그리스도가 나타났다.

그림 10-1. 다마스쿠스 우마이야 모스크에 있는 세례 요한의 무덤

성서 및 그 밖의 자료에 따르면 예수 그리스도는 B.C.4년경 이스라엘 갈릴레 지방 나사렛에서 목수의 아들로 태어났다. 그가 실제로 활발하게 설교한 것은 십자가형에 처해지기 전 약 3년간이었다. 그는 간결하고 알기 쉬운 말로

넓은 사랑과 참된 믿음을 설교하여 큰 반응을 얻었다.

그러나 영적인 신의 왕국에 대한 예수의 설교는 강력한 세속적 왕국을 재건해 줄 메시아를 기대했던 유대인들에게 큰 실망을 안겨주었다. 그리하여 29년 예수는 신을 모독했다는 죄명으로 십자가에 못박혀 죽었다. 당시 유데아 지사 본시오 빌라도는 예수의 무죄를 믿었으나 유대인의 반발을 두려워하여 이를 승인하였다.

그리스도교의 성립에서 바오로(사울, 10-67)는 가장 주목되는 인물이었다. 그는 한때 그리스도교를 반대했으나 심각한 내적 변화를 겪고 개종한 후 정열적으로 전도에 나서서 네로 황제 때인 67년경 로마에서 순교하였다. 한마디로 바오로는 그리스도교가 진정한 세계 종교로 자리잡을 수 있도록 보편성을 부여한 인물이었다.

그림 10-2. 콘스탄티누스 황제에게 나타난 성 베드로와 성 바오로

유대교와 그리스도교의 세계화

그리스도교의 모태는 유대교였다. 유대교나 그리스도교는 다함께 야훼(여호와)를 숭배 대상으로 하는 일신교였다. 또한 구약성서를 바탕으로 하는 우주 창조 및 세계 종말에 관한 신앙은 두 종교에서 다 같이 발견되는 공통적인 요소이다.

그러나 두 종교에는 차이점도 있었다. 유대교에서 구원은 율법을 받은 이스라엘 백성에게만 내려지며, 유대인은 신이 선택한 민족이라는 것이다. 그러나 그리스도교는 유대교가 주장한 좁은 선민사상과 형식적인 율법주의를 거부하였다. 간단히 말해 그리스도교는 신 앞에서의 만인 평등과 세계 동포 사상을 주장하였다.

예수 사후 첫 백년 동안은 헌신적인 전도사들 덕분에 시리아와 소아시아의 많은 도시에 신도가 많이 늘어났다. 특히, 바오로는 설교를 대도시에서 집중적으로 했기 때문에 초기 그리스도교는 주로 도시 중심으로 발전하였다. 이어 3세기 말경에는 로마 제국의 거의 모든 곳에 강력한 그리스도교 공동체들이 생겼다.

로마 제국은 처음에는 그리스도교를 박해하지 않았다. 그러나 그리스도교들은 로마의 전통 종교와 황제 숭배를 인정하지 않았다. 그러나 병역을 거부하였기 때문에 1세기 후반부터 4세기 초까지 역대 로마 황제의 크고 작은 박해가 계속되었다. 그럼에도 그리스도교가 로마 제국 내에서 강력한 세력으로 성장할 수 있었던 이유는 다음과 같다.

먼저 로마 황제들에 의한 박해와 탄압이 종종 있었지만 로마의 분위기는 대체로 관용적이었다. 다음으로 제정 수립 후에는 로마인의 전통적인 신앙이 대체로 약화되고 있었다. 끝으로 그리스도교 공동체의 강한 조직력이 그리스도교의 전파를 성공시키는 요인이 되었다. 초기의 그리스도교 공동체는 정기적인 종교의식을 가지면서 로마의 행정구획을 기준으로 주교·장교·사제 등을 맡을 지도자들을 배출하였다.

마침내 311년 갈레리우스(Valerius Maximianus Galerius, 305-311재위)의 관용 정책을 이어받아 콘스탄티누스 1세(Constantinus I, 306-337재위)는 313

년 밀라노 칙령을 공포해서 그리스도교를 공식적으로 인정하였다. 그 이래로 거의 모든 황제들은 그리스도교에 대해 호의적 태도를 취했으며 마침내 테오도시우스 1세(Theodosius I, 379-395재위)는 그리스도교를 국교로 정하였다. 결국 그리스도교는 약 3세기 반 만에 로마를 정복하는데 성공한 셈이었다.

그림 10-3. 그리스도교를 공인한 밀라노 칙령(Edict of Milano, A.D 313)

그리스도교가 공인된 후 로마제국에서는 황제가 로마 교회를 지배하였다. 특히 서로마 제국이 멸망하자 동로마(비잔틴) 제국의 황제가 교회를 지배하게 되었다. 그 후 동로마 제국이 약화됨에 따라 7~8세기 초에 이슬람교도들이 동로마 제국의 많은 영토를 정복함으로써 그리스도교 세력으로는 로마교회와 콘스탄티노플 교회만이 남아 서로 우월권을 놓고 대립하게 되었다. 이 시기에 서유럽에 프랑크 왕국의 카롤링 왕조의 세력이 왕성해지자 로마 교회는 프랑크 왕국의 힘을 배경으로 동로마 황제의 지배에서 벗어나려고 하였다.

이러한 움직임은 마침내 우상숭배금지 문제로 인하여 표면화되었다. 로마 교회는 게르만족의 포교에 있어서 나무나 돌 등 게르만족의 자연물 숭배의 생활 습관을 이용하였다. 그리하여 예수 크리스트의 상을 만들어 예배의 대상으로 삼고, 그것을 이용하여 그리스도교도가 될 것을 적극적으로 권하였다. 그러자 동방의 그리스도교도들은 이러한 방법을 반대하였고 8세기에 이르러서는 동로마 황제 레오 3세(Leo Ⅲ)가 우상 금지령을 내렸다. 하지만 로마 교회는 게르만족의 포교에는 우상을 이용하는 것이 필요하였으므로 이에 반발했다. 로마 교황 스테파누스 2세(Stephen Ⅱ)는 동로마 제국에 대항하기 위하여 프랑크 왕국의 피핀3세(Pepin Ⅲ)와 손을 잡고 피핀에게 도유식[1]을 거행해줌으로써 카톨릭 왕조에 정통성을 부여해 주었다. 이에 피핀은 로마로 쳐들어온 롬바르드족을 격퇴시키고 라벤나 지역을 확보하여 교황에게 기증함으로써 교황령(Papal State)의 효시를 만들었다.

이로써 프랑크 왕국의 세속권력과 교황 세력이 결합하여 동로마 제국의 황제에 대항하는 세력으로 대두하였다. 세속 권력과 교회의 결속은 샤를마뉴(Charlemagne)대제 시대까지 이어졌고, 교황 레오 3세는 샤를마뉴에게 서로마 제국의 황제 칭호를 주어 동로마 제국의 콘스탄티노플 교회와 대항하였다. 이것은 11세기에 이르러 교회가 로마의 카톨릭 교회와 동방의 그리스 정교회로 분열하게 되는 징조였다.

1) 병을 낫게 하고 악마를 쫓기 위하여 신성한 힘을 불어넣는다는 상징적인 뜻으로서, 몸에 기름을 바르는 종교적인 의식.

새로운 예배당의 필요성

콘스탄티누스의 그리스도교 공인 후 국가적 지원을 받으면서 로마의 새로운 중심세력으로 자리 잡아 간 그리스도교는 교세의 확장과 함께 교회조직을 갖추고 교리와 예전을 확립해 갔고 성직자는 계급화 되어 갔다. 이러한 그리스도교의 변화는 많은 새로운 교회당을 필요로 했다. 그것은 증가된 신도들을 수용할 수 있어야했고, 또한 예배당은 예전과 성직자의 위계에 합당한 예배공간으로 만들어야했다. 그리스도교 초창기에 비해 복잡하게 변화 발전해온 예전은 예배당에 사제단의 행렬을 위한 출입구와 통로를 필요로 했고, 교회의 조직화, 성직자의 계급화는 성직자를 위한 별도의 출입구와 성직자와 신자들의 영역 구별과 오래된 신자들과 초신자들의 영역구별을 요구했다. 제단과 강단은 하나님의 임재와 집례자의 권위를 위해 장식되어야했다. 많은 부속실이 필요했고 비신자들을 위한 앞마당 등도 필요했다. 나아가 새로운 그리스도교 건축은 단지 예배의식을 수용할 뿐만 아니라 새롭게 정립된 그리스도교의 위상과 후원자인 황제의 권위에 합당한 건물이어야 했다.

이러한 새로운 조건들 아래에서 그리스도교는 더 이상 지난 250년 동안 뿌리를 내려 온 주거건축의 영역 안에 머물러 있을 수는 없었다. 주거건축은 수많은 새로운 개종자들을 수용하기에는 너무 작았고, 더욱이 교회는 종교적, 행정, 관리적, 사회적 기능 등, 다양한 기능들을 수행하여야했다. 게다가 이전의 교회들은 대부분 빈민가에 위치하고, 통상적인 주택의 평범한 모습 뒤에 숨어 있어, 교회와 그의 후원자인 황제의 위엄에 맞지 않았다. 그러나 로마의 박해 중에 그동안 자신의 고유한 건축 양식을 발전시키지 못한 그리스도교는 당시 로마의 다양한 유형의 건축 양식들 중에서 자신의 목적에 합당한 건축 양식을 찾아야했다. 기능적 목적으로는 로마의 신전양식이 가장 유사했으나, 새로운 그리스도교 건축이 이교의 신전 건축으로부터 진화하는 것은 불가능했다. 이교의 관습과 그들의 모든 활동들은 그리스도교의 목적들과 전혀 달랐다. 그들의 신전의 내부는 단지 신상(神像)을 안치하고 사제들만이 그 안에서 제례를 수행했던 단순한 사각형의 작은 공간이었고 실제 집회는 외부에서 이루어졌던데 반해, 그리스도교의 집회는 내부에서 이루어졌기에 이를 그리스도교 건축에 적용하는 것은 기능적으로도 부적합했다. 궁궐이나, 욕장 등 다른 유형의 건물들은 기능 목적이 근본적으로 달랐다. 로마 건축의 유형 안에 유일하게 그런 건물 유형이 존재했다. 그것은 BC 2- 1세기 이래로 로마세계의 전역에 건축되어온 바실리카(Basilica)였다.

바실리카 교회건축

콘스탄티누스의 건축가들은 로마의 바실리카의 건축 양식과 이전의 회당교회의 예배공간 배열을 결합하여 새로운 교회건축의 기본 양식으로 삼았다. 그들은 로마의 바실리카에서 광장을 향하여 장변에 나 있던 출입구를 폐쇄하고, 두 단변의 앱스 중 한쪽 앱스를 제거하여 여기에 출입구를 설치하고, 반대측 앱스에 성소를 배설함으로써 건물의 정면과 진입방향을 바꾸었다. 그리고 출입구 앞에 네이브의 세로축에 대해 가로로 긴 출입구 홀인 나르텍스(narthex)를 덧붙였다. 나르텍스 앞에는 회랑으로 둘러싸 거리로부터 분리시킨 중정 형태의 넓은 아트리움을 두고, 그 중앙에 연못과 분수를 설치하여 세례를 상징하게 했다. 이로써 바실리카 교회 공간은 거리로부터 출입구-아트리움(atrium)-나르텍스(nar- thex)-네이브(nave)-앱스(apse)로 이어지는 긴 세로축을 중심으로 대칭을 이루면서 단계적으로 그리고 네이브의 긴 통로를 따라 성소에 접근할 수 있는 종축적(縱軸的), 위계적 공간이 되었다. 이러한 바실리카 교회 공간의 배열은 구약 성전의 위계적 공간 개념과 유사했으며, 4세기에 잘 확립되었던 감독 제도의 위계적 특징에도 적합했다.

로마에 위치한 성 사비나 성당(Santa Sabina, A.D 422-432)은 이 시대의 건축물 가운데 가장 훌륭한 내부 공간을 갖는다. 초기 그리스도교 시대의 모든 바실리카식 교회들이 그러하듯이, 이 교회의 외부는 내부보다 덜 중요하다.

내부 공간 배치는 매우 단순하다. 높은 네이브의 양쪽에 아일(aisle)[2]을 두고, 끝부분에 깊고 넓은 앱스를 만들었다. 네이브는 직선으로서 통로로 해

2) 바실리카식 건축이나 교회 내부의 중앙 부분을 이루는 회중석(會衆席)또는 신랑(身廊)을 사이에 둔 양쪽 통로를 말한다. 아일엔 합창단석(choir)이 있으며 교단(altar)도 있다.

석되며, 이 직선은 제단, 곧 중심으로 해석되는 점으로 이끈다.

그림 10-4. Santa Sabina / 422-432

기둥들이 이루는 수직선들은 제단을 향해 나아가는 사람들을 추상화한 것이다. 균일하고 율동적인 배치는 통로의 성격을 강조한다. 한편 일소하는 듯한 운동감은 교회 전체를 통일시킨다. 로마네스크 시대 때 애용한 공간을 구획하는 수법은 아직 나타나지 않는다.

사람들이 손을 맞잡아 연대감을 표현하는 것처럼 상부의 아치는 개개의 기둥들을 연결시킨다. 이러한 배열은 또한 존경과 평화와 사랑의 마음으로 서로 인사하는 사람들을 표현하는 것으로 해석할 수도 있다.

균일하고 율동적으로 배열된 클리어스토리 창과 노출된 서까래들이 이루는 규칙적인 리듬을 통해 이러한 움직임은 네이브 상부로 확장된다.

제단으로 향하는 통로의 통일되고 단절되지 않은 일소하는 듯한 운동감은 이 교회의 내부 공간의 가장 특징적인 성격을 이룬다.

그림 10-5. Santa Sabina / 422-432

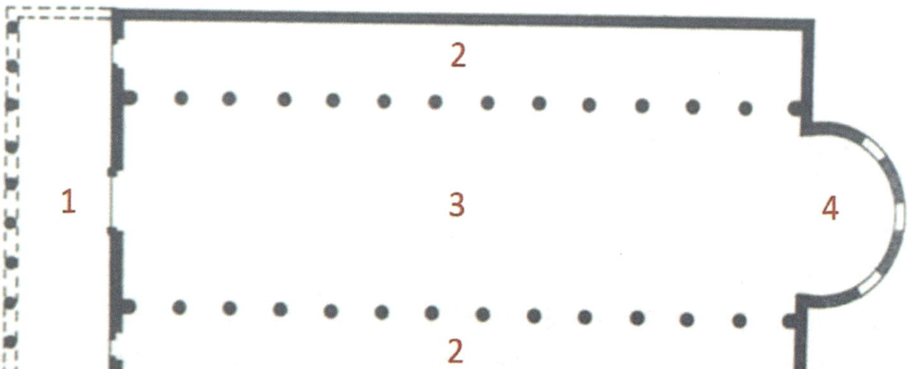

1. 나르텍스 2. 아일 3. 네이브 4. 앱스

그림 10-6. Santa Sabina Plan

콘스탄티누스 황제의 딸을 위한 영묘로서 지어진 성 코스탄짜(Santa Costanza) 성당은 순례자가 묻힌 지점을 표시하지 위해 지은 '마르티리움(Martyrium)'과 개념이 비슷하다. 세례당 역시 중앙집중식 형태로서 대개 본 건물에 부속된다.

그림 10-7. Santa Costanza / 345

성 코스탄짜 성당의 자그마한 입구 부분의 휘어진 벽면은 사람을 안쪽으로 친절하게 맞아들이는 듯 하다. 여기에서 인간은 건축과 직접 만난다. 이 교회의 내부 공당은 그 규모는 작지만 훨씬 더 복합적이다. 이 공간에는 인간을 위한 다양한 통로들을 만들어 놓았다.

건물 내부로 발을 들여놓으면 원형의 고리를 이루는 쌍기둥들을 만나는데, 이들은 터널 볼트 천장으로 된 원형 통로를 거닐 때 동반자가 된다. 이 쌍기둥들은 내부 공간 주변을 따라 우아한 움직임을 만들어내며, 쌍기둥 위에 얹힌 코니스 혹은 엔타블러춰의 파편들은 건물의 중심, 곧 성 코스탄짜의 무덤으로 인도한다. 이러한 2중의 움직임은 공간을 매우 동적으로 만들어 판테온의 정적인 공간과는 대조를 이룬다. 주두와 상부의 견고한 드럼부 사이에 있는 엔타블러춰 조각은 비잔틴 건축에서 사용하는 아치굽(impost)석재의 시초로 볼 수 있다.

그림 10-8. Santa Costanza Column

단면에서 볼 수 있듯이, 성 코스탄짜 성당은 바실리카의 공간적 배치를 중앙집중식 건물에 적응시킨다는 혁신적 개념을 실체화하고 있다. 장축형의 바실리카와 마찬가지로 중앙부는 빛으로 넘쳐흐르는 반면 회랑부는 어슴푸레하다. 회랑의 볼트천장에 있는 화려한 모자이크는 풍부한 자연주의를 보이고 있어서 아직도 이교도적인 정신이 영향을 미치고 있음을 암시한다.

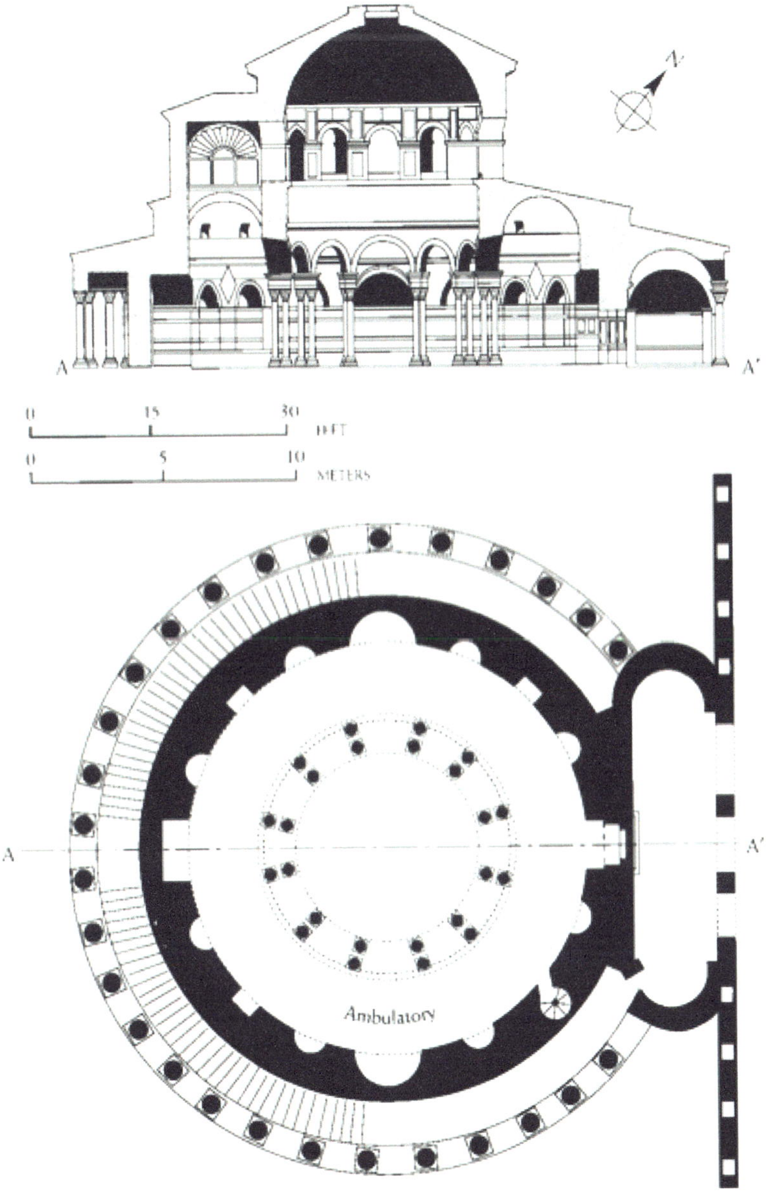

그림 10-9. Santa Costanza Plan

이 교회는 원형 건물이기 때문에 주된 형태 요소인 중앙의 점을 둘러싸고 배치되어 있다. 원형의 고리는 세 번 반복되는데, 외부의 열주랑, 외벽을 이루는 1층의 드럼부, 그리고 쌍기둥이 이루는 내부의 원형 고리가 그것이다. 내부의 원형 고리는 2층의 드럼부를 지지하며, 그 위로 돔이 덮인다.

원형의 배치 위로 십자형을 중첩시켰는데, 그 중에서 특히 입구에서 시작해서 제단으로 가는 가로축을 강조하고 있다. 가로축에 대한 강조는 먼저 입구 부분에서 이루어지는데, 입구의 포용하는 듯한 팔 형상은 회랑의 배럴 볼트 단면 형상과 대응한다. 두 번째 강조는 제단 뒤쪽 회랑 상부의 높은 공간과 입구의 니치(niche)[3]에 대응하는 정사각형의 니치를 통해 이루어진다. 세 번째 강조는 거의 알아차리기 힘든데, 주축선 상의 기둥 간격이 다른 부분의 기둥 간격보다 약간 더 넓게 되어 있다. 그에 따라 이 부분의 아치는 약간 더 높게 솟아있다. 교차축은 단지 외곽 드럼부에 있는 두 개의 반원 니치에 의해 결정된다. 이 교회의 공간은 구심적인 것과 직선적인 것의 성공적인 결합을 나타낸다.

---

3) 벽감. 벽면에 뚫려진 움푹하게 후퇴한 부분으로서 그 안쪽은 보통 조각상이 놓여진다. 서양 건축에서 장식을 목적으로 벽면을 부분적으로 오목하게 파서 만든 감상의 장치. 조각품, 꽃병 등을 놓아 장식하며 종교 건축에서는 신앙의 대상을 안치하기도 한다.

건축가들이 교회 건축의 역사에서 가장 중요한 계획이라고 보는 구 성 베드로 성당(Basilica antica di San Pietro, A.D 330)은 현재 오래된 도면으로만 남아있다. 이 교회가 초대교황 성 베드로의 무덤 위에 세워졌다는 믿음이 인정되면서, 그 광범한 영향력은 더욱 확대되었다.

그림 10-10. Basilica antica di San Pietro 복원도

이 교회는 엄청난 규모로 지어졌다. 네이브의 길이는 그 높이와 거의 같으며, 거대한 고딕 성당 네이브 폭의 두 배에 달한다. 케네스 코넌트(Kenneth Conant,1894-1984)[4]에 따르면 "이 교회의 내부는 모든 건물 중에서 가장 넓

4) 미국의 고고학자, 건축사가. 하버드 대학 교수로서 '아메리카 중세 아카데미'의 원조를 받아, 프랑스 클뤼니 수도원 유적 발굴 조사를 담당했다. 그 성과를 기초로 중세 건축사에 새로운 전망을 연 《Carolingian and Romanesque Architecture 800~1200》(1959) 를 펴냈다.

고 가장 당당하고, 가장 조화를 이루고 있으며, 그 대리석들과 모자이크는 존엄하면서도 화려하며, 장대하고 위풍당당한 로마제국의 기상을 잘 표출한다."

고대 그리스와 로마의 많은 특징들은 조화로운 전체를 이룬다. 계단을 따라 에트루리아식 또는 로마식이라 할 수 있는 노인 단 위로 오르면, 일종의 입구 건물인 프로필레아(propylaea)와 만난다. 이러한 문의 형식은 그리스에서 기원하는 것으로, 이 프로필레아를 통과하면 열주랑으로 에워싼 직사각형의 옥외 공간에 들어선다. 이것은 헬레니즘 시대의 도시 광장과 로마 시대 주거의 중정에서 그 기원을 찾을 수 있다.장축을 따라가면 나르텍스에 닿는데 이곳은 네이브로 들어가기 전에 만들어 둔 낮은 출입구 공간이다. 네이브 양 옆으로 2중의 아일이 붙는다. 네이브와 앱스 사이에 트란셉트(transept)가 자리하는데, 네이브와 같은 높이이고 네이브와 아일의 벽면 너머로 돌출된다. 작은 바실리카식 교회건물에서는 이 트란셉트를 대개 생략한다.

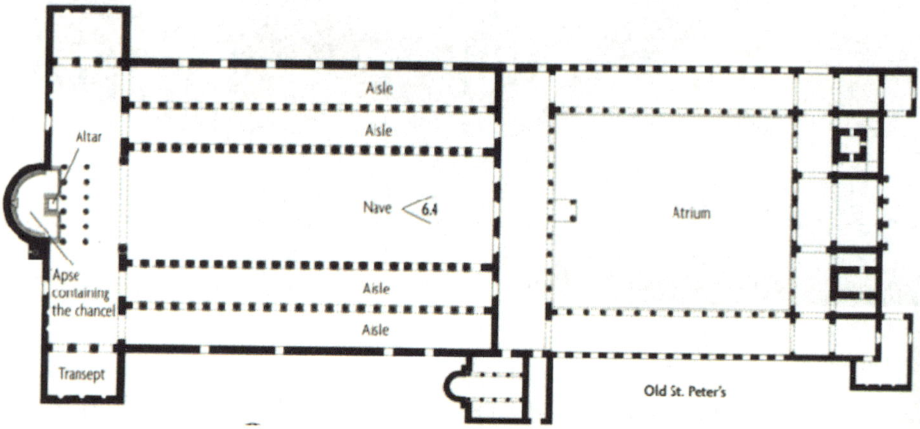

그림 10-11. Basilica antica di San Pietro Plan

통로의 개념은 그 형태와 의미에 있어 성 사비나 성당보다 훨씬 더 극적으로 구체화되어있다. 로마식의 육중한 축조 방식을 사용하지 않음으로써 탈물질화와 영적인 승화를 향한 추구가 뚜렷하게 나타난다. 이러한 추구는 성 사비나 성당으로 계속 이어지는 것으로, 물질적 세계가 아닌 정신적 세계를 향한 새로운 지향을 강조한다.

내부 공간에서 풍부한 장식적 측면과 빛의 측면을 강조하면서도 외부는 소홀히 처리함으로써, 구 성 베드로 성당은 다른 초기 그리스도교의 바실리카식 교회와 마찬가지로 이상적인 그리스도교인을 건축적으로 추상화한다. 그는 겉으로는 단순하고 평범하지만 안으로는 타오르는 정열과 아름다운 영혼을 품은 사람이다.

그림 10-12. Basilica antica di San Pietro 내부 복원도

부록

그 림 목 차

참 고 문 헌

단행본

100대 유물로 보는 세계사, 닐 맥그리거 저, 강민경 역, 다산초당, 2014

건축으로 만나는 1000년 로마, 정태남 저, 21세기북스, 2013

고대 그리스, 그리스인들, H.D.F 키토 저, 박재욱 역, 갈라파고스, 2008

고대 그리스, 폴 카틀리지 저, 이상덕 역, 교유서가, 2019

고대 그리스사, 토마스 R. 마틴 저, 책과함께, 2015

고대 그리스의 영광과 몰락, 김진경 저, 안티쿠스, 2009

고대 문명의 이해, 브라이언 페이건 외 1명 저, 이청규 역, 사회평론아카데미, 2015

고대 로마를 찾아서, 클로드 모아티 저, 김윤 역, 시공사, 1996

고대 로마사, 토마스 R. 마틴 저, 책과함께, 2015

고대 오리엔트 역사, 클라아스 R. 빈호프 저, 배희숙 역, 한국문화사, 2015

고대 페르시아의 역사, 유흥태 저, 살림, 2008

그리스 로마 서사시, 강대진 저, 북길드, 2012

그리스, 유재원 저, 리수, 2015

그리스도교, 로완 윌리엄스 저, 정다운 역, 비아, 2019

그리스도교, 한스 큉 저, 이종한 역, 분도출판사, 2002

단숨에 읽는 세계사, 열린역사연구모임 저, 베이직북스, 2016

대사와 함께 떠나는 소아시아 역사문화산책, 조윤수 저, 렛츠북, 2019

땅의 문명, 남영우 저, 문학사상사, 2018

람세스 이집트의 가장 위대한 파라오, 조이스 타일드 슬레이 저, 김훈 역, 가람기획, 2001

로마 역사의 길을 걷다, 정태남 저, 마로니에북스, 2009

로마 제국과 그리스 문화, 차전환 저, 길, 2016
로마 황제, 크리스 스카레 저, 윤미경 역, 갑인공방, 2004
로마, 마리아 테레사 구아이톨리 저, 김원옥 역, 생각의나무, 2013
로마제국 쇠망사, 에드워드 기번 저, 황건 역, 까치글방, 2010
마스터스 오브 로마 가이드북, 콜린 매컬로 저, 강선재 외 3명 역, 교유서가, 2018
메소포타미아 문명의 탄생, it끌림편집부 저, 유페이퍼, 2016
메소포타미아의 역사1, GEORGES ROUX 저, 김유기 역, 한국문화사, 2013
메소포타미아의 역사2, GEORGES ROUX 저, 김유기 역, 한국문화사, 2013
문명과 지하공간, 김재성 저, 글항아리, 2014
비아 로마, 빌레메인 판 데이크 저, 별보배 역, 마인드큐브, 2019
사치와 문명, JEAN CASTAREDE 저, 이소영 역, 뜨인돌출판사, 2011
생각의 역사, 피터 왓슨 저, 남경태 역, 들녘, 2009
서양건축사, 윤정근 저, 기문당, 2003
서양건축사, 임석재 저, 북하우스, 2011
서양건축사, 조희철 외 1명 저, 아키그램, 2003
서양 문명의 역사 상, E. M. 번즈 외 2명 저, 방상익 역, 소나무, 2011
성서 그리고 역사, 장 피에르 이즈부츠 저, 이상원 역, 황소자리, 2010
세계사 이야기, 정헌경 저, 좋은날들, 2014
수메르 문명과 역사, 주동주 저, 범우, 2018
수메르, 혹은 신들의 고향, 제카리아 시친 저, 이근영 역, AK, 2009
스토리 세계사, 임영태 저, 21세기북스, 2014
알렉산드로스와 헬레니즘, 이근혁 저, 살림, 2015
에게·그리스문명 로마제국, 김칠성 저, 살림, 2018
역사, 헤로도토스 저, 김봉철 역, 길, 2016
영원한 문화도시 아테네, 김봉철 저, 청년사, 2002
이집트, Giorgio Ferrero 저, 김원옥 역, 생각의나무, 2007
이집트로 가는 길, 정규영 저, 르네상스, 2004

이집트역사 다이제스트100, 손주영 저, 가람기획, 2009
인류의 위대한 건축유산, Andrew Ballantyne 저, 우태영 역, 선, 2014
전쟁의 기원, 아더 훼릴 저, 이춘근 역, 북앤피플, 2019
지도와 사진으로 보는 더 타임스 세계사, 리처드 오버리 저, 예경, 2019
페니키아에서 핀 그리스 로마, 김문환 저, 지성사, 2014
페르시아사산제국 정치사, 압돌 호세인 자린쿠 외 1명 저, 태일 역, 예영커뮤니케이션, 2011
폼페이, 로베르 에티엔 저, 주명철 역, 시공사, 1995
피라미드, 장피에르 코르테지아니 저, 정승원 역, 시공사, 2011
피라미드, 미로슬라프 베르너 저, 김희상 역, 심산, 2004
하룻밤에 읽는 세계사, 미야자키 마사카츠 저, 이영주 역, 알에이치코리아, 2017
히브리 민중사, 문익환 저, 정한책방, 2018
히타이트, 비르기트 브란다우 저, 장혜경 역, 중앙M&B, 2002

논문자료

강진구, 파르테논 신전의 형식과 의미 :건축형식의 원류와 정신문화적 배경의 재조명, 연세대학교 석사학위논문, 2012

구은성, 고대 로마 건축의 기하학적 구성 질서 및 비례에 관한 연구 : 로마의 미의식과 건축구성의 특성 고찰을 배경으로, 한양대학교 석사학위논문, 1998

남기인, 판테온의 이미지를 이용한 텍스타일 디자인 작품연구 :텍스타일 디자인 제작을 중심으로, 성균관대학교 석사학위논문, 2019

남영우, 이탈리아의 고대도시 폼페이의 도시구조, 한국도시지리학회지, Vol.6 No.2, 9-29, 2003

박규환, 초기 기독교 형성 과정에서 헤브라이즘과 헬레니즘의 관계, 그리스도 신학대학교 석사학위논문, 2002

박재욱, 고전기 스파르타 공교육 연구, 서울대학교 박사학위논문, 2014

박재현, 로마시대 콜로세움과 검투사 경기, 경북대학교 석사학위논문, 2009

배기선, 5천년 수명 판테온 신전, 콘크리트학회지, Vol.30 No.1, 12-12, 2018

변찬복, 유적지 폐허미에 관한 알레고리적 해석 -폼페이 유적 다큐멘터리를 중심으로, 한국관광학회 국제학술발표대회, Vol.76 No.3, 501-508, 2014

서동수, 경계에 의한 건축공간의 특성에 관한 연구, 동의대학교 석사학위논문, 2002

윤재원, 이태리의 역사건축물 보존사(콜로세움을 중심으로), 한국건축역사학회, Vol.6 No.2, 97-102, 1997

이광신, 펠로폰네소스전쟁과 약소국 :플라타이아의 경우, 성균관대학교 석사학위논문, 1983

이근혁, 디오클레티아누스 통치기 이집트 지역의 경제 事情과 기독교 탄압, 서울대학교 석사학위논문, 2013

이미순, 공화주의 사상의 민주시민 교육적 함의, 한국교원대학교 석사학위논

문, 2010
이상덕, 파르테논 신전에 도입된 이오니아 양식의 의미와 그 양식이 이후 아크로폴리스 건축물들에 미친 영향, 한국서양고대연구 Vol.24 No.-, 205-233, 2009
이상덕, 파르테논 신전 서쪽 페디먼트에 나타난 아테네인의 토착성, 서양고대사연구, Vol.27 No.-, 11-37, 2010
이상민, 콘스탄티누스의 그리스도교 정책의 성격에 대한 고찰, 가톨릭대학교 석사학위논문, 2013
이송란, 폼페이 출토 유리용기와 로마인의 화장 문화, 인문과학연구논총, Vol.35 No.1, 305-336, 2014
이원욱, 고대 그리스 건축에 나타난 인체조각의 상징 연구 :그리스 인체조각과 본인의 작품 분석, 서울시립대학교 석사학위논문, 2008
이요한, 디오클레티아누스 박해에 대한 고찰, 목원대학교 석사학위논문, 2004
이학주, 그리스 신전건축 배치분석에서 나타나는 독시아디스의 방법론과 한계점에 관한 연구, 인하대학교 석사학위논문, 2019
임충신, 로마 판테온의 일조특성 연구, 건축역사연구, Vol.7 No.4, 191-198, 1998
장석훈, 디오클레티아누스 시대 기독교 박해(303~305)의 성격, 영남대학교 석사학위논문, 2004
전세중, 세계 최대의 신도시 - 폼페이, 열린시학, Vol.23 No.4, 150-150, 2018
정경실, 아테네 민회가 민주시민교육에 주는 함의, 한국교원대학교 석사학위논문, 2011
정기문, 디오클레티아누스 대제의 경제정책, 서울대학교 박사학위논문, 1999
정시춘, 초기 기독교 교회건축의 신학적 고찰, 횃불트리니티신학대학원대학교 석사학위논문, 2010
정연우, 그리스 건축의 주두(Order) 장식을 이용한 장신구 연구, 경성대학교 석사학위논문, 2013

주선하, 사법심사와 민주주의 :고대 아테네의 시민법정을 중심으로, 고려대학교 석사학위논문, 2019
편집부, 폼페이 최후의 날, 성경과 고고학, Vol.- No.15, 38-41, 1999
하양희, 고대 그리이스시대의 복식양식과 건축양식의 비교연구, 경상대학교 석사학위논문, 1993
황지훈, 교회건축의 변천과 예배문화 :도무스 에클레시아와 바실리카 교회를 중심으로, 협성대학교 석사학위논문, 2011

연구보고서

김경현, 로마 공화정 중기의 호민관: 공화 정치의 조정자, 한국연구재단, 2017
김경현, 로마인, 로마문명, 한국연구재단, 2009
김복희, 고대 그리스·로마 운동경기 시설의 발달과 문화사적 의미, 한국연구재단, 2015
김선종, 안드로귀노스: 헬레니즘과 헤브라이즘의 인간 이해, 한국연구재단, 2011
김연수, 고대 크레타 복식을 응용한 현대 복식 디자인 연구, 이화여자대학교 석사학위논문, 1998
김창성, 로마 공화정 후기 마리우스의 병제개혁과 국가재정, 역사교육연구회, 1998
남성현, 4세기 로마제국의 기독교적 입법과 국가통치의 기술 : 콘스탄티누스 대제에서 콘스탄티우스 2세까지 콘스탄티누스 가문의 입법정책 연구, 한국연구재단, 2008
박종율, 라틴아메리카 다문화주의에 대한 문학적 고찰, 한국연구재단, 2010
박찬웅, The Social and Economic History of the Roman Empire, 한국연구재단, 2011
배은숙, 검투사 경기에 대한 로마인들의 시각: 세네카와 유베날리스를 중심으로, 한국연구재단, 2011
서원모 외 5명, 고대후기 로마제국의 가난과 부, 한국연구재단, 2010
염창선 외 5명, 고대후기 로마제국에서 국가와 기독교, 한국연구재단, 2011
윤진, 헬레니즘 시대 스파르타 군의 체제와 장비의 변모, 충북대학교, 2006
임웅, 고대 로마의 볼거리와 정치문화, 강원대학교, 2005
임진수 & 남성현, 문명과 종교; 헬레니즘 문명과 비잔틴 문명이 정치, 경제, 문화적 관점에서 기독교와 갖는 상관관계에 대한 연구, 한국연구재단, 2011

장경춘, 헬레니즘시대의 회의주의, 한국연구재단, 2000
조수정, 정치와 종교의 이중 프로파간다: 비잔티움 마케도니아 왕조의 교회벽화에 나타나는 황제-천사의 이미지를 중심으로, 한국연구재단, 2016
차전환, 기원전 33년의 공공서비스 사업과 옥타비아누스의 문화정치, 한국연구재단, 2011
차전환, 로마 공화정말 제정초기의 colonus와 소작제의 기원, 한국학술진흥재단, 1997
차전환, 로마제국과 그리스 문화, 한국연구재단, 2011

그 림 출 처

그림 1-1.
http://blog.naver.com/PostView.nhn?blogId=hansaramu&logNo=220862809020&parentCategoryNo=&categoryNo=76&viewDate=&isShowPopularPosts=true&from=search

그림 2-1.
http://blog.daum.net/clftjd576/17749670
그림 2-2.
https://www.chegg.com/flashcards/mesopotamian-art-843456ce-187a-478e-b478-308d2fb2dfff/deck
그림 2-3.
http://www.manyprophetsonemessage.com/2014/10/14/quran-reveals-lost-knowledge-about-prophet-abraham/
그림 2-4.
https://www.pinterest.co.kr/micahpedia/sumerian-architecture/
그림 2-5.
http://www.theartist.co.kr/news/articleView.html?idxno=1396
그림 2-6.
http://ebpse.mireene.com/doc/%EB%A9%94%EC%86%8C%ED%8F%AC%ED%83%80%EB%AF%B8%EC%95%84%EC%9D%B4%EC%A7%91%ED%8A%B8%EB%AC%B8%EB%AA%85.html
그림 2-7.
http://egloos.zum.com/hosunson/v/2393035
http://algogaza.com/805/
그림 2-8.

https://arthuride.wordpress.com/
그림 2-9.
https://koogle-com.blogspot.com/2010/02/blog-post_7317.html
그림 2-10.
https://www.alquds.co.uk/%D8%B5%D8%B1%D8%A7%D8%B9-%D8%A7%D9%84%D8%A3%D8%B6%D8%AF%D8%A7%D8%AF-%D9%81%D9%8A-%D9%85%D9%84%D8%AD%D9%85%D8%A9-%D8%AC%D9%84%D8%AC%D8%A7%D9%85%D8%B4/

그림 3-1.
http://ancientneareast.tripod.com/Hittites.html
그림 3-2.
http://cdn.podbbang.com/data1/saraming/20160919.pdf
그림 3-3.
https://cisematakblog.wordpress.com/2017/10/18/700-200-bce/
그림 3-4.
https://commons.wikimedia.org/wiki/File:Gates_of_Palace_of_Sargon_II.png
그림 3-5.
https://www.pinterest.at/amp/pin/406590672600136859/
그림 3-6.
https://www.fizzer.com/fr/journal/7-merveilles-monde-antique
그림 3-7.
https://www.sutori.com/story/la-nascita-delle-grandi-civilta--qJhWdbyHoo9NLj8C2cuAE6uZ
그림 3-8.
https://www.flickriver.com/photos/mharrsch/tags/babylon/
그림 3-9.
http://blog.naver.com/PostView.nhn?blogId=payo20&logNo=60131375738&redirect=Dlog&widgetTypeCall=true

그림 3-10.
https://thertwguys.com/highlights-of-persepolis-iran/
그림 3-11.
https://www.flickr.com/photos/quadralectics/16581471127
그림 3-12.
http://mahru.co.kr/Archi/21369
그림 3-13.
https://m.blog.naver.com/PostView.nhn?blogId=hdc114&logNo=110135398760&proxyReferer=https%3A%2F%2Fwww.google.co.kr%2F
그림 3-14.
https://m.blog.naver.com/PostView.nhn?blogId=silka74&logNo=220679413698&proxyReferer=https:%2F%2Fwww.google.co.kr%2F
그림 3-15.
https://www.pinterest.co.kr/pin/358106607860352631/?nic_v2=1a4rCNs9A
그림 3-16.
http://kcm.kr/icon_view.php?nid=6774&page=1&kword=%C1%F6%B5%B5
그림 3-17.
https://www.myloveisrael.com/539
그림 3-18.
https://www.flickriver.com/search/Byblos/interesting/

그림 4-1.
https://ko.wikipedia.org/wiki/%EA%B3%A0%EB%8C%80_%EC%9D%B4%EC%A7%91%ED%8A%B8
그림 4-2.
http://www.dkinz.cafe24.com/story/story_1_main.html
그림 4-3.
https://www.pinterest.co.kr/pin/555913147725805647/?nic_v2=1a4rCNs9A

그림 4-4.
http://vangogo.co/index.php/2015/12/03/group-of-mastabas/
그림 4-5.
https://blogdehistoria.info/arquitectura-egipcia-tipos-de-tumbas-egipcias/
그림 4-6.
https://www.gettyimages.com/photos/saqqara?sort=mostpopular&mediatype=photography&phrase=saqqara
그림 4-7.
http://www.doopedia.co.kr/photobox/comm/community.do?_method=view&GAL_IDX=181013001126924
그림 4-8.
https://www.wishbeen.co.kr/plan/18d77e4879a5e875
그림 4-9.
https://m.blog.naver.com/PostView.nhn?blogId=kensinhimura&logNo=220971529168&proxyReferer=https%3A%2F%2Fwww.google.com%2F
그림 4-10.
https://www.digitaltrends.com/gaming/why-assassins-creed-origins-setting-is-its-best-quality/
그림 4-11.
https://www.akg-images.de/archive/-2UMDHU1IXZSQ.html
그림 4-12.
https://quizlet.com/26862726/egyptian-flash-cards/
그림 4-13.
https://www.pinterest.co.kr/pin/630996597762458981/?nic_v2=1a4rCNs9A
그림 4-14.
https://riverviewpubliclibrary.com/summer-2018-lecture-series/
그림 4-15.

https://mihistoriauniversal.com/edad-antigua/segundo-periodo-intermedio-egipto
그림 4-16.
https://egyptfwd.org/Article/6/2017/Egyptian-Min-of-Culture-releases-documentary-film-about-Abu-Simbel
그림 4-17.
https://www.travelstart.com.om/lp/abu-simbel/flights
그림 4-18.
https://www.ancient-origins.net/ancient-places-africa/temple-edfu-0014048
그림 4-19.
https://blog.naver.com/youna079/40126008993
그림 4-20.
https://www.pinterest.co.kr/pin/330099847661616119/?nic_v2=1a4rCNs9A
그림 4-21.
https://etc.usf.edu/clipart/15400/15490/karnaktem_15490.htm
그림 4-22.
https://www.pinterest.co.kr/pin/166422148705576633/?nic_v2=1a4rCNs9A

그림 5-1.
https://m.blog.naver.com/jjj_1/221510458206
그림 5-2.
https://www.slideshare.net/andreafuentes/aegeanart
그림 5-3.
https://www.pinterest.co.kr/pin/299559812684481487/?nic_v2=1a4rCNs9A
그림 5-4.
http://todalahistoriadelarte.blogspot.com/2011/02/palacio-en-cnosos-1700-el-palacio-de.html

그림 5-5.
https://tourinfo.org/542
그림 5-6.
https://www.pinterest.co.kr/freefromobstruc/cyclopean-walls/
그림 5-7.
https://eaglesanddragonspublishing.com/tag/citadel/
그림 5-8.
https://cromwell-intl.com/travel/greece/tiryns.html
그림 5-9.
https://www.pinterest.ie/pin/342062534171322918/
그림 5-10.
https://universidadalma.wordpress.com/2018/01/13/ciudad-micenas-grecia/
그림 5-11.
https://slideplayer.com/slide/4417352/
그림 5-12.
https://m.blog.naver.com/PostView.nhn?blogId=hartman10&logNo=22040195673
3&proxyReferer=https:%2F%2Fwww.google.co.kr%2F

그림 6-1.
https://www.earthtrekkers.com/best-views-of-athens-and-the-acropolis/
그림 6-2.
https://www.fantasy.travel/tour/87-ancient-agora-modern-agora
그림 6-3.
https://es.wikipedia.org/wiki/Grecia
그림 6-4.
http://www.historyofmacedonia.org/ConciseMacedonia/timeline.html
그림 6-5.
http://anakii.net/india.anakii.net/2007turkey/travel_essay_08.htm

그림 6-6.
https://ancientgreecemuseum.weebly.com/society.html
그림 6-7.
http://newsteacher.chosun.com/site/data/html_dir/2014/01/16/2014011604270.html
그림 6-8.
https://www.larando.org/documentaire-la-guerre-de-troie/
그림 6-9.
https://m.blog.naver.com/PostView.nhn?blogId=hdc114&logNo=110135398760&proxyReferer=https%3A%2F%2Fwww.google.co.kr%2F
그림 6-10.
http://jirunning.com/?p=477
그림 6-11.
https://www.pinterest.ie/pin/238550730066317907?nic_v2=1a4rCNs9A
그림 6-12.
http://blog.naver.com/PostView.nhn?blogId=jcs203&logNo=221897567016&categoryNo=0&parentCategoryNo=140&viewDate=&currentPage=1&postListTopCurrentPage=1&from=postView
그림 6-13.
http://www.s-d.kr/news/articleView.html?idxno=51170
그림 6-14.
http://mahru.co.kr/Archi/21374
그림 6-15.
http://mahru.co.kr/Archi/21374
그림 6-16.
http://nongak.net/board/index.html?id=nca123&no=32178
그림 6-17.
https://historyofarchitecture.weebly.com/archaic-hellenistic.html

그림 6-18.
https://corinnabsworld.com/2015/11/discover-ancient-greek-temples-of.htm
l
그림 6-19.
http://sights.seindal.dk/sight/91_Temple_of_Hera_I.html
그림 6-20.
https://www.tecnoediletoscana.com/en/temple-hera-paestum/
그림 6-21.
http://sights.seindal.dk/sight/90_Temple_of_Hera_II.html
그림 6-22.
http://www.regentrealtybelize.com/ancient-greek-architecture/
그림 6-23.
http://sights.seindal.dk/sight/87_Temple_of_Athena.html
그림 6-24.
https://archaeologynewsnetwork.blogspot.com/2010/08/acropolis-of-athens-lasting-monument-to.html
그림 6-25.
http://arkeopolis.com/atina-akropolisi/
그림 6-26.
https://www.ancient.eu/image/1049/propylaea/
그림 6-27.
https://blogs.brown.edu/arch-0420-2014-spring-s01/2014/03/05/the-propylaea-by-guo-wang/
그림 6-28.
http://odysseus.culture.gr/h/2/eh251.jsp?obj_id=982
그림 6-29.
https://www.pinterest.co.kr/pin/329536897704718082/?lp=true
그림 6-30.

https://www.archaeology.org/issues/193-1511/features/3769-athens-acropolis-erechteion-restoration
그림 6-31.
https://www.archaeology.org/issues/193-1511/features/3769-athens-acropolis-erechteion-restoration
그림 6-32.
http://www.ysma.gr/en/erechtheion
그림 6-33.
http://www.ysma.gr/en/erechtheion
그림 6-34.
https://www.pinterest.co.kr/pin/232287293250775197/?lp=true
그림 6-35.
http://sights.seindal.dk/sight/90_Temple_of_Hera_II.html
그림 6-36.
http://www.ysma.gr/en/parthenon

그림 7-1.
https://m.blog.naver.com/PostView.nhn?blogId=goodnet77&logNo=130133007842&proxyReferer=https:%2F%2Fwww.google.co.kr%2F
그림 7-2.
https://www.flickr.com/photos/dhoopercu/3511029389/
그림 7-3.
https://kibaek.tistory.com/62
그림 7-4.
https://www.pinterest.co.kr/pin/461619030537866691/?nic_v2=1a4rCNs9A
그림 7-5.
https://turkey.toursoption.com/Museums/Istanbul-Archaeology-Museum-Arkeoloji-Muzesi-P152/

그림 7-6.
https://brunch.co.kr/@petite-juhyun/74
그림 7-7.
https://slideplayer.com/slide/13390726/
그림 7-8.
https://m.blog.naver.com/PostView.nhn?blogId=charisma236&logNo=220321668507&proxyReferer=https:%2F%2Fwww.google.co.kr%2F
그림 7-9.
https://www.pinterest.co.kr/pin/680817668651946663/?nic_v2=1a4rCNs9A
그림 7-10.
https://3g.163.com/dy/article_cambrian/EL9JB3QU054392EX.html
그림 7-11.
http://blog.naver.com/PostView.nhn?blogId=stable00&logNo=222067524369
그림 7-12.
http://bobandnellasworld.com/Paris-Spain_2010/Paris/Louvre1/Louvre1.html
https://blog.naver.com/PostView.nhn?blogId=giambologna&logNo=221831158483&from=search&redirect=Log&widgetTypeCall=true&directAccess=false
그림 7-13.
https://m.cafe.daum.net/Romanstory/38ZD/75?q=D_6.vkCc5jBFk0&
그림 7-14.
https://commons.wikimedia.org/wiki/File:Epidaurus_Theater_02.jpg
그림 7-15.
https://historiadlarte.wixsite.com/arte/1-grecia-imgn?lightbox=dataItem-ik2suwm71
그림 7-16.
https://www.worldhistory.biz/ancient-history/page/134/
그림 7-17.

http://blog.naver.com/PostView.nhn?blogId=gkdlznz10727&logNo=602137195
15&parentCategoryNo=&categoryNo=15&viewDate=&isShowPopularPosts=true&f
rom=search
그림 7-18.
https://m.blog.naver.com/PostView.nhn?blogId=jolo399&logNo=22113609363
7&proxyReferer=https:%2F%2Fwww.google.co.kr%2F

그림 8-1.
https://www.pinterest.co.kr/pin/700943129481817124/?nic_v2=1a4rCNs9A
그림 8-2.
http://employees.oneonta.edu/farberas/arth/ARTH209/vergil_excerpt.html
그림 8-3.
https://travelconnectexperience.net/rome-monuments-landmarks/
그림 8-4.
https://www.pinterest.de/pin/358951032802933524/?send=true&nic_v2-1a4r
CNs9A
그림 8-5.
http://www.romanempire.net/romepage/ForumRomanum/mosmaiorum/mosmaiorum
.htm
그림 8-6.
https://nl.pinterest.com/pin/710583647441206293/?nic_v2=1a4rCNs9A
그림 8-7.
http://www.subkorea.com/xe/?search_target=title_content&search_keyword
=%EB%A1%9C%EB%A7%88&page=4&category=49598&document_srl=49796&mid=xhist
oryfor
그림 8-8.
https://m.blog.naver.com/PostView.nhn?blogId=armada1588&logNo=22115651
3694&proxyReferer=https:%2F%2Fwww.google.co.kr%2F

그림 8-9.
https://m.blog.naver.com/hubafrica/221694779087
그림 8-10.
https://blog.naver.com/calvianus/140209202796
그림 8-11.
https://m.blog.naver.com/PostView.nhn?blogId=cjbdja&logNo=150156440961&proxyReferer=https:%2F%2Fwww.google.co.kr%2F
그림 8-12.
https://m.blog.naver.com/PostView.nhn?blogId=aghon&logNo=221306173589&proxyReferer=https:%2F%2Fwww.google.co.kr%2F
그림 8-13.
https://projectyourself.com/blogs/news/the-ides-of-march-the-assassination-of-julius-caesar-and-how-it-changed-the-world
그림 8-14.
https://www.knowtheromans.co.uk/
그림 8-15.
https://www.thinglink.com/scene/721476141394690050
그림 8-16.
https://www.wikiart.org/en/henryk-siemiradzki/nero-s-torches-leading-light-of-christianity
그림 8-17.
https://x86.co.kr/manpower/2540893
그림 8-18.
http://manmin.org/korean/program/07_news/content.asp?id=1756&cat=news
그림 8-19.
https://m.blog.naver.com/khan2021/221551223954

그림 9-1.

https://www.historytoday.com/archive/cicero-and-power-rhetoric

그림 9-2.

https://www.art-prints-on-demand.com/a/guerin-pierre-narcisse/aeneas-reports-dido-of-th.html

그림 9-3.

https://fr.wikipedia.org/wiki/Fichier:Cella_temple_of_Fortuna_Virilis.jpg

https://www.flickr.com/photos/antmoose/11481958

그림 9-4.

https://docplayer.net/22805264-Gardner-s-art-through-the-ages-13e-chapter-10-the-roman-empire.html

그림 9-5.

https://it.m.wikipedia.org/wiki/File:Temple_of_Fortuna_-_Cortona.jpg

그림 9-6.

http://cw.routledge.com/textbooks/9780415498647/images/gallery/Figure22.3.jpg

그림 9-7.

http://www.hellenicaworld.com/Italy/Literature/HaroldWhetstoneJohnston/en/PrivateLifeOfTheRomans.html

https://www.pinterest.co.kr/pin/515873332308563355/?nic_v2=1a4rCNs9A

그림 9-8.

https://www.pinterest.co.kr/pin/521432463080557687/?nic_v2=1a4rCNs9A

그림 9-9.

https://www.shutterstock.com/ko/search/gard

그림 9-10.

http://rubeliba.blogspot.com/2016/11/timgad-algeria.html

그림 9-11.

https://www.pinterest.co.kr/pin/574631233679187911/?nic_v2=1a4rCNs9A

그림 9-12.
https://www.shutterstock.com/ko/search/rome+colosseum
그림 9-13.
https://www.pinterest.co.kr/pin/88453580161254049/?nic_v2=1a4rCNs9A
그림 9-14.
https://www.slideshare.net/slebail/ancient-roman-40859513
그림 9-15.
https://www.pinterest.co.kr/pin/166422148706681419/?nic_v2=1a4rCNs9A
그림 9-16.
https://www.quora.com/Was-the-city-of-ancient-Rome-as-big-as-they-made-it-in-the-movies
그림 9-17.
https://www.ancient.eu/Pantheon/
그림 9-18.
https://www.flickr.com/photos/psulibscollections/5833317924
그림 9-19.
https://brewminate.com/construction-and-behavior-of-the-pantheon/
그림 9-20.
https://www.romanoimpero.com/2009/09/terme-di-caracalla.html?hl=en
그림 9-21.
https://www.pinterest.ch/pin/400609329348539439/?amp_client_id=CLIENT_ID(_)&mweb_unauth_id={{default.session}}&from_amp_pin_page=true&nic_v2=1a4rCNs9A
그림 9-22.
https://urbanemergence.wordpress.com/2011/11/08/roman-baths-precursor-for-modern-temperature-control/
그림 9-23.
https://www.flickriver.com/photos/mrjennings/tags/museumofromanciviliz

ation/
그림 9-24.
https://www.croatiatraveller.com/central%20dalmatia/Split/Walking-Tour.html
그림 9-25.
https://www.vectorstock.com/royalty-free-vectors/vintage-palace-vectors
그림 9-26.
https://turtledove.fandom.com/wiki/Diocletian%27s_Palace
그림 9-27.
https://www.pinterest.co.kr/pin/295126581801530042/?lp=true
그림 9-28.
https://www.pinterest.co.kr/pin/295126581801530042/?lp=true

그림 10-1.
http://www.doopedia.co.kr/photobox/comm/community.do?_method=view&GAL_IDX=101012000657965
그림 10-2.
http://gallery1898.catholic.or.kr/album/view.asp?menu=3&Page=532&id=27242&af=15
그림 10-3.
https://www.pinterest.co.kr/pin/301952349986078879/?nic_v2=1a4rCNs9A
그림 10-4.
https://en.wikipedia.org/wiki/Santa_Sabina
그림 10-5.
https://sv.wikipedia.org/wiki/Santa_Sabina
그림 10-6.
http://www.baidata.org/church-of-santa-sabina-plan.html

그림 10-7.
https://en.wikipedia.org/wiki/Santa_Costanza
그림 10-8.
https://www.flickr.com/photos/paullew/5377432146
그림 10-9.
http://projects.mcah.columbia.edu/medieval-architecture/htm/related/ma_rome_costanza_02.htm
그림 10-10.
https://www.romanoimpero.com/2010/10/basilica-costantiniana.html
그림 10-11.
https://www.tgtourism.tv/2016/06/in-viaggio-con-alberto-angela-alla-scoperta-della-necropoli-nascosta-a-san-pietro-17108/
그림 10-12.
https://meruem.tistory.com/24

인류문명과 사회

초판인쇄 | 2022년 10월 6일
초판발행 | 2022년 10월 10일

저 자 | 이종국
발 행 인 | 이성범
발 행 처 | 문운당
주 소 | 서울시 종로구 혜화로5길 16 (명륜1가 45-3)
전 화 | (02)762-6010
팩 스 | 영업 (02)745-0265 / 편집 (02)762-8758
홈페이지 | http://munundang.co.kr
이 메 일 | 영업 munun2@chol.com
편집 mumundang@naver.com

ISBN 979-11-5692-641-2 93540

정가 24,000원

본 연구는 2018년도 계명대학교 비사연구기금으로 이루어졌음.